Gene, Zufall, Selektion

Veiko Krauß

Gene, Zufall, Selektion

Populäre Vorstellungen zur Evolution und der Stand des Wissens

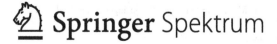

Springer Spektrum

Dr. Veiko Krauß
Department Biologie
Heinrich-Heine-Universität Düsseldorf
Düsseldorf, Deutschland

ISBN 978-3-642-41754-2   ISBN 978-3-642-41755-9 (eBook)
DOI 10.1007/978-3-642-41755-9

Die Deutsche Nationalbibliothek verzeichnet diese Publikation in der Deutschen Nationalbibliografie;
detaillierte bibliografische Daten sind im Internet über http://dnb.d-nb.de abrufbar.

Springer Spektrum

Planung und Lektorat: Frank Wigger, Imme Techentin
Redaktion: Dr. Angela Simeon

Gedruckt auf säurefreiem und chlorfrei gebleichtem Papier.

Springer Spektrum ist eine Marke von Springer DE. Springer DE ist Teil der Fachverlagsgruppe Springer
Science+Business Media
www.springer-spektrum.de

Für Helga und Helmut Krauß

Danksagung

Zu diesem Buch regten mich populäre Sackgassen des Denkens ebenso an wie die in den letzten Jahren besonders rasante Weiterentwicklung der wissenschaftlichen Evolutionsbiologie. Daher suchte ich nach einer Möglichkeit, gerade die heftig diskutierten Aspekte der Evolution einmal zusammenfassend für einen größeren Kreis von Lesern darzustellen. Meine eigenen wissenschaftlichen Beiträge haben leider einen viel zu speziellen Charakter, um als Grundstock oder auch nur als ein geeigneter Ausgangspunkt für ein solches Projekt dienen zu können. So stützte ich mich bei diesem Buch fast ausschließlich auf das Werk zahlreicher anderer Evolutionsbiologen. Zwei davon will ich hier besonders hervorheben. Zum einen ist das der amerikanische Populationsgenetiker Michael Lynch, welcher in seinen Buch „The Origins of Genome Architecture" (Lynch 2007) überzeugend die permanent provisorische Gestalt der genetischen Information aller und besonders der sogenannten „höheren" Lebewesen demonstriert. Zum anderen ist das der gebürtige Österreicher Andreas Wagner, welcher in seinen Buch „The Origins of Evolutionary Innovations" (Wagner 2011) genauso überzeugend zeigt, wie diese ineffizient organisierte genetische Information erstaunlich leistungsfähige Organismen formen kann.

Beim Entstehen des Buches waren für mich die Hinweise einer Reihe von Lesern des mehr oder weniger fertigen Manuskriptes, darunter Eva-Maria Andreas, Jörg Lehmann und Sylvia Seidel, sehr wertvoll. Kommentare von Laien waren genauso hilfreich wie solche von Fachleuten. Frau Imme Techentin und Herr Frank Wigger vom Springer-Verlag haben den Publikationsprozess professionell begleitet. Ich danke ihnen herzlich für ihre wertvollen Hinweise, die zu wesentlichen Verbesserungen in Stil und Gestaltung geführt haben. Dessen ungeachtet bleibe ich natürlich für verbliebene Fehler, Ungenauigkeiten und stilistische Schwächen ganz allein verantwortlich.

Nicht zuletzt möchte ich mich bei meiner Frau Grit und meinen beiden Söhnen Viktor und Volker für die Geduld und das Verständnis bedanken, mit dem sie meinen mitunter etwas speziellen Interessen stets begegnet sind.

Literatur

Lynch M (2007) The origins of genome architecture. Sinauer Associates, Sunderland

Wagner A (2011) The origins of evolutionary innovations. A theory of transformative change in living systems, Oxford University Press, Oxford

Inhaltsverzeichnis

1

Ist über Evolution nicht schon alles gesagt?

Wollten doch die Leute endlich einsehen,
dass Überzeugung den größten Sieg feiert,
wenn sie sich der besseren aufopfert!

Kurd Laßwitz

Laßwitz, dem zu Unrecht wenig bekannten Pionier der Science-Fiction-Literatur deutscher Zunge, ist unbedingt recht zu geben. Nur über wenige wissenschaftliche Errungenschaften existieren so viele, oft grundverschiedene Ansichten wie über die Evolutionstheorie. Auch bei diesem Thema werden Meinungen nicht gern geopfert, dafür aber mitunter sehr vehement vertreten. Angesichts des allgemeinen Interesses gibt es bereits eine beinahe unüberschaubare Reihe von Büchern über Evolution. Ein großer Teil davon sind gut lesbare, populärwissenschaftliche Darstellungen. Warum also dieses Buch?

Am liebsten würde ich meinen Lesern, also Ihnen, kein positives Vorurteil zum vorliegenden Buch abverlangen. Lesen Sie bitte und entscheiden Sie dann, ob es ein sinnvolles Unternehmen war. Das Problem ist nur, Sie haben vermutlich wenig Zeit. Ich muss Sie also in diesem ersten Kapitel davon überzeugen, dass es sich lohnt, diesem Buch Ihre Aufmerksamkeit zu schenken. Lassen Sie mich daher meine Motive darlegen.

1.1 Das Darwin-Jahr und seine Folgen

2009 jährte sich die Herausgabe des berühmten Werkes „Die Entstehung der Arten durch natürliche Zuchtwahl" zum 150. Mal. Zugleich war es 200 Jahre her, dass der Autor dieses Buches, Charles Darwin, in England geboren wurde. Er hat als der maßgebliche Begründer der Evolutionstheorie eine schwer zu überschätzende Bedeutung für die Geschichte der Biologie. Deshalb wurde dieses Jahr zum Darwin-Jahr erklärt. Die Zahl der Publikationen über Darwin und seine Theorie schnellte in bisher ungekannte Höhen. Da sowohl das

V. Krauß, *Gene, Zufall, Selektion*, DOI 10.1007/978-3-642-41755-9_1,
© Springer-Verlag Berlin Heidelberg 2014

Phänomen Evolution als auch seine Person Thema des Jahres waren, wurde beides in noch stärkerem Maße als bisher miteinander verbunden.

Nichts ist dagegen zu sagen, Darwins Ideen zur Evolution darzustellen. Er starb jedoch vor mehr als hundert Jahren. Seitdem entstand aus der Evolutionstheorie ein kräftiger Zweig der Biologie – die Evolutionsbiologie. Wie auf jedem anderen Gebiet der Naturwissenschaften wurden zahllose Beobachtungen, Experimente, Vergleiche und Berechnungen durchgeführt. Im Ergebnis kann heute ein aufmerksamer Abiturient zwar nicht umfassendere, aber weit zutreffendere Kenntnisse über evolutionäre Prozesse erwerben, als Darwin sie jemals besaß. Das wird Schülern jedoch nicht leichtgemacht.

Evolution wird heute im Unterricht in erster Linie an denselben Lebewesen studiert, an welchen sich auch Darwin abarbeitete. Man versucht, den Schülern über den Vergleich von Anatomie und Verhalten hoch komplexer Wirbeltiere oder Blütenpflanzen die Gedanken der Abstammung und der evolutionären Veränderung nahezubringen. Einfachere Organismen würden eingängigere Erklärungen erlauben. Zu wenig Zeit bleibt, um grundlegende Evolutionsfaktoren wie Mutation, Selektion, Population, Rekombination, biologische Art und genetische Drift zu erklären. Zudem sind die gegebenen Definitionen recht holprig und werden in einer ungeeigneten Reihenfolge gegeben.

Zu Zeiten Darwins gab es keinerlei wissenschaftliche Kenntnis über die Mechanismen der Vererbung. Das ist ihm nicht anzulasten, für uns ist es aber beschämend, wenn wir die heute umfassenden Erkenntnisse auf diesem Gebiet nicht nutzen, um zu erkennen, dass Mutationen, also Veränderungen des Erbmaterials DNA, und nicht die natürliche Selektion, die primäre Triebkraft der Evolution darstellen. Diese Veränderungen sind zwar zufällig, aber unvermeidbar und treten, teilweise in recht spezieller Form, mit bestimmten Wahrscheinlichkeiten auf. Auslese kann erst an den Ergebnissen dieser Mutationsprozesse in die Evolution eingreifen. Typischerweise führt diese natürliche Selektion nicht zur Veränderung der Organismen, sondern zur Erhaltung ihrer in der evolutionären Vergangenheit erworbenen Funktionalität gegen den Druck funktionsvernichtender Mutationen. Da dabei die dauerhafte Aufnahme von Mutationen in das Genom oft nicht verhindert werden kann, ergibt sich die Veränderung der Lebewesen aus einem Gemisch von vorteilhaften, neutralen, nachteiligen, aber auch Nachteile anderer Mutationen kompensierenden Mutationen. Mit anderen Worten, Lebewesen passen sich keineswegs immer besser an ihre augenblickliche Umwelt an. Zeitweise kann ihr Genom eher einer Degeneration als einer Adaptation unterliegen. Manchmal ist nicht erkennbar, welcher dieser Prozesse dominiert. Mit Sicherheit aber müssen Lebewesen sich stetig verändern, denn einen Stillstand der Evolution kann es wegen der Unvermeidbarkeit von Mutationen nicht geben.

Diese grundlegende Sicht auf den Evolutionsprozess ist nicht Schulstoff, aber wissenschaftlich begründet, was ich mit diesem Buch belegen will. Zugleich gibt es vielfältige, populäre Ansichten über Evolution, die wissenschaftlich nicht oder kaum haltbar sind. Auch diese werden Gegenstand des Buches sein.

1.2 Kreationismus und Ultradarwinismus

Ein Grund für die bemerkenswert defensive Darstellung der Evolutionsbiologie in Schulbüchern sind sicher Umfragen, welche besagen, dass eine starke Minderheit der Bevölkerung immer noch einen göttlichen Schöpfungsakt der Evolution vorzieht, wenn die Rede auf den Ursprung des Lebens kommt. Forsa fand 2005 im Auftrag einer „Forschungsgruppe Weltanschauungen in Deutschland" (fowid) in einer etwa 1500 Personen umfassenden Umfrage heraus, dass mehr als 12 % der Befragten die Schöpfungsschilderung der Bibel für zutreffend halten, während weitere 25 % der Teilnehmer vermutet, dass ein höheres Wesen das Leben zwar erschuf, dass es dies aber auf eine mehr oder weniger mit wissenschaftlichen Erkenntnissen vereinbare Weise tat. Nur wenig mehr als 60 % der Befragten glaubten, dass für die Entstehung und Entwicklung des Lebens keine höhere Intelligenz vonnöten war. Bemerkenswert an diesen Ergebnissen ist die große Zahl der zwischen den Erklärungsmustern Schöpfung und Evolution Schwankenden. Ich vermute, dass diese anhaltende Popularität unwissenschaftlicher Schöpfungsideen weniger auf der Überzeugungskraft des Kreationismus als auf verbreiteten Vorbehalten gegenüber den öffentlich vermittelten Vorstellungen über Evolution beruht.

Diese Skepsis muss notwendigerweise etwas mit der Darstellung der Evolutionsbiologie außerhalb der Fachpublikationen zu tun haben. Dort dominiert ein Bild der Evolution, welches Selektion als mit Abstand wichtigsten Evolutionsfaktor herausstellt und ähnlich wichtige Faktoren wie Mutation und genetische Drift nur am Rande erwähnt. Praktisch alle Merkmale von Lebewesen sollen von der natürlichen Auslese allein geformt worden sein. Jedenfalls wird der Beitrag anderer Evolutionsfaktoren nicht oder nicht nachvollziehbar beschrieben. Mutation und Drift werden nur als eine Art Grundrauschen betrachtet, aus dem die Selektion allein Geeignetes auswählen kann und wird. Die Herkunft und die Gestalt der genetischen Unterschiede zwischen den Organismen, welche Voraussetzung für das Wirken der Selektion sind, interessieren kaum. Diese Sichtweise wurde vom amerikanischen Paläontologen Niles Eldredge als Ultradarwinismus beschrieben (Eldredge 1995). Sein Kollege Stephen Jay Gould begründete die Wahl dieses Namens mit der Tatsache, dass Darwin selbst zwar Selektion als die hauptsächliche, aber nicht als die alleinige Ursache des Artenwandels ansah (Gould 1997). Seitdem sind mehr als 15 Jahre vergangen, ultradarwinistische Ansichten sind jedoch nach wie vor die populärsten Interpretationen evolutionärer Phänomene.

Wir werden uns in den kommenden Kapiteln mehr oder weniger wahrscheinlichen Deutungen der Evolution widmen. Hier soll schon angemerkt werden, dass nur wenige Wissenschaftler ultradarwinistische Vorstellungen offen kritisieren. Warum ist das so? Ich sehe zwei mögliche Gründe: Erstens vertreten führende Ultradarwinisten wie etwa der englische Zoologe Richard Dawkins mit seiner kruden, lediglich durch Anekdoten und trickreiche Argumentationen gestützten Vorstellung von allgegenwärtiger, direkter Selektion auf der Ebene einzelner Gene eine simplifizierte Version der Evolutionstheorie, welche wohl für leichter verständlich gehalten wird. Zweitens korrespondiert ihre Vorstellung einer Natur, die stets „blutige Zähne und Klauen hat" (Dawkins 1996), gut mit der gesellschaftlichen Wirklichkeit des Neoliberalismus.

Beide Gründe für die mangelnde Kritik von Biologen an ultradarwinistischen Darstellungen sind demnach wissenschaftsfremd. Ihr holzschnittartiges Bild evolutionärer Vorgänge bietet reichlich Anlass zu berechtigter Kritik, genauso wie ihre stillschweigende Gleichsetzung tierischer und menschlicher Gemeinschaften. Deshalb ist es auch im Interesse einer Verteidigung der Evolutionsbiologie gegen kreationistische Vorstellungen, übermäßig selektionsbetonte und mitunter sogar auf herrschsüchtige DNA-Abschnitte fixierte Modelle der Evolution als gegenstandslos zu entlarven.

Um jedoch keine falschen Erwartungen zu schüren, möchte ich an dieser Stelle darauf hinweisen, dass hier keinerlei kreationistische Einwände gegen irgendeine Variante der Evolutionstheorie behandelt werden. „Anti-Kreationismus"-Bücher wurden bereits einige geschrieben. Selbst in gängigen Lehrbüchern der Evolutionsbiologie finden sich einschlägige Abschnitte. Worum es hier ausschließlich gehen soll, sind Holzwege auf dem Pfad der evolutionsbiologischen Erkenntnis, nicht die Verneinung der Möglichkeit solcher Erkenntnis überhaupt.

1.3 Andere Formen unwissenschaftlicher Evolutionsvorstellungen

Allzu eckige Evolutionsbeschreibungen provozieren jedoch nicht nur Kreationisten. In den letzten Jahren gewannen zwei neuartige Hypothesen über evolutionäre Prozesse Aufmerksamkeit. Eine von ihnen wurzelt in der Erkenntnis des Humangenom-Projektes, dass etwa 45 % unseres Genoms aus Überresten springender Gene (sogenannter Transposons) aufgebaut ist (Lander et al.

2001). Solche springenden Gene braucht kein Organismus, sie werden als Parasiten des Genoms betrachtet (Yoder et al. 1997, Bestor 1999). Die schiere Masse der durch sie produzierten DNA gibt aber zu denken. Tatsächlich wurde eine kleine Minderheit solcher Sequenzen in funktionell wichtige Abschnitte unserer DNA eingebaut (Feschotte und Pritham 2007). Manche Wissenschaftler zogen daraus weitergehende Schlüsse und vermuteten eine nützliche Funktion solcher Elemente für die „gastlichen" Organismen (González und Petrov 2009, Zeh et al. 2009). Das wurde wiederum durch Autoren populärer Literatur aufgegriffen (Bauer 2010, Ryan 2010). Während der britische Arzt Frank Ryan von einer Symbiose zwischen menschlichem Genom und den integrierten springenden Genen sprach, sah der deutsche Mediziner Joachim Bauer sogar eine „Abkehr vom Darwinismus". Ich werde versuchen zu zeigen, dass solche Annahmen haltlos sind – springende Gene sind zwar keine Lebewesen, aber Parasiten des besiedelten Genoms. Da es sich um bloße DNA-Fragmente handelt, ist ein Einbau in funktionelle Gene des Wirts dennoch jederzeit möglich und kann manchmal auch positive Konsequenzen für den Wirt (also z. B. für uns) haben.

Zeitgleich entfaltete sich das molekularbiologische Forschungsgebiet der Epigenetik. Es beschäftigt sich mit der Modifizierung bestimmter Teile der DNA, bestimmter DNA-gebundener Proteine und der Existenz regulierender RNA-Moleküle. Im Ergebnis dieser Veränderungen wird der Signalgehalt der DNA, d. h. die genetische Information, betont oder unterdrückt, sodass Gene verstärkt abgelesen oder an ihrer Aktivität gehindert werden. Wenn also die Basenfolge der DNA ein Text wäre, so bestünde ihre epigenetische Modifizierung im Hervorheben einzelner Textpassagen durch Unterstreichen bzw. im Unterdrücken anderer Textpassagen per Rotstift. Solche epigenetischen Modifizierungen des Informationsgehalts der DNA sind aber nur begrenzt haltbar. Bisher wurden zahlreiche Mechanismen beschrieben, wie sie sich über normale Zellteilungen in vielzelligen Organismen wie Pflanzen und Tieren weitergeben lassen. Bei der Bildung von Geschlechtszellen bei der Vorbereitung der Fortpflanzung werden epigenetische Markierungen aber der Regel gelöscht bzw. grundlegend verändert. Belege für stabile *und zugleich* adaptive Weitergaben von epigenetischen Markierungen über mehrere Generationen wurden bisher jedenfalls nicht gefunden. Das hat einige Wissenschaftler nicht daran gehindert, eine solche Weitergabe zu postulieren und sie als Methode zur Weitergabe erworbener Eigenschaften im Sinne des frühen Evolutionsbiologen Jean Baptiste de Lamarck zu sehen (Jablonka und Lamb 1995). Auch diese Spekulationen wurden durch einige Autoren populärer Bücher weiterverbreitet (Bauer 2010, Ryan 2010, Kegel 2009, Spork 2009).

Gar nicht neu ist dagegen die Vorstellung, die Organismen selbst würden ihre Evolution steuern. Eine angeblich zweck- und zielgerichtete Evolution folgt aus der Idee einer zweckorientierten Natur aus der griechischen Antike. Aktuell meinen Bauer und der amerikanische Mikrobiologe James A. Shapiro, dass sich die gegenwärtige biologische Vielfalt nur unter der Annahme einer zielgerichteten „Kreativität" der Organismen erklären lassen würde (Bauer 2010, Shapiro 2011).

In diesen Zusammenhang ist auch die Ernennung von Transposons und epigenetischen Markierungen zu eigenständigen Evolutionsfaktoren bemerkenswert (Bauer 2010, Ryan 2010, Shapiro 2011). Sie werden als Mittel des Genoms zur bedarfsgerechten Erzeugung neuer Variation gesehen. Die Änderung von Umweltverhältnissen löse Änderungen epigenetischer Markierungen und das Springen von Transposons aus, um den Phänotyp des Organismus an diese neuen Umweltbedingungen anzupassen. Natürliche Auslese wird dabei als mehr oder weniger zweitrangig betrachtet. Verbale Speerspitzen gegen die stark selektionsbetonte Sichtweise der Ultradarwinisten sind in diesen Texten immer deutlich auszumachen. Eine „Kooperation" der Gene untereinander bzw. eine Art „Zähmung" der Gene durch den Organismus oder durch die Umwelt wird hier im Gegensatz zum „Egoismus" bisheriger Sichtweisen herausgestellt.

1.4   Vom Sinn des Buches

An veröffentlichten Meinungen über Evolution besteht also kein Mangel. Natur orientiert sich allerdings nicht an unseren Meinungen. Wenn wir wissen wollen, was wirklich passiert, müssen wir aufmerksam beobachten, möglichst vorurteilsfrei und sparsam interpretieren, Vorhersagen treffen und diese dann praktisch überprüfen. Das ist Wissenschaft und nicht so einfach, wie es klingt. Auch Wissenschaftler sind voreingenommen. Besondere Vorsicht ist geboten, wenn jemand ausdrücklich behauptet, er sei objektiv. Ich kann nicht beurteilen, ob die folgenden Darstellungen ein objektives Bild evolutionärer Prozesse zeichnen, aber ich habe mich jedenfalls um Objektivität bemüht. Der Sinn dieses Buches besteht nicht darin, neue Erkenntnisse zu verkünden. Ich möchte lediglich Akzente in der Interpretation des Bekannten setzen. Dabei versuche ich, möglichst allgemeinverständlich zu bleiben und nur ein Minimum an Fachbegriffen zu benutzen.

Es ist nicht meine Absicht, hier alle Aspekte der Evolutionsbiologie anzusprechen. Dafür wäre ein Buch auch gar nicht ausreichend. Thema sind – natürlich subjektiv gewählte – kritische Punkte unseres Evolutionsverständnisses. Alle folgenden Kapitel widmen sich Problemen, welche in der der Evolutionstheorie aufgeschlossenen Öffentlichkeit gegenwärtig oft anders gesehen werden, als ich es darstelle. Ich versuche hier bestimmte, verbreitete Ansichten zu diesen Problemen mehr oder weniger behutsam, aber immer begründet, zu korrigieren. Deshalb ist dieses Buch kein ganz leichter Lesestoff. Dennoch oder gerade deswegen wünsche ich Ihnen viel Freude beim Weiterlesen!

Literatur

Bauer J (2010) Das kooperative Gen. Heyne, München

Bestor TH (1999) Sex brings transposons and genomes into conflict. Genetica, 107(1-3):289–295

Dawkins R (1996) Das egoistische Gen. Rowohlt, Reinbek bei Hamburg

Eldredge N (1995) Reinventing Darwin. The great debate at the high table of evolutionary theory, John Wiley and Sons, New York

Feschotte C, Pritham EJ (2007) DNA transposons and the evolution of eukaryotic genomes. Annu Rev Genet, 41:331–368

González J, Petrov DA (2009) The adaptive role of transposable elements in the Drosophila genome. Gene, 448(2):124–133

Gould SJ (1997) Darwinian fundamentalism. New York Review of Books, 44(June 12):34–37

Jablonka E, Lamb MJ (1995) Epigenetic inheritance and evolution. The Lamarckian dimension, Oxford University Press, Oxford

Kegel B (2009) Epigenetik. Wie Erfahrungen vererbt werden, Dumont, Köln

Lander ES, Linton LM, Birren B, Nusbaum C, Zody MC, Baldwin J, Devon K, Dewar K, Doyle M, FitzHugh W, et al (2001) Initial sequencing and analysis of the human genome. Nature, 409(6822):860–921

Ryan F (2010) Virolution. Die Macht der Viren in der Evolution, Spektrum, Heidelberg

Shapiro JA (2011) Evolution. A view from the 21st century, FT Press, Upper Saddle River

Spork P (2009) Der zweite Code. Epigenetik oder Wie wir unser Erbgut steuern können, Rowohlt, Reinbek bei Hamburg

Yoder JA, Walsh CP, Bestor TH (1997) Cytosine methylation and the ecology of intragenomic parasites. Trends Genet, 13(8):335–340

Zeh DW, Zeh JA, Ishida Y (2009) Transposable elements and an epigenetic basis for punctuated equilibria. Bioessays, 31(7):715–726

2

Leben und Evolution sind zwei Seiten einer Medaille

Evolutionäre Veränderungen begleiteten das Leben von Anfang an. Das scheint allgemein akzeptiert zu sein. Evolution ist ja eine notwendige Bedingung für die Entstehung der heutigen Vielfalt der Lebensformen. Die Verbindung zwischen Leben und Evolution ist jedoch noch enger als meist angenommen wird. Leben ist ohne Evolution überhaupt unmöglich. Eigenartigerweise wird die Evolution in gängigen Definitionen des Lebens jedoch nur inkonsequent einbezogen. Ein Beispiel:

> Leben ist das, was alle Lebewesen gemeinsam haben und was sie von unbelebter Materie unterscheidet:
>
> - Sie sind von ihrer Umwelt abgegrenzte Stoffsysteme,
> - haben Stoff- und Energiewechsel und sind damit in Wechselwirkung mit ihrer Umwelt,
> - organisieren und regulieren sich selbst (Homöostase),
> - pflanzen sich fort und sind damit auch zu Wachstum und Differenzierung fähig.
>
> Wikipedia, Stichwort Leben, 27.9.2012

Hier bleibt im Ungewissen, ob Evolution ein notwendiges Merkmal des Lebens ist. Um das zu erfahren, kann man natürlich die Definition für Evolution in derselben Quelle nachschlagen. Leider ist auch diese Definition mangelhaft:

> Evolution ist die Veränderung der vererbbaren Merkmale einer Population von Lebewesen von Generation zu Generation. Diese Merkmale sind in Form von Genen kodiert, die bei der Fortpflanzung kopiert und an den Nachwuchs weitergegeben werden. Durch Mutationen entstehen unterschiedliche Varianten (Allele) dieser Gene, die veränderte oder neue Merkmale verursachen können. Diese Varianten sowie Rekombinationen führen zu erblich bedingten Unterschieden (Genetische Variabilität) zwischen Individuen. Evolution findet statt, wenn sich die Häufigkeit dieser Allele in einer Population (die Allelfrequenz) ändert, diese Merkmale in einer Population also seltener oder häufiger werden. Dies geschieht entweder durch Natürliche Selektion (unterschiedliche

V. Krauß, *Gene, Zufall, Selektion*, DOI 10.1007/978-3-642-41755-9_2,
© Springer-Verlag Berlin Heidelberg 2014

Überlebens- und Reproduktionsrate *aufgrund* dieser Merkmale) oder zufällig durch Gendrift.
Wikipedia, Stichwort Evolution, 27.9.2012

Evolution wird hier sowohl zu speziell als auch zu kompliziert beschrieben. Zu speziell, weil Evolution nicht nur erkennbare Merkmale betrifft, zu kompliziert, weil eine einfachere und in sich schlüssigere Beschreibung von Evolution möglich ist. Ich werde das im Folgenden begründen und erläutern, um zu einer passenderen Definition der Evolution zu kommen.

2.1   Um etwas auszuwählen, muss es vorhanden sein

Zunächst können Merkmale nicht, wie oben unterstellt, direkt vererbt werden, denn jedes Lebewesen verändert sich im Laufe seiner individuellen Entwicklung erheblich. Die noch unentwickelten Nachkommen eines Lebewesens (z. B. Eier, Sporen oder Samen) weisen Merkmalsunterschiede gegenüber ihren Eltern auf, welche später verschwinden. Nur die Fähigkeit zur Ausbildung der Merkmale wird vererbt, nicht die Merkmale selbst. Diese Vererbung erfolgt durch das Genom (die Gesamtheit der Erbinformation) unter Zuhilfenahme stoffwechselaktiver Moleküle (z. B. Proteine). Da diese stoffwechselaktiven Moleküle nur eine kurze Lebensdauer haben, sind sie zwar eine notwendige Bedingung für die Entstehung der Merkmale, können sie aber nicht eigenständig erzeugen. Nur das Genom eines Organismus enthält jene zugleich erblichen als auch veränderlichen Signale, welche von den stoffwechselaktiven Molekülen – zusammen mit Umweltsignalen – schließlich als Merkmale verwirklicht werden können. Genomveränderungen heißen Mutationen und bestehen bei allen Lebewesen in einer Veränderung der Anordnung oder der Anzahl der vier Typen möglicher Nukleotide der Desoxyribonukleinsäure (englisch emphdeoxyribonucleic acid, abgekürzt DNA): Adenin, Thymin, Guanin und Cytosin (A, T, G oder C). Weiterhin hat sich die Deutung von Genomen als eine Aneinanderreihung von Genen als wenig hilfreich erwiesen. Wir kommen später darauf zurück, man kann jedoch festhalten, dass die Begriffe Gen, Allel und auch Rekombination für eine grundlegende Definition der Evolution nicht notwendig sind. Wir können zusammenfassen, dass Evolution in Veränderungen (Mutationen) von Genomen besteht, welche vererbt werden.

Jede Mutation eines bestimmten Genoms (mit Ausnahme bloßer Vervielfältigungen der Chromosomensätze) verändert es in einzigartiger Weise. Jede Mutation ist ein evolutionärer Vorgang, d. h., eine wahrscheinlich nicht rückgängig zu machende Veränderung des Genoms. Evolution findet demnach schon statt, bevor Selektion wirken kann. Zudem kann eine Mutation zu merklichen Änderungen erkennbarer Merkmale führen oder auch nicht. Im letzteren Fall ist die Mutation nicht selektierbar (neutral) und kann rein zufällig in folgenden Generationen häufiger oder seltener werden (genetische Drift). Nur bei erkennbaren *und zugleich* mutationsbedingten Merkmalsveränderungen besteht die Möglichkeit, dass der Organismus wegen dieser Mutation mehr oder weniger Nachkommen als der Durchschnitt seiner Artgenossen haben kann (Selektion). Dies tritt aber nur dann ein, wenn (2. Bedingung) dieser messbare Merkmalsunterschied unter den Lebensbedingungen des Individuums die Anzahl seiner Nachkommen tatsächlich beeinflusst. Es ist beispielsweise schwer vorstellbar, dass angewachsene oder freie Ohrläppchen, sehr umweltunabhängige, also im Wesentlichen genetisch determinierte Merkmalsvariationen beim Menschen, die Zahl der Nachkommen von Merkmalsträgern wesentlich beeinflussen.

Es gibt aber noch eine dritte Bedingung, die gegeben sein muss, bevor Selektion wirksam werden kann. Sie hängt damit zusammen, dass die Gesamtzahl der Individuen einer Art (die Populationsgröße) immer begrenzt ist. Manche populären Darstellungen der Evolution übersehen dies. Selbst wenn die Mutation theoretisch zu einer Absenkung der Zahl der Nachkommen eines Organismus führen sollte – man spricht dann davon, dass die Fitness des Organismus gemindert ist – führt dies in endlich großen Populationen nicht automatisch zum Verschwinden dieser Mutation. Dies liegt hauptsächlich an der Rolle des Zufalls, welche umso bedeutender wird, je kleiner die Population ist. Auch genetisch hervorragend an ihre Umwelt angepasste Individuen können weniger Glück als Artgenossen mit mäßiger genetischer Ausstattung haben – und so schneller als jene verhungern, erfrieren oder vertrocknen. Einen Schutz davor kann nur die Statistik bieten: Je mehr Individuen eine Population hat, umso wahrscheinlicher können sich auch kleine genetische Vorteile in ihr durchsetzen. Ein Selektionsvorteil (oder -nachteil) muss also nicht nur vorhanden, sondern auch groß genug sein, um tatsächlich ausgelesen zu werden. Konkret formuliert: Kleine genetische Vorteile werden sich beim Sibirischen Tiger gegenwärtig kaum durchsetzen können, zuverlässig ausgemerzt wird bei diesem seltenen Tier dagegen nur, was wir als offensichtliche Erbkrankheiten bezeichnen würden. Seltene Arten sind demnach auch von schleichendem Verlust ihrer durchschnittlichen Fitness durch sich ansammelnde, leicht nachteilige Mutationen bedroht.

Wir sehen also, dass natürliche Selektion – obwohl sie selbstverständlich auf jedes Individuum wirkt – nur an einem Bruchteil der durch Mutation erzeugten, genetischen Variation ansetzen kann. Warum steht sie dann im Mittelpunkt jeder populären Darstellung der Evolution, wird sie als Dreh-

und Angelpunkt evolutionärer Ereignisse gesehen? Die kurze Antwort darauf lautet, dass dies eine Überschätzung der Rolle der Selektion in der Evolution darstellt, ich werde später noch auf Gründe für diese Fehleinschätzung eingehen. Dagegen sind Mutationen Voraussetzung für *jeden* Schritt der Evolution. Nur aus ihnen entsteht erbliche Variation. In diesem Zusammenhang ist es sinnvoll, Rekombination (d. h. die Neukombination vorhandener erblicher Variation miteinander) einfach als eine besondere Form erblicher Veränderung (Mutation) aufzufassen.

2.2 Warum Evolution unvermeidlich ist

Im letzten Abschnitt wurde erläutert, dass die Entstehung von Variation der grundlegende Evolutionsprozess ist. Auch basale Prozesse haben Ursachen. Was verursacht Mutationen? Ich behaupte, dass die Erbinformation aus zwei Gründen mutiert, erstens weil sie existiert und zweitens weil sie zu ihrer Erhaltung und Vermehrung verdoppelt werden muss.

Vielleicht widerstrebt es Ihnen, dies anzuerkennen. Das ist Ihr gutes Recht und kann mit Ihrer Belesenheit begründet werden. In vielen populären Darstellungen der Evolutionsbiologie wird – direkt oder indirekt – die Vorstellung vermittelt, die DNA (die Erbinformation) sei ewig. Das ist ein Metaphorismus, der der Einsicht ins Wesentliche im Wege steht.

Zunächst einmal kann kein Molekül in der Natur auf Dauer beständig sein. Es wird irgendwann durch Zufuhr von Energie oder durch eine Wechselwirkung mit anderen Atomen, Ionen oder Molekülen verändert oder zerstört. Es muss also von Zeit zu Zeit vermehrt werden, um dauerhaft in mindestens einer Kopie erhalten zu bleiben. Da der dazu nötige Kopiervorgang der DNA noch um Größenordnungen veränderungsanfälliger ist als die bloße Erhaltung eines Originals, werden Genome vor allen durch ihre notwendige Vermehrung Veränderungen (Mutationen) anreichern.

Das entscheidende, in der eingangs zitierten Definition der Evolution übergangene Detail ist also, dass die Veränderung des Genoms nicht nur Voraussetzung für Evolution ist, sondern selbst einen unvermeidbaren Prozess darstellt. Da das Genom aus DNA (oder selten aus RNA) besteht, wird es durch die Synthese eines neuen Strangs entlang der alten Nukleinsäurekette dupliziert. Dabei wird die Abfolge der Nukleotide abgelesen und das jeweils paarende Nukleotid im neuen Strang eingebaut. Nur so kann die Reihenfolge der Basenpaare an die Nachkommen weitergegeben werden. Wie bei jedem Kopierprozess treten dabei Fehler auf, d. h. genetische Variabilität entsteht (Abb. 2.1).

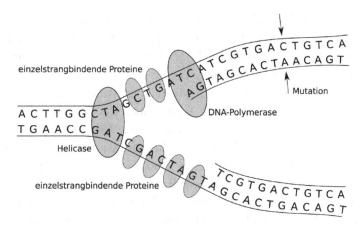

Abb. 2.1 Replikation. Grafik © Veiko Krauß. Stark vereinfachte Darstellung der Replikation der DNA. Verschiedene Proteine der Zelle, hier als graue Ellipsen dargestellt, wirken dabei zusammen. Nachdem eine Helikase die beiden Mutterstränge der DNA aufgetrennt hat (links), müssen sie zunächst durch einzelstrangbindende Proteine vor Wechselwirkungen mit anderen Molekülen geschützt werden, bevor die DNA-Polymerase (hier nur an einem Strang dargestellt) die Nukleotidabfolge der Mutterstränge (die Sequenz, hier mit A, C, G und T symbolisiert) nutzen kann, um entlang jedes dieser alten DNA-Stränge einen Tochterstrang zu bilden. Dabei paaren jeweils die Nukleotide Adenin (A) und Thymin (T) sowie Guanin (G) und Cytosin (C), sodass der Mutterstrang eine mit ihm paarende (komplementäre) Sequenz im neuen Tochterstrang verursacht. In seltenen Ausnahmefällen klappt das nicht (siehe Text) und eine Mutation entsteht. So sieht man rechts oben einen fehlerhaften Einbau eines Adenins, wo gegenüber eines Cytosins des Mutterstranges eigentlich ein Guanin hätte eingebaut werden müssen.

Dieser Duplikationsvorgang hat, wenn er ohne Zuhilfenahme von Katalysatoren an RNA durchgeführt wird – also ohne Polymerasen wie in frühen Phasen der Evolution – eine Mindestfehlerrate von etwa einem Prozent (Eigen 1971). Eines von hundert Nukleotiden wird demnach falsch in die entstehende Helix eingefügt. In heutigen Organismen ist diese Fehlerrate durch zahlreiche Helferproteine sehr stark gesenkt worden. Sie liegt recht konstant in sehr verschiedenen Einzellern bei 0,1 bis 0,5 Fehlern, d. h. Mutationen pro Genom und Zellteilung (Smith und Szathmáry 1996). Für die Unvermeidbarkeit von Mutationen ist es nun nicht so wichtig, ob sie theoretisch unvermeidbar sind. Entscheidend ist, dass für jede Verbesserung der Genauigkeit der Replikation und der Instandhaltung das Korrektur- bzw. Reparatursystem der Zelle verbessert werden muss, d. h. neue Helferproteine müssen zusätzlich produziert werden. Es entstehen jedesmal höhere Kosten für den Organismus, Aufwendungen, welche woanders dann nicht mehr geleistet werden können. Hinzu kommt, dass jeder Replikationshelfer selbst der zerstörerischen Wirkung der Mutationen ausgeliefert ist, d. h., seine Funktion muss ständig auf sehr hohen

Niveau durch Selektion aufrechterhalten werden. Das Problem ist vergleichbar mit der Rechtschreibungsprüfung eines langen Textes – alle Fehler zu finden und zu korrigieren ist nicht möglich. Setzfehler scheinen gegenwärtig sogar zuzunehmen, nicht nur im Internet. Das ist ein Hinweis auf zunehmenden Zeit- und Kostendruck – ganz genau wie in einer typischen lebenden Zelle.

Sind also absolut originalgetreue Weitergaben des genetischen Materials möglich? Empirische Befunde sprechen dagegen. Während in Bakterien offenbar die Mutationsrate der Veränderlichkeit der Umwelt angepasst werden kann (Wielgoss et al. 2013), ist dies in Eukaryoten (kernhaltigen ein- oder mehrzelligen Organismen) nicht der Fall. Die Mutationsraten liegen insbesondere in Mehrzellern (Tiere, Pflanzen und Pilze) deutlich zu hoch, um es der natürlichen Auslese zu erlauben, das Genom zu optimieren (Baer et al. 2007). Dieser Unterschied zu Bakterien ergibt sich daraus, das Mehrzeller um ein Vielfaches größer als Bakterien sind. Deshalb kann es nur wesentlich weniger Individuen geben. Das bedeutet, dass die Zukunft von Mehrzellern wegen der schleichenden Zerstörung ihrer genetischen Information durch fortwährende Mutationen zumindest potenziell bedroht ist (vergleiche die Bemerkung zu Sibirischen Tigern weiter oben). Ich komme später auf dieses Problem zurück. Zunächst sei festgehalten, dass weniger Mutationen bei Eukaryoten sinnvoll erscheinen, aber nicht möglich sind.

Evolution ist daher, auch ohne Zuhilfenahme natürlicher Selektion, unvermeidlich. Es ist deshalb nicht richtig, lediglich natürliche Selektion und genetische Drift als gleichberechtigte Evolutionsfaktoren erster Ordnung vorzustellen, wie das in der oben stehenden Definition geschieht. Evolution wird durch die genetische Veränderung (Mutation) selbst angetrieben, welche zu einer sehr verschieden ausgeprägten Änderung der Merkmale des betroffenen Individuums führt. Das Ausmaß der Änderung der Merkmalsgesamtheit (des Erscheinungsbildes oder Phänotyps) kann dabei zwischen nicht messbar und sofortigem Tod schwanken. Eine im Wesentlichen korrekte Vorhersage der Wirkung einer Mutation aufgrund der Genomsequenz des Organismus ist heute oft möglich, aber nicht einfach. Erst nach dem Mutationsereignis können Selektion und Drift auf den Ablauf der Evolution einwirken. Diese beiden Faktoren sind unvermeidbare Begleiter und Faktoren der Evolution, aber nicht ihre Ursache.

Die bloße Existenz von Leben ist also notwendigerweise mit Evolution verbunden. Daraus folgt, dass Evolution auch für die Entstehung des Lebens unverzichtbar war. Sobald man von einem Organismus sprechen konnte, unterlag er der Evolution. Sie ist also ein notwendiges Merkmal des Lebens. Evolution ist die Änderung der Erbinformation innerhalb der Generationsfolge der Lebewesen und setzt nicht unbedingt die Existenz einer Population gleichartiger Lebewesen voraus. Da die Erbinformation (der Genotyp) notwendig für die Ausbildung eines Phänotyps ist und seine Ausprägung wesentlich bestimmt, wird er so erfolgreich wie die auf seiner Grundlage gebildeten Organismen in der ihnen gegebenen oder von ihnen aufgesuchten Umwelt sein. Er wird also nur über den gebildeten Phänotyp selektiert. Die Evolution des Genotyps ist nur hinsichtlich derjenigen Variationen gerichtet, welche *ursächlich* für negativ oder positiv selektierte Phänotypen sind. Alle anderen Varianten des Genotyps evolvieren richtungslos. Es ist allerdings jederzeit möglich, dass bestimmte bisher richtungslos mutierende Teile des Genotyps durch Umweltveränderungen oder andere Mutationen plötzlich Einfluss auf selektierte Teile des Phänotyps erlangen – dann unterliegen auch sie der Selektion. Umgekehrt kann eine Neumutation den Einfluss genetischer Varianten auf den Phänotyp grundlegend verändern und auch beenden.

Literatur

Baer CF, Miyamoto MM, Denver DR (2007) Mutation rate variation in multicellular eukaryotes: causes and consequences. Nat Rev Genet, 8(8):619–631

Eigen M (1971) Self-organization of matter and the evolution of biological macromolecules. Naturwissenschaften, 58:465–523

Smith JM, Szathmáry E (1996) Evolution. Prozesse, Mechanismen, Modelle, Spektrum, Heidelberg

Wielgoss S, Barrick JE, Tenaillon O, Wiser MJ, Dittmar WJ, Cruveiller S, Chane-Woon-Ming B, Médigue C, Lenski RE, Schneider D (2013) Mutation rate dynamics in a bacterial population reflect tension between adaptation and genetic load. Proc Natl Acad Sci USA, 110(1):222–227

3

Gene – Rohmaterial der Evolution

In diesen Kapitel versuche ich zu zeigen, dass Gene sowohl Einheiten der Vererbung als auch konkrete Abschnitte der DNA sind. Gegenwärtig gibt es zwar Unklarheiten bei ihrer Abgrenzung zu anderen Genen als auch zur zwischengenischen DNA, es unterliegt aber keinem Zweifel, dass es sich bei Genen um materielle Objekte und keine bloßen Ideen handelt. Allerdings ist ihre Existenz unmittelbar an Zellen gebunden, welche in der Lage sind, sie korrekt zu lesen. Außerhalb dieser Zellen kann das genetische Material DNA zwar überdauern, aber nicht als Gen funktionieren.

> Ein Gen ist ein Abschnitt auf der Desoxyribonukleinsäure (dt. DNS, engl. DNA), der die Grundinformationen zur Herstellung einer biologisch aktiven Ribonukleinsäure (RNA) enthält. ... Ein Gen ist demnach eine Einheit aus genomischer DNA-Sequenz, die einen zusammenhängenden Satz von potenziell überlappenden funktionellen Produkten kodiert.
> Wikipedia, Stichwort Gen, 25.9.2012

Diese (von mir wesentlich verkürzte) Definition des beliebten Online-Lexikons zeichnet sich nicht durch Verständlichkeit aus. Sie dient dennoch der Erklärung eines der von Laien meistbenutzten Begriffe der Biologie. Gern wird von „Genen" gesprochen, ohne eine bestimmte Vorstellung von ihnen zu haben. Der Begriff „Gen" wird daher meist ungenügend oder falsch verstanden und folglich auch falsch verwendet. Wenn wir Evolution wirklich verstehen wollen, müssen wir uns mit diesem zentralen Begriff auseinandersetzen, um seine Bedeutung richtig einzuschätzen. Wir werden uns dazu der Geschichte des Terminus und einer bestimmten, populären Deutung widmen. Abschließend soll herausgestellt werden, wie man den Begriff anwenden kann, um evolutionäre Vorgänge zu illustrieren.

3.1 Geschichte des Genbegriffs

Der ursprüngliche Genbegriff ergab sich aus den bekannten Arbeiten des Augustinermönchs Gregor Mendel (1822–1884). Er selbst sprach nicht von Ge-

V. Krauß, *Gene, Zufall, Selektion*, DOI 10.1007/978-3-642-41755-9_3,
© Springer-Verlag Berlin Heidelberg 2014

nen, sondern von erblichen Faktoren; er meinte damit aber etwa das, was wir heute als Gen definieren. Den Terminus „Gen" selbst schuf der dänische Biologe Wilhelm Johansen erst 1909. Er verstand unter einem Gen einen Erbfaktor, welcher die Ausbildung mindestens eines Merkmals eines Organismus wesentlich beeinflusst. Er wußte nicht, welcher materiellen Struktur ein Gen entspricht. Er warnte aber bereits davor, von „einem Gen für ein Merkmal" zu sprechen. Es war ihm bekannt, dass ein Merkmal zugleich von mehreren Genen beeinflusst werden kann (Polygenie). Ebenso wusste er, dass ein Gen mehrere Merkmale beeinflussen kann, eine Eigenschaft, die Polyphänie oder Pleiotropie genannt wird.

Das Gen wurde also zunächst funktionell bestimmt, und zwar als die kleinste, nicht mehr weiter teilbare Einheit der genetischen Information (des Genotyps) eines Organismus. Ein Atom ist – analog – die kleinste, nicht mehr weiter teilbare Struktur eines Elements. Wenn ein Atom gespalten wird, verschwinden dessen elementare Eigenschaften. Teilt man die materielle Genstruktur, so kann auch innerhalb der Zelle das Gen nicht mehr funktionieren, es ist zerstört. Teile der Atome bzw. der Gene können nun dazu verwendet werden, neue Atome oder Gene aufzubauen. Eine Rückgewinnung der alten Struktur ist jedoch in beiden Fällen sehr unwahrscheinlich.

Die erste Hälfte des 20. Jahrhunderts verging, ehe allmählich klar wurde, dass Gene aus Nukleinsäuren (typischerweise aus DNA, nur bei manchen Viren aus Ribonukleinsäure, englisch *ribonucleic acid*, abgekürzt RNA) bestehen. Man fand auch heraus, dass sie stets als Kopiervorlage zur Herstellung eines Ribonukleinsäuremoleküls (RNA) dienen. Die RNA-Produkte der Mehrzahl der Gene, Boten-RNA (mRNA) genannt, werden zur Synthese von Polypeptiden, den linearen Formen der Proteine, genutzt. Man ging daher dazu über, Gene als Abschnitte der DNA zu definieren, welche in einer geeigneten Zelle ein primäres Genprodukt, d. h. eine RNA, produzieren können. Man glaubte, damit eine leichter handhabbare Gendefinition gefunden zu haben.

Diese Gendefinition wurde in der Folgezeit genutzt, um zahllose Gene in vielen Arten von Organismen zu identifizieren. Auf ihrer Grundlage bestimmte man auch – nach der Isolierung von Genen – deren Funktion für den Organismus. Neue Probleme entstanden, als zunehmend DNA-Sequenzen kompletter Genome bekannt wurden.

Zunächst waren das Genome von Bakterien, also zellkernloser, einzelliger Lebewesen. Sie sind prallvoll gepackt mit einigen tausend Genen, welche problemlos voneinander zu unterscheiden sind. Viele funktionsverwandte Gene sind hier in Genverbänden – Operons genannt – organisiert und werden gemeinsam abgelesen. Das bedeutete bereits ein Problem für obige Gendefinition, denn von solchen Operons wird nur eine einzige mRNA gebildet, von der dann mehrere Proteine (eines pro Gen) translatiert werden. Ein Gen ist bei Bakterien etwa tausend Nukleotide lang. Die Zahl der Gene wiederum bestimmt die Größe ihres Genoms.

Das ist bei den Eukaryoten, den kernhaltigen einzelligen oder mehrzelligen Lebewesen, anders. Hier ist die DNA des Genoms um Größenordnungen länger als bei den Bakterien. Eukaryoten haben aber dennoch nur bis zu zehnmal mehr Gene als Bakterien. Unser Darmbakterium *Escherichia coli* hat durchschnittlich immerhin 4500 Gene, während wir etwa 22000 Gene (Pertea und Salzberg 2010), aber ein etwa 700-mal größeres Genom besitzen. Warum ist das so? Sind die Gene des Menschen größer als die der Bakterien? Tatsächlich ist der proteinkodierende Teil menschlicher Gene durchschnittlich etwas länger (1340 Nukleotide) als der eines bakteriellen Gens (Lander et al. 2001), der wesentliche Unterschied liegt jedoch woanders: Menschliche Gene enthalten wie die anderer Eukaryoten zahlreiche Zwischenstücke ohne kodierungsfunktion. Diese Einschübe (Introns) werden zusammen mit den funktionellen Abschnitten des Gens (den Exons) zwar in RNA umgeschrieben (transkribiert), danach aber durch spezielle, funktionelle Komplexe aus RNAs und Proteinen aus diesem Transkript herausgeschnitten, sodass die reife mRNA um vieles kleiner ist das rohe Transkript. Dieser Prozess wird Spleißen genannt und findet sich bei allen Eukaryoten. Seine Entstehung ist, funktionell gesehen, schwer zu verstehen.

Nach den derzeit wohl glaubwürdigsten Modellen zur Evolution des Spleißens war es ursprünglich tatsächlich nur ein zusätzlicher, für sich betrachtet funktionell überflüssiger Vorgang. Man vermutet, das es sich beim Spleißen um ein Abfallprodukt der Entstehung des Zellkerns handelt (Martin und Koonin 2006). Aber ganz wie in der menschlichen Gesellschaft kann man während der Evolution immer wieder Recycling beobachten: Abfälle werden wiederverwendet. Gemeint ist damit weniger, dass sich innerhalb der Introns eines Genes andere Gene befinden können. Das ist zwar nicht selten, aber kein gutes Argument für das Spleißen, denn diese „eingeschachtelten" Gene könnten ja genauso gut hintereinander auf der DNA liegen. Notwendig an diesen neuen Vorgang ist jedoch die Möglichkeit des alternativen Spleißens gebunden. Je nach der Art der hinzukommenden Spleißproteine können nämlich aus einer RNA verschiedene Introns herausgeschnitten werden, sodass sich aus einem Transkript häufig verschiedene mRNA-Moleküle ergeben, die dann auch in verschiedene Proteine übersetzt werden. Diese sind gewöhnlich einander ähnlich, da ein großer Teil der Exons in der Regel in jede Spleißvariante eines Gens eingebaut wird.

Diese Entdeckung des alternativen Spleißens führte allein noch nicht zu einer Krise der molekularbiologischen Gendefinition, nach der ein DNA-Abschnitt ein Gen ist, wenn von ihm ein RNA-Transkript abgelesen werden kann. Wenig später wurde jedoch festgestellt, dass einander überlappende Transkripte möglich sind, welche nicht selten auch zwei oder mehr bisher als unabhängige Gene definierte DNA-Abschnitte überstreichen können. Erst die Art des Spleißens entscheidet dann, welche Form das Genprodukt letztendlich annimmt. Da nun eine saubere Trennung von Genen als DNA-Abschnitte auf Schwierigkeiten stieß, musste man die Gendefinition überarbeiten:

> Ein Gen ist eine Einheit genomischer Sequenzen, welche eine kohärente Menge potenziell überlappender, funktioneller Produkte kodiert.
> (Gerstein et al. 2007, übersetzt)

Das entspricht dem zweiten Satz des Wikipedia-Zitats und muss erläutert werden. Erstens ist ein Gen eine genomische Sequenz (DNA oder RNA), welche funktionelle Produkte kodiert, entweder RNA oder Proteine. Wenn (zweitens) verschiedene funktionelle Produkte überlappende Regionen enthalten, dann umfasst ein Gen alle überlappenden genomischen Regionen, welche für diese Genprodukte kodieren, dabei müssen nicht alle Produkte eines Gens gemeinsame Sequenzen enthalten. Drittens müssen alle Gene in sich kohärent sein, d. h., sie können entweder funktionelle RNA-Moleküle oder Proteine bilden, aber nicht beides zugleich. Die wesentlichen Elemente dieses aktuellen Genmodells werden in Abb. 3.1 erläutert.

Dieser Wechsel zu einer wieder mehr funktionellen Gendefinition war auch deshalb nötig, da bei Bakterien und manchen Eukaryoten zahlreiche Gene existieren, welche sich als Bestandteile eines Operons ein einziges RNA-Transkript teilen. Es ist also ohnehin nicht möglich, Gene rein strukturell als Transkriptionseinheiten zu definieren. Indes, auch diese Gendefinition ist wahrscheinlich nur ein Zwischenprodukt auf dem Weg der Erkenntnis.

3.2   Eine populäre Fehlinterpretation

Manche Leser mag der letzte Abschnitt irritiert haben, weil es noch mindestens eine ganz andere, bisher nicht erwähnte Gendefinition gibt. Sie stammt von Richard Dawkins, einem ehemaligen Professor für die Popularisierung von Wissenschaft. Vom Nachrichtenmagazin Spiegel wurde er 2006 als der „einflussreichste Biologe seiner Zeit" bezeichnet (Blech 2006). So ist es nur natürlich, dass seine Gendefinition bekannt ist:

> Meine Definition wird nicht nach jedermanns Geschmack sein, doch es gibt keine allgemein anerkannte Definition eines Gens. Wir können ein Wort definieren, wie es uns für unsere Zwecke gefällt, vorausgesetzt, wir tun dies deutlich und unmissverständlich. ... Ein Gen ist definiert als jedes beliebige Stück

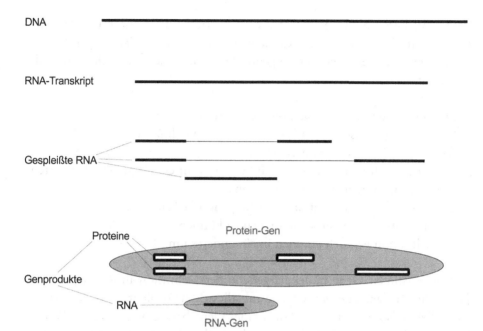

Abb. 3.1 Aktuelles Genmodell. Grafik © Veiko Krauß. In diesem fiktiven Beispiel werden aus einem bestimmten Abschnitt der DNA zwei teilweise identische Proteine und eine funktionelle RNA abgeleitet. Die RNA wird dabei aus einen Intron hergestellt, während die beiden Proteine von unterschiedlich gespleißten Boten-RNA-Molekülen (also von Exons) translatiert werden. Alle unmittelbar auseinander hervorgehenden Produkte der ineinander verschachtelten Bestandteile des Protein- und des RNA-Gens (DNA-Abschnitt, Transkript, gespleißte RNA, Proteine) sind exakt untereinander dargestellt.

Chromosomenmaterial, welches potenziell so viele Generationen überdauert, dass es als eine Einheit der natürlichen Auslese dienen kann. …

Die Frage ist nur, ein wie großes Stück …? … Geben wir dieser Sequenz den Namen genetische Einheit. Sie könnte eine Reihe von lediglich zehn Buchstaben innerhalb eines Cistrons sein, sie könnte aus einer Folge von acht Cistrons bestehen, und sie könnte in der Mitte eines Cistrons anfangen und in der Mitte eines Cistrons aufhören. Sie wird sich mit anderen genetischen Einheiten überschneiden. Sie wird kleinere Einheiten enthalten und selbst Teil größerer Einheiten sein. Gleichgültig, wie lang oder wie kurz, für die Zwecke unserer gegenwärtigen Überlegung werden wir dies eine genetische Einheit nennen. Sie ist nichts anderes als ein Chromosomenabschnitt, der sich physisch in keinerlei Weise vom Rest des Chromosoms unterscheidet.

(Dawkins 1996, S.53)

Ein Cistron entspricht exakt einem Gen im molekularbiologischen Sinn. Der Begriff hat sich nicht durchsetzen können und findet sich nur noch in älteren Büchern über Genetik. Da also ein Cistron ein Gen ist, muss Dawkins mit seinem „Gen" etwas anderes meinen. Wenn wir aus den obigen Sätzen Sinn extrahieren, ergeben sich folgende Elemente einer Gendefinition nach Dawkins:

1. Ein Gen besteht aus wenigen bis vielen Nukleotiden.
2. Es ist nicht identisch mit molekularbiologisch definierten Genen, kann sie aber in beliebiger Weise überlappen.
3. Es ist dennoch eine genetische Einheit, obwohl es mit anders definierten genetischen Einheiten beliebig überlappt.
4. Es muss mehrere Generationen („genügend lang"?) existieren, um als Einheit der natürlichen Selektion dienen zu können.
5. Jede Mutation wandelt ein Gen in ein anderes um.

Nun existieren Gene molekulargenetischer Definition in der Regel viele Jahrmillionen lang. Dawkins Gene tun dies deshalb nicht, weil sie bestenfalls Allele (also eine spezielle Form eines Gens bzw. eine festgelegte DNA-Sequenzvariante eines Gens) sind, welche nach jeder Mutation zu einem anderen Allel (nach Dawkins Gen) werden. Gene molekularbiologischer Definition dagegen können dupliziert, stillgelegt oder ganz aus dem Genom entfernt werden, sie können weiterhin mit anderen Genen oder Genteilen verschmelzen, sich verlängern oder verkürzen, aber sie können sich nicht in ein anderes Gen verwandeln. Durch Mutationen eines Genes entsteht nur ein neues Allel aus einem vorhandenen Allel desselben Gens. Neue Gene entstehen dagegen in der Regel durch Duplikation zuvor existierender Gene. Ergebnis sind zunächst zwei identische Genkopien, welche dann allmählich durch Mutationen einander unähnlicher werden. Ein Gen kann auf diese Weise durch seine eigenen Tochtergene ersetzt werden, ohne zu verschwinden, da es ja dann sogar in mehreren Kopien weiter existiert.

Wo man auch hinschaut, Dawkins' Gene haben offensichtlich gar nichts mit Genen üblicher Definition zu tun. Seine Definition ist auch in keiner Weise geeignet, *bestimmte* Gene zu finden, denn er grenzt weder ihre Größe in irgendeiner nützlichen Weise ein noch gibt er andere handhabbare Hinweise, wie man ein bestimmtes Gen identifizieren könnte. Es drängt sich der Eindruck auf, dass Dawkins dies gar nicht möchte. Er behauptet ja auch, dass ein bekannter Begriff ohne Rücksicht auf seine aktuelle Bedeutung völlig neu definiert werden kann (siehe oben) und bezeichnet seine Erklärung als „deutlich und unmissverständlich". Wir sollen ihm zudem seine Behauptung einfach glauben, dass seine Gene die ausschließliche Einheit der Selektion darstellen. Weder Organismen noch Arten sollen Ebenen der Selektion darstellen, sondern nur seine Gene. Eine brauchbare Definition des Gens würde das besser überprüfbar machen, deshalb verzichtet Dawkins darauf.

Dennoch wurde Dawkins Genzentrismus von verschiedenen Seiten scharf angegriffen. Er versuchte – vielleicht deshalb – später (Dawkins 2010), Punkt 3 seiner Definition (ein Gen sei eine genetische Einheit) ganz fallenzulassen und den Begriff Gen – allerdings nicht konsequent – durch „Replikator" zu ersetzen. Ein Replikator soll laut Dawkins folgendermaßen aussehen:

> The criterion for recognizing a true replicator for a Darwinian model is a rigorous one. The putative replicators must vary in an open-ended way; the variants must exert phenotypic effects that influence their own survival; the variants must breed true and with high fidelity such that, when natural selection chooses one rather than its alternative, the impact persists through an indefinitely large number of generations (more precisely, survives at a high enough rate to keep pace with mutational degradation).
>
> Übersetzung des Autors: Das Kriterium für die Anerkennung eines echten Replikators als eine Einheit der Selektion ist rigoros. Er muss endlos variabel sein; diese Varianten müssen phänotypische Effekte haben, die ihr eigenes Überleben beeinflussen; die Varianten müssen sich so genau fortpflanzen, dass, wenn natürliche Selektion eine bestimmte Variante gegenüber einer anderen bevorzugt, die Wirkung dieser Auswahl eine unbestimmt große Zahl von Generationen bestehen bleibt (genauer, [die Variante, die Wirkung?] überlebt zu hinreichend großen Anteilen, um mit dem mutativen Zerfall Schritt zu halten).
>
> (Dawkins 2004).

Diese Kriterien als rigoros zu bezeichnen, offenbart einen eigenwilligen Humor. Der Dawkin'sche Replikator wird hier noch unbestimmter als ein Dawkin'sches Gen beschrieben. Ein Replikator muss offensichtlich nicht aus DNA bestehen. Zudem scheint Dawkins davon auszugehen, dass man im Voraus festlegen kann, ob ein einmal von der Selektion bevorzugter Replikator durch mutativen Zerfall verschwinden wird oder nicht. Es liegt scheinbar kein echter Replikator vor, wenn er auf diese Weise verschwinden kann. Von realen Verhältnissen (nichtfunktionelle DNA des Genoms, welche in Gene eingebaut werden kann; Verlust von Genen oder Genteilen durch Mutationen; die Tatsache, dass Gene nicht leben, sondern nur innerhalb einer für sie geeigneten Zelle als solche funktionieren können; dass die Kraft der Selektion von der schwankenden Größe der Population abhängig ist usw.) wird konsequent abgesehen. So ein Replikator kann bestenfalls – bei großzügiger Interpretation dieser Definition – ein Organismus selbst sein, da der Begriff suggeriert, dass er sich selbst vervielfältigt. Einem realen Gen kann er jedenfalls nicht entsprechen.

Eine Hypothese kann nur dann wissenschaftlich sein, wenn aus ihr prüfbare Vorhersagen abgeleitet werden können. Die beiden zitierten Definitionen erschweren dies zwar, machen eine Überprüfung allerdings nicht unmöglich. Da Dawkins' Hypothese der Genselektion von zentraler Bedeutung für die vom amerikanischen Evolutionsbiologen George C. Williams begründete Denkschule des Genzentrismus ist, sollte man sie prüfen. Kann man tatsächlich davon sprechen, dass ein wie auch immer gearteter Abschnitt eines menschlichen Chromosoms die entscheidende Einheit der natürlichen Selektion ist?

Im Grunde kann man das rein sprachlich klären. Ein Objekt oder eine Einheit der Selektion ist etwas, das selektiert, das heißt ausgewählt wird. Dies kann positiv oder negativ erfolgen, diese Einheit kann also verworfen oder begünstigt werden. Wenn es sich bei wie immer gearteten Genen um Einheiten der Selektion handeln soll, müssen sie im Unterschied zu anderen Einheiten, sprich Genen, des gleichen Organismus seltener oder häufiger werden. Da Gene, nach welcher Definition auch immer, Abschnitte von Chromosomen sind, steht dem ein fundamentales Problem entgegen: Jedes Chromosom enthält mehrere Gene, und Chromosomen werden immer im Ganzen vererbt. Dass sie untereinander regelmäßig Stückaustausch betreiben, stört dabei nicht: Immer wird ein solcher Verband von mehreren oder vielen Genen weitergegeben, niemals ein einziges.

Unterschiedliche Selektion von Genen kann also innerhalb eines Organismus nicht funktionieren. Nur die Summe aller Gene eines Organismus bestimmt, zusammen mit den Umweltbedingungen während seiner individuellen Entwicklung, seinen Phänotyp (sein Erscheinungsbild). Dieser Phänotyp des einzelnen Organismus wird in seiner konkreten Umwelt dann einen mehr oder weniger großen, vielleicht auch gar keinen Fortpflanzungserfolg haben. Erst dieser Erfolg oder Misserfolg ist die Selektion. Einzelne Gene können dabei nicht selektiert werden, nur vollständige Genome wie bei Bakterien oder zufällig ausgewählte Hälften individueller Genome (d. h. die DNA der Ei- oder Spermazellen) wie bei mehrzelligen Organismen, die sich sexuell fortpflanzen.

Um möglichen Missverständnissen vorzubeugen, muss ich hier eine wichtige Ausnahme nennen. Es gibt Gene, welche einer Selektion innerhalb der Zelle unterliegen. Sie werden oft als egoistische Gene bezeichnet. Passender nennt man sie parasitische oder springende Gene. Sie haben die Eigenschaft, sich selbst innerhalb der Zelle an immer neuen Orten der Chromosomen einfügen und damit vermehren zu können. Da sie dabei manchmal funktionell wichtige, nicht springende Gene des Organismus beschädigen, werden sie vom Organismus bekämpft. Da sie zugleich die Zelle nicht verlassen können, gilt es für springende Gene, die Balance zwischen zwei Übeln zu finden: Zum einen dürfen sie nur selten springen, um nicht ein wichtiges Gen des Organismus zu beschädigen und sich damit selbst mitsamt des Organismus zu beerdigen; zum anderen müssen sie regelmäßig aktiv sein, da sie wie alle anderen Abschnitte des Genoms der allgemeinen Veränderung durch Mutationen unterliegen. Springende Gene unterliegen daher ständig der Gefahr, ihre Sprungfähigkeit zu verlieren; ihre Existenz kann nur durch mehrere Kopien an verschiedenen Stellen des Genoms gesichert werden.

Diese Parasiten des Genoms kennt Dawkins, bezeichnet sie aber als „surplus DNA" (zusätzliche DNA) und nicht als Gene (Dawkins 1996). Wir können also abschließend feststellen, dass seine Gendefinition nicht nur unpraktisch ist, sondern konsequenterweise überhaupt keine real existierenden Dinge beschreibt, und wenden uns wieder der Problematik der Definition realer Gene zu.

3.3 Gene heute

Die wichtigsten Eigenschaften, die man heute mit Genen verbindet, sind folgende (Stadler et al. 2009):

1. Ein Gen sollte eine *messbare Funktion* haben. Wenn es aus dem Genom entfernt wird, muss dies eine für dieses Gen charakteristische Änderung des Phänotyps ergeben. Ein solcher Genausfall kann (je nach Gen) unbedingt tödlich oder nur unter ganz bestimmten Umweltbedingungen überhaupt sichtbar sein; in jedem Fall muss es Bedingungen geben, unter denen der Ausfall des Gens in irgendeiner Weise funktionell erkennbar ist. Gene, die eine solche Eigenschaft nicht haben, unterliegen auch keiner Selektion zur Erhaltung ihrer Funktion. Springende Gene bilden solche für den Organismus eher schädlichen Einheiten der Evolution und sind daher auch keine echten Gene.
2. Ein Gen ist *innerhalb des Genoms kartierbar*. Die frühere Formulierung hierfür lautete, dass das Gen einen Abschnitt der DNA entspricht. Alternatives Spleißen, Trans-Spleißen sowie die weite Streuung einzelner regulativer Teile des Gens im Genom führen jedoch dazu, dass zumindest in Eukaryoten mit größeren Genomen Genregionen einander durchdringen, überlappen bzw. dass sie aus weit voneinander entfernten DNA-Abschnitten bestehen. Dennoch bilden sie eine Einheit, welche durch ihre gemeinsame Funktion bei der Bildung eines oder mehrerer ähnlicher Genprodukte sowie durch ihre evolutionäre Entstehung aus einem Gen einfacherer Struktur begründet ist.
3. Ein Gen ist eine *erbliche Struktur*. Gene sind homolog zueinander, d. h. voneinander evolutionär abgeleitet, was an der mehr oder weniger vor-

handenen Sequenzähnlichkeit zwischen den einander homologen Genen erkennbar ist. Intergenische DNA-Sequenzen wie auch Sequenzen innerhalb von Introns sind nicht evolutionär konserviert und deshalb zwischen verschiedenen Organismen nicht ähnlich. Sie sind daher nur über kurze Zeiträume hinweg erblich.

4. Gene werden exprimiert, d. h. von ihnen werden *ein oder mehrere Genprodukte* in Form von RNAs oder Proteinen gebildet. Diese Genprodukte vermitteln die Funktion des Gens.

5. Gene können, als definitionsgemäß biologisch aktive Objekte, nur innerhalb von *mit ihnen zusammen evolvierten, lebenden Zellen* funktionieren und reproduziert werden. Außerhalb solcher Zellen können Gene als DNA- oder RNA-Sequenzen ohne biologische Aktivität nur kurze Zeit überdauern.

Diese fünf Eigenschaften können Gene gut umschreiben. Jedes echte Gen muss sie aufweisen. Mehr ist leider nicht drin. Eine wasserdichte, computergerechte Definition des Gens ist nicht möglich. Für die Annotation (Funktionszuordnung) der Sequenzen eines Genoms sind diese fünf Geneigenschaften nur von eingeschränktem Nutzen. Dies liegt daran, dass die Prüfung der erstgenannten und besonders der zweitgenannten Eigenschaft sehr aufwendig ist. Nichtsdestoweniger machen sie deutlich, wie sich ein Gen von umgebenden, relativ bedeutungslosen Sequenzen des Genoms differenzieren lässt. Gene sind offensichtlich von so großer Komplexität, dass sie sich nicht absolut, sondern nur relativ genau definieren lassen. Die absolute Eingrenzung eines Gens auf irgendeiner DNA ist praktisch nicht möglich, schon deshalb, weil sich Gene in ständiger, wenn auch langsamer, Veränderung befinden. Kurz, es gibt Gene, aber ihre Umrisse im Genom sind nicht immer scharf.

Wir können zusammenfassen, dass es sich bei einem Gen um den genomischen Produktionsort funktionell bedeutsamer RNA-Moleküle handelt, welcher innerhalb geeigneter Zellen erblich und aktiv ist. Gene sind das Gedächtnis der Zellen. Abhängig vom aktuellen Zustand der Zelle werden sie aktiv, indem sie Genprodukte herstellen und der Zelle damit ermöglichen, ihren lebenden Zustand entsprechend der aktuellen Umwelt der Zelle zu reproduzieren. Wir brauchen den Begriff „Gen" als Bezeichnung für grundlegende funktionelle Einheiten des Genotyps. Letzterer wiederum ist notwendig für die erfolgreiche Reproduktion der Zelle bzw. des Organismus in der gegebenen Umwelt. Der Genotyp (das Genom) dient dabei als evolutionäres Gedächtnis des Organismus, welches ihm ermöglicht, sich innerhalb von Umwelten, in denen seine Vorfahren überlebt haben, fortzupflanzen.

Gene sind der biologisch aktive Teil des Genoms, d. h. der Teil, der für den Stoffwechsel der Zellen wichtig ist. In einfachen Organismen wie den Bakterien bilden Gene faktisch ohne zusätzliches DNA-Beiwerk das Genom. Hier ist es kompakt. In komplizierten, vielzelligen Organismen wie den Menschen besteht die Masse des Genoms nicht aus Genen, sondern aus intergenischem Beiwerk. Gene sind hier der Weizen, welcher nur schwer von der Spreu zu trennen ist. Aber er ist prinzipiell trennbar, und die Kartierung von Genen im Genom ist notwendig, um den Ablauf der Evolution als konzertierte Veränderung der Gene zu verstehen. Der Rest der genomischen Sequenzen spielt keine Rolle beim Zell-Stoffwechsel, beeinflusst aber die Evolution insoweit, wie Mutationen Teile dieser Genumgebungen zu Bestandteilen von neuen oder zuvor bereits vorhandenen Genen machen. Das kann geschehen, indem z. B. ein Intron durch die Zerstörung einer Spleiß-Signalsequenz nicht länger gespleißt und damit in die Herstellung des Genproduktes (RNA oder Protein) einbezogen wird. In der Regel, aber nicht immer, hat das negative Konsequenzen für die betroffenen Zellen.

Literatur

Blech J (2006) Glücklicher ohne Gott. Spiegel, (43):188–191

Dawkins R (1996) Das egoistische Gen. Rowohlt, Reinbek bei Hamburg

Dawkins R (2004) Extended phenotype? But not too extended. A reply to Laland, Turner and Jablonka. Biology and Philosophy, 19(June 12):377–396

Dawkins R (2010) Der erweiterte Phänotyp. Der lange Arm der Gene, Spektrum, Heidelberg

Gerstein MB, Bruce C, Rozowsky JS, Zheng D, Du J, Korbel JO, Emanuelsson O, Zhang ZD, Weissman SM, Snyder M (2007) What is a gene, post-ENCODE? History and updated definition. Genome Res, 17(6):669–681

Lander ES, Linton LM, Birren B, Nusbaum C, Zody MC, Baldwin J, Devon K, Dewar K, Doyle M, FitzHugh W, et al (2001) Initial sequencing and analysis of the human genome. Nature, 409(6822):860–921

Martin W, Koonin EV (2006) Introns and the origin of nucleus-cytosol compartmentalization. Nature, 440(7080):41–45

Pertea M, Salzberg SL (2010) Between a chicken and a grape: estimating the number of human genes. Genome Biology, 11(5):206

Stadler PF, Prohaska SJ, Forst CV, Krakauer DC (2009) Defining genes: a computational framework. Theory Biosci, 128(3):165–170

4

Die Einheit der Selektion

Toleranz ist der Verdacht, dass der andere Recht hat.

Kurt Tucholsky

Mutationen setzten die Evolution in Gang und sorgen dafür, dass sie nie zur Ruhe kommt. Doch nur die natürliche Auslese war in der Lage, die durch Mutationen produzierte Vielfalt von Genotypen und demzufolge auch Phänotypen zu funktionierenden Ökosystemen zu formen. Hier stellt sich die Frage, auf welcher Ebene ausgelesen wird. Was wird ausgemerzt? Sind es Gene, Zellen, Organismen (Individuen), Familien, Gruppen, Arten oder gar ganze Ökosysteme?

Klassisch sprach man vom Ziel der Arterhaltung. Viele heutige Evolutionsbiologen gehen von einer klaren Dominanz der Individualselektion aus, während Ultradarwinisten typischerweise auf dem Gen als einziger Ebene der Selektion bestehen. Ich neige zu der Ansicht, dass die Ebenen der Selektion ganz unterschiedliche sein können, je nachdem, unter welchen Bedingungen die Auslese erfolgt und um welche Organismen es sich handelt.

Die natürliche Auslese oder Selektion ist ein eher schwierig zu verfolgender Prozess. Dies deshalb, weil er permanent, aber variabel auf die untersuchte Generationsfolge von Organismen einwirkt, nämlich entsprechend der Veränderungen der Umwelt, der Veränderungen des Organismus während der Individualentwicklung und der Veränderungen des Phänotyps der Nachkommen dieses Organismus. Dies erklärt allerdings nicht ausreichend die zahlreichen Missverständnisse über das Wirken der Selektion. Gern übersehen wird, dass heutige Organismen ausnahmslos Produkte einer lückenlosen, Milliarden Jahre alten Abfolge von Generationen sind. Insgesamt wurde also nicht auf maximalen, sondern auf dauerhaften Reproduktionserfolg selektiert. Das ist der springende Punkt, wie ich im Folgenden genauer ausführen möchte.

V. Krauß, *Gene, Zufall, Selektion*, DOI 10.1007/978-3-642-41755-9_4,
© Springer-Verlag Berlin Heidelberg 2014

4.1 Selektion innerhalb des Organismus

Gibt es Ausleseereignisse innerhalb unseres Körpers? Gibt es eine Selektion innerhalb eines Organismus, d. h. gibt es Objekte, die innerhalb eines Lebewesens im Wettstreit um ihr Überleben stehen? Sie müssten dafür (1) voneinander erblich verschieden sein, (2) um dieselben Ressourcen konkurrieren und (3) infolge dieser Konkurrenz sich mit unterschiedlichem Erfolg reproduzieren können.

Die prominentesten Kandidaten für Selektionsobjekte – es gibt hier keine Subjekte, nur Objekte – sind zweifellos Gene. Über die Definition von Genen haben wir schon gesprochen. Es sind genomische Produktionsorte funktionell bedeutsamer RNA-Moleküle, welche innerhalb geeigneter Zellen aktiv und erblich sind. Kopien vieler verschiedener Gene sind innerhalb einer Zelle in einem Chromosom vereint. Gleich ob die jeweilige Zelle nur ein Chromosom oder mehrere verschiedene Chromosomen enthält, es ist Genen aus dem schlichten Grund ihrer festen Integration in Chromosomen nicht möglich, ihre Kopienzahl relativ zueinander zu verändern. Die Zahl der Chromosomensätze verschiedener Zellen eines Lebewesens kann voneinander abweichen. So enthalten seidenproduzierende Zellen des Seidenspinners mehrere Tausend Kopien desselben Genoms, welches in den meisten anderen Zellen der gleichen Schmetterlingsraupe nur in je zwei Kopien enthalten ist. Die *relative* Zahl der Kopien einzelner Gene in einer Zelle kann sich jedoch nicht verändern. Es gibt also keine Möglichkeit der Auslese einzelner Gene der Zelle zuungunsten anderer.

An dieser Stelle würden Anhänger Dawkins' vermutlich einwenden, dass sie nie von einer relativen Veränderung der Zahl der Gene *innerhalb eines Organismus* gesprochen haben. Sie behaupten vielmehr, dass die Kopienzahlen von Genen erhöht oder erniedrigt werden, indem die Zahl der Organismen mit „besseren" Genen sich auf Kosten der Zahl der Organismen mit „schlechteren" Genen erhöht. Jedoch steckt auch darin ein Denkfehler. Der Erfolg eines Individuums hängt vom Genotyp (also allen Genen), der individuell vorgefundenen Umwelt und natürlich vom Zufall ab. Ein einzelnes Gen kann da zwar mitwirken, aber nichts entscheiden, da ein und dasselbe Allel eines beliebigen Gens, abhängig von anderen Genen und der Umwelt, sehr großen oder gar keinen Reproduktionserfolg haben kann.

Ultradarwinisten werden auch dieses Argument ablehnen, da in ihrem Denkmodell alle anderen Gene und die Umwelt nur einen pauschalen Einfluss ausüben, der unabhängig vom wechselnden Zustand des jeweils betrachteten Gens immer ähnlich ist. Zwei Organismen könnten demnach verglichen werden, als würden sie sich nur im gerade untersuchten Gen unterscheiden. Tatsächlich hängt die Art und Weise der Wirkung eines Gens aber immer

vom Zustand anderer Gene und der Umwelt ab, d. h. es gibt eben keinen
sinnvollen Durchschnitt der Wirkung eines bestimmten Allels (Zustands-
form, d. h. eine konkrete DNA-Sequenz eines Gens). Die Aussage „Aber es
kann sehr wohl ein einzelnes Gen [gemeint: ein Allel eines Gens] geben, das
unter sonst gleichen Bedingungen gewöhnlich dafür sorgt, dass Beine länger
werden, als sie unter dem Einfluß seines Allels [gemeint: eines anderen Allels
desselben Gens] werden würden." (Dawkins 1996, S. 71) ist irreführend, da
die Einflüsse verschiedener Gene sich oft nicht einfach addieren, sondern sich
gegenseitig hinsichtlich der Richtung als auch des Ausmaßes ihrer Wirkung,
d. h. epistatisch, beeinflussen können. Wir kommen im Kapitel 5 auf dieses
Thema näher zu sprechen.

Reale Evolution vollzieht sich zudem immer in größeren Populationen, die
aus Organismen aufgebaut sind, welche sich durchschnittlich in vielen Genen
unterscheiden und welche zugleich räumlich und zeitlich unterschiedlichen
Umwelten ausgesetzt sind. Das genzentrierte Selektionsmodell Dawkins' ist
auch deshalb realitätsfern; nur unmittelbar miteinander konkurrierende *und*
sich zugleich relativ unabhängig voneinander reproduzierende Objekte können verschieden selektiert werden, nicht auf einer DNA-Doppelhelix aufge-
reihte Gene.

Aber da gibt es ja noch die bereits erwähnten springenden Gene, auch
Transposons genannt. Hier haben wir tatsächlich miteinander konkurrierende, sich unabhängig voneinander reproduzierende Objekte innerhalb eines
Organismus vor uns. Sie können sich auch in einem mehrzelligen Organismus quasi auf sich selbst gestellt fortpflanzen, vorausgesetzt, sie sind in dessen
Keimbahn, d. h. in der Zelllinie vertreten, welche in die folgende Generation überleitet. Springende Gene stellen eine eigenständige Ebene der Selektion
dar. Dies gilt, obwohl sie nur weiter existieren können, wenn auch ihr Wirtsorganismus sich erfolgreich reproduziert. Ihre Reproduktion in seinem Genom
ist also begrenzt durch die Notwendigkeit, seine Lebensfähigkeit nicht wesentlich zu beeinträchtigen. Das schließt genetische Wechselwirkungen nicht aus,
die sich sowohl negativ als auch positiv auf den Wirtsorganismus auswirken
können. So enthalten zahlreiche funktionelle Gene des Menschen Sequenzen,
welche eindeutig aus Transposons stammen.

Neben springenden Genen gibt es auch noch komplexere, frei bewegliche
Sequenzen innerhalb von Wirtsgenomen. Sie werden Prophagen (in Bakterien) oder endogene Retroviren (ERV, in Eukaryoten) genannt. Sie unterscheiden sich von Transposons dadurch, dass sie außer Genen für ihre eigene Reproduktion auch noch Gene für ein oder mehrere DNA- oder RNA-
Verpackungsproteine enthalten. Werden diese Proteine durch den Wirtsorganismus produziert, können sich diese Sequenzen in DNA- oder RNA-Form
darin verpacken. Es entsteht ein Viruspartikel, welcher auch außerhalb der ihn

produzierenden Zelle zeitweilig überdauern kann und in der Lage ist, weitere Zellen oder auch andere Organismen zu infizieren. Viele Viren können sich also in das Genom ihres Wirtsorganismus ein- und wieder ausbauen. Obwohl es sich nicht um selbstständige Organismen handelt – sie sind nicht in der Lage, sich eigenständig zu reproduzieren – sind sie teilautonom, weil sie ihren Wirtsorganismus unabhängig von dessen eigener Fortpflanzung wechseln können.

Viren müssen mit ihrem Wirt daher nicht friedlich auskommen. Sie können ihn zugunsten ihrer eigenen Vervielfältigung völlig zerstören. Zur weiteren Vermehrung sind sie aber auf einen neuen Wirt angewiesen. Da ihr meist einfacher Aufbau aus wenigen Genen an die Ausbeutung bestimmter Zellen angepasst ist, ist dies fast immer ein anderes Exemplar derselben Wirtsart. Viren sind oft auf eine ganz bestimmte Wirtsart spezialisiert, wie zum Beispiel das Polio-Virus auf den Menschen. Andere Viren, wie das Grippe-Virus, haben eine Reihe von Wirtsarten, welche nicht einmal nahe miteinander verwandt sein müssen (Menschen, Vögel, Schweine). In diesem Fall sind sie nicht auf das Überleben eines Wirtstyps angewiesen und können nicht nur leicht übertragbar, sondern auch tödlich sein. Dass die Evolution auch im Falle von Viren zwar fortschreitet, aber nicht vorausschauend plant, beweist das Pocken-Virus. Es ist sowohl leicht übertragbar als auch häufig tödlich, obwohl es auf den Menschen spezialisiert ist. Das empfahl es als Ziel einer Kampagne der Weltgesundheitsorganisation. Die konsequente, weltweite Durchführung von Impfungen gegen Pocken rottete den gefährlichen Keim endlich aus.

Etwa acht Prozent unseres Genoms (Lander et al. 2001) bestehen aus den eben schon erwähnten endogenen Retroviren (ENV). Das sind aus RNA bestehende Viren, welche sich als DNA-Kopie in das Genom ihres Wirtes integrieren können. Sind diese nun erfolgreicher als aggressive, tödliche Viren? Nicht wirklich. Die etwa 450000 Virenkopien in unserem Genom sind fast ausnahmslos defekt, zerstört durch Mutationen verschiedenster Art. Erfolgreich sind Viren dann, wenn sie zwar hoch infektiös sind, sich aber zugleich möglichst wenig aggressiv gegenüber dem Organismus verhalten. So oder so bleiben sie Parasiten und Objekte der Evolution, welche unterhalb der Zellebene, jedoch teilweise unabhängig von ihr agieren. Eine echte symbiotische Beziehung zu ihrem Wirt, also eine zum beiderseitigen Nutzen, wurde bisher nur in Ausnahmefällen nachgewiesen, wie etwa bei der engen Interaktion der parasitischen Brachwespen mit Braco-Viren (beide Partner beuten gemeinsam den gleichen Wirt aus) oder beim Zusammenwirken bestimmter Pflanzen, Pilze und Viren bei der Herstellung einer Resistenz gegenüber hohen Temperaturen und extremer Trockenheit (Thézé et al. 2011, Márquez et al. 2007) (Abschnitt 8.3). In weiteren Fällen vermuteter symbiontischer Interaktionen sind es schlicht Teile des Virusgenoms, welche vom Wirt erfolgreich in eigene

Gene eingebaut oder gar als eigene Gene rekrutiert wurden. Eine symbiotische Partnerschaft wäre das nur, wenn zugleich noch infektionsfähige Viruspartikel gebildet werden würden, was bei Unvollständigkeit der Virussequenz unmöglich ist.

Manchmal scheinen auch bestimmte Zellen innerhalb eines vielzelligen Organismus Objekte der Selektion zu sein. Meist kann man hier jedoch nicht von echter Selektion sprechen. So wachsen während der Hirnentwicklung im menschlichen Embryo zahlreiche Nervenzellen entlang hormonell vorgezeichneter Routen. Nur die Schnellsten von ihnen nehmen an der zunehmenden Vernetzung des Nervensystems teil, die langsamer Wachsenden sterben ab. Die Genome dieser Nervenzellen sind allerdings völlig gleich, und keine von ihnen hat die Chance, Nachkommen zu erzeugen, welche den Tod des Gehirns überleben. Diesem Prozess oberflächlich ähnlich, findet stets bei der Befruchtung einer Eizelle ein Wettrennen zahlreicher Spermien statt. Hier geht es tatsächlich um Nachkommen, und die Spermien rühren zwar typischerweise vom gleichen Mann her, unterscheiden sich jedoch voneinander in der jeweiligen Zusammenstellung der mitgeführten Allele, welche entweder von der Mutter oder vom Vater dieses Mannes stammen können. Hier findet tatsächlich eine evolutionär wirksame Selektion statt, jedoch – entgegen dem äußeren Schein – nicht *innerhalb* eines vielzelligen Organismus. Denn hier liegt das kurze, einzellige Stadium eines künftigen Menschen vor, um dessen Genom *aller* Zellen es geht. Zudem bestehen beide Prozesse – Hirnentwicklung und Befruchtung – nicht einfach in der Auswahl der besten Zellen. Der Erfolg Einzelner ist in beiden Fällen ausgeschlossen ohne die Bemühung vieler anderer Zellen, welche erst die geeigneten Umweltbedingungen für den Erfolg herstellen. Ausführlicher dargestellt sind diese Beispiele in Steven Rose' ausgezeichnetem Buch „Lifelines" (Rose 1997).

Selbstverständlich dürfen wir innerhalb eines vielzelligen Organismus nicht die dunkle Seite einer Selektion zwischen Zellen übersehen. Krebs besteht wesentlich in der Wahrnehmung individueller Wachstumsfreiheit bestimmter Zellen zuungunsten der Nachbarzellen. Ausgelöst wird er durch wenige, aufeinanderfolgende Mutationen in bestimmten, kritischen Genen der Zelle, welche dann nicht mehr in der Lage sind, die Zellteilung mit dem Gesamtorganismus abzustimmen. Dabei werden sich in letztlich fatalen Fällen jene Zelllinien durchsetzen, welche sich am schnellsten auf Kosten der Allgemeinheit – dem vielzelligen Organismus – vermehren können. Das bedeutet natürliche Selektion in Reinkultur. Der Sieg der Tumorzellen über ihre Rivalen jedoch ist zugleich ihre Niederlage, sie sterben gewöhnlich zusammen mit dem Organismus. Krebs besteht fundamental im Scheitern der multizellulären Integration, welche normalerweise durch vielfältige Mechanismen abgesichert wird, zu denen häufig auch der gesteuerte Selbstmord überflüssig gewordener oder sich allmählich der allgemeinen Wachstumskontrolle entziehender Zellen gehört. Evolutionär gesehen ist Krebs zwar unvermeidlich, hat aber keine Zukunft.

Wir können zusammenfassen, dass Selektion unterhalb der Ebene des individuellen Organismus gar nicht selten ist. In der Mehrzahl der Fälle findet jedoch eine Form der Auslese statt, welche keine direkten evolutionären Folgen hat. Für eine Einflussnahme auf die Evolution müssen die Möglichkeiten (1) einer hinreichend selbstständigen Vermehrung sowie (2) einer lückenlosen Vererbung eines Genoms gegeben sein, auch wenn dieses Genom im Falle springender Gene nur ein relativ kurzes Nukleinsäuremolekül ist, welches meist in andere Genome integriert vorliegt. Dagegen unterliegen einzelne Gene eines Genoms keiner wirksamen Selektion, sondern nur der Organismus als Ganzes, da nur Organismen und nicht Gene allein einen Phänotyp ausbilden können, welcher sich eigenständig reproduzieren kann. Inwieweit einzelne Lebewesen wirklich das Schicksal ihrer Nachkommen bestimmen, werden wir im Folgenden sehen.

4.2   Wie weit reicht die Freiheit des Individuums?

Während wir eine Selektion auf Genebene im Wesentlichen abgelehnt haben, ist es offensichtlich, dass die Selektion auf der Ebene des einzelnen Organismus, d. h. des Individuums, umfassend wirkt. Der Organismus muss so lange wachsen und sich entwickeln, bis er sich erfolgreich fortpflanzen kann. In der Zwischenzeit unterliegt er zahlreichen Fährnissen, welche seine Leistungsfähigkeit innerhalb seiner ökologischen Nische intensiv fordern. Er muss sich ausreichend ernähren und darf nicht Räubern, Parasiten oder widrigen, abiotischen Umweltbedingungen zum Opfer fallen, er muss sich weiterhin bis zur Geschlechtsreife entwickeln können und dann genügend Energie gespeichert haben, um die folgende Generation ins Leben zu rufen.

Mehr ist für das Individuum nicht nötig. Eine im Vergleich mit Artgenossen durchschnittliche Fortpflanzungsrate genügt vollkommen, um den Staffelstab an die nächste Generation weiterzugeben. Diese durchschnittliche Rate umfasst genau einen direkten Nachkommen. Bei sexueller Fortpflanzung sind es scheinbar zwei, jedoch müssen sich diese auch zwei Partner teilen. Es ist ganz gleichgültig, ob es sich um ein Bakterium handelt, welches sich durch Zweiteilung vermehrt, um Adler, welche alle paar Jahre ein einzelnes Junges großziehen, eine Löwenzahnpflanze, welche zahlreiche fliegende Samen verteilt, oder um die einzige Königin eines Ameisenstaats, welche Millionen Eier im Laufe ihres Lebens legt. Im letzteren Fall entsteht durchschnittlich nur ein Organismus, allerdings Superorganismus genannt, d. h. ein neues Ameisennest. Mehr als diese einfache Fortpflanzung ist im Allgemeinen nicht drin, da irdischer Lebensraum begrenzt ist. Eine Vermehrung (d. h. mehrere direkte Nachkommen haben jeweils wiederum mehr als einen [zwei] direkte Nachkommen, welche zur Fortpflanzung kommen, und so fort…) ist von vornherein auf besondere Gelegenheiten begrenzt. Solche Gelegenheiten sind eine vorhergehende Katastrophe oder die Neubesiedlung eines Gebietes.

Genau einen Nachkommen zu haben, stellt natürlich nur einen Durchschnitt dar, welcher keine Zufallsschwankungen enthält. Zufälle gibt es aber reichlich. Eine Population von Individuen muss sehr groß sein, damit nicht Zufälle, welche mit der genetischen Verfassung der Individuen wenig oder nichts zu tun haben, die Herkunft der überlebenden Nachkommen diktieren. Erst eine große Masse einzelner Selektionsereignisse kann Phänotypen wirksam nach ihrer Anpassung an die von den Organismen vorgefundenen oder auch gewählten Bedingungen auslesen. Diese Phänotypen wiederum wurden nicht nur durch ihre genetische Konstitution, sondern auch durch die äußeren Bedingungen während der zurückliegenden Individualentwicklung geformt.

Was passiert nun häufiger? Mutationen, welche die Nachkommen negativ oder solche, die ihr Fortkommen positiv beeinflussen? Dazu müssen wir uns den Aufbau des Genoms vergegenwärtigen. Bei Bakterien enthält es dicht gepackte Gene, d. h., das Genom ist dicht funktionsbeladen und wird auf einen großen Teil der vorkommenden Mutationen mehr oder weniger stark funktionell reagieren. Hier ist dennoch ein wesentlicher Teil der Mutationen funktionell neutral, zugleich hat eine starke Minderheit genomischer Veränderungen unmittelbare funktionelle Konsequenzen. Sind diese Konsequenzen nun positiv oder negativ für das einzelne Bakterium, wenn wir der Einfachheit halber voraussetzen, dass sich die Umweltbedingungen seit den fernen Ahnen dieses Bakteriums nicht mehr erkennbar geändert haben? Die Intuition sagt dann, dass die meisten Veränderungen negativen Charakter haben müssen, da sich die Vorläufer des Bakteriums bereits sehr gut an diese Umwelt anpassen konnten.

Diese an sich logische Schlussfolgerung ist allerdings voreilig, weil sie die evolutionäre Vergangenheit nicht ausreichend berücksichtigt. Tatsächlich verändern neutrale Mutationen stets die Wirkung weiterer Mutationen. Bei neutralen Mutationen spricht man daher davon, dass sich der Genotyp innerhalb eines neutralen Netzwerkes bewegt. Ist dieses neutrale Netzwerk ausgedehnt, spricht man von einen robusten Phänotyp, der ermöglicht, dass der Genotyp variabel ist (Wagner 2008). Mutationen, welche aus diesem neutralen Netzwerk heraus in ein neues neutrales Netzwerk mit einem neuen Phänotyp führen, können nun sehr unterschiedliche Phänotypen produzieren, eben weil das neutrale Netzwerk des vorhergehenden Phänotyps sehr ausgedehnt war und die allmähliche Entstehung sehr unterschiedlicher Genotypen ermöglicht hat, ohne dass dies den Phänotyp beeinflusste.

Abbildung 4.1 soll dieses Phänomen verdeutlichen. Alle akzeptablen Mutationsrichtungen sind hier selektiv neutral und können daher in den Nachkommen realisiert werden (links 1 und 5, rechts 2 bis 4 und 6 bis 8). Treten nun die Mutationen 1 bis 8 in zufälliger Reihenfolge in beiden Modellen auf, kann sich der Genotyp innerhalb eines neutralen Netzwerkes verändern, wobei in beiden Teilmodellen auch Rückmutationen möglich sind. Für beide Teilmodelle wurde nun eine identische, zufällige Abfolge von 42 Mutationen realisiert, wobei alle ausgelesenen (negativ selektierten) Genotypen durch Sackgassen-Symbole gekennzeichnet worden sind. Links gibt es sehr viele Sackgassen, und zufällig endet das Spiel der Mutationen wieder beim Ausgangs-Genotyp. Das ist ziemlich wahrscheinlich, da die Hälfte aller neutralen Mutationen hier Rückmutationen sind. Der Genotyp hat es in diesem Modell schwer, sich überhaupt zu verändern. Rechts jedoch werden zahlreiche Genotypen ausprobiert, und der End-Genotyp (grau) hat eine völlig andere Nachbarschaft als der Ausgangsgenotyp. Das rechte Teilmodell ist daher, vergleicht man es mit Daten der tatsächlichen genetischen Variabilität von Lebewesen, erheblich realistischer als das Linke und verdeutlicht, wie das neutrale Netzwerk möglicher Genotypen vor allem in individienreichen Populationen (Bakterien und andere Einzeller) dicht besetzt werden kann. Folglich koexistieren sehr verschiedene Genotypen, welche durch nur wenige Mutationen in verschiedenste andere neutrale Netzwerke wechseln können, welche jeweils alternative Phänotypen bilden. Diese alternativen Phänotypen könnten bei Umweltveränderungen geeigneter sein und sich durchsetzen. Im linken Modell würde dazu viel weniger genetische Variation zur Verfügung stehen. Eine nur geringe Zahl möglicher neutraler Mutationen führt hier notwendigerweise zu Organismen, welche Umweltveränderungen vergleichsweise hilflos gegenüberstehen würden. Eine große Zahl möglicher neutraler Veränderungen wie im rechten Modell wird dagegen zur ständigen Anreicherung genetischer Vielfalt genutzt werden, welche bei der Veränderung von Umweltbedingungen schnell neue Phänotypen erzeugen kann. Insofern sind auch neutrale genetische Veränderungen geeignet, neue, vorteilhafte Phänotypen zu ermöglichen. Man spricht hier von Kontingenz (nach Stephen Jay Goulds Buch „Zufall Mensch" (Gould 1994), wo ausführlich erklärt wird, wie frühere Ereignisse der Evolution die Wahrscheinlichkeit späterer Ereignisse verändern) oder von konstruktiver neutraler Evolution (Stoltzfus 1999).

Modelle sind natürlich graue Theorie. Doch Richard Lenski startete 1988 ein einfaches Experiment, welches 2008 die Bedeutung der Kontingenz für die Entstehung vorteilhafter, neuartiger Eigenschaften von Organismen praktisch belegen konnte. Es bestand (und besteht noch) in der fortlaufenden Vermehrung eines Laborstamms des menschlichen Darmbakteriums *Escherichia coli* über mittlerweile zehntausende Generationen hinweg. Da sich Zwischen-

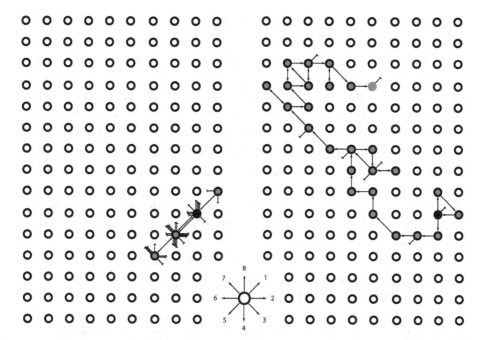

4.1 Neutrales Netzwerk. Grafik © Veiko Krauß. Kreise symbolisieren Genotypen. In diesem Modell hat jeder Genotyp genau acht Nachbar-Genotypen, welche durch Mutationen (Richtungen 1 bis 8, mittig unten dargestellt) erreicht werden können. Der Ausgangs-Genotyp ist dabei in beiden Teilmodellen (links und rechts) der schwarz gefüllte Kreis gleicher Position. Im linken Teilmodell wurde angenommen, dass nur Mutationen des Typs 1 und 5 neutral und damit akzeptabel sind. Alle anderen sind nachteilig und werden ausselektiert. Im rechten Teilmodell sind dagegen nur diese Typen nachteilig und werden eliminiert, umgekehrt sind die Mutationsrichtungen 2 bis 4 und 6 bis 8 neutral. Die Abbildung beruht auf einer Reihe von Studien zu neutralen Netzwerken (Wagner 2008).

ergebnisse dieses Evolutionsexperiments leicht einfrieren und später wiederbeleben lassen, konnte er nachträglich feststellen, unter welcher Voraussetzung nach nicht weniger als 31 500 Generationen plötzlich ein Stamm entstand, der von Zitronensäure (Citrat) leben konnte (Blount et al. 2008). Erstaunlich war, dass die citratverwertenden Mutanten relativ häufig unabhängig voneinander neu entstanden, wenn er Stämme einsetzte, die erst nach der zwanzigtausendsten Generation eingefroren worden waren, niemals aber, wenn er ältere Konserven einsetzte. Also hatte sich etwa in der zwanzigtausendsten Generation mindestens eine Mutation ereignet, welche die Entstehung der citratfressenden Bakterien erst möglich machte. Diese erste Mutation war phänotypisch unsichtbar und ist noch unbekannt, aber sie ermöglichte – im Zusammenwirken mit mindestens einer weiteren Mutation – das Wachsen von *Escherichia coli* auf Citrat. Diese Fähigkeit ist wirklich neu, da sämtliche aus der Natur bekannten Stämme dieses Bakteriums bei Vorhandensein von Sauerstoff nicht von Zitronensäure leben können.

Die Robustheit realer Phänotypen – also die Erzeugung ein- und desselben Phänotyps durch viele verschiedene Genotypen – konnte wiederholt gezeigt werden, z. B. für die Evolution von Proteinen (Ferrada und Wagner 2008). Das ist einer der Gründe, warum die Evolution auch bei langanhaltend stabilen Umweltbedingungen immer weiter geht. Sehr verschiedene Genotypen werden immer wieder ähnliche, scheinbar optimale Phänotypen entwickeln, bis durch eine letzte, weitere Mutation ein Genotyp erscheint, der einen noch besser angepassten Phänotyp erlaubt. Für diesen neuen Phänotyp wird dann die Menge möglicher Genotypen allmählich mehr oder weniger vollständig realisiert, wodurch ein weiterer Evolutionsschritt zu einem wiederum neuen Phänotyp wahrscheinlicher wird.

Bei vielzelligen Organismen, etwa den Menschen, verläuft der Auslese-Prozess noch wesentlich anders. Unser Genom enthält nicht 80–90 % kodierende DNA wie bei Bakterien, sondern nur etwa 1,5 % davon. Zwar ist auch ein Anteil der nichtkodierenden DNA funktionell, jedoch lässt er sich nur schwierig bestimmen. Wir können jedenfalls davon ausgehen, dass es sich beim Großteil unserer DNA um genetisches Material sehr geringer Funktionsdichte handelt, d. h., ihre Masse spielt schon eine Rolle, ihre konkrete Zusammensetzung meist jedoch nicht. Das bedeutet, dass die überwältigende Mehrheit der Mutationen neutral oder nahezu neutral ist. Demnach unterliegen solche Mutationen bei vielzelligen, also verhältnismäßig großen Organismen mit deshalb notwendigerweise durchschnittlich kleineren Populationen als bei Bakterien nicht der natürlichen Selektion (vgl. Kapitel 1). Nur wenige Prozent der Mutationen betreffen überhaupt genomische Regionen mit wesentlichen Funktionen, nur diese könnten daher einer natürlichen Auslese unterliegen. Demnach müsste die Evolution vielzelliger Lebewesen im Wesentlichen vom Muster der Mutationen bestimmt werden und mit steigender Genom- sowie sinkender Populationsgröße immer weniger der Selektion unterliegen.

Wenn Sie mir bis hierher gefolgt sind, habe ich Sie erfolgreich aufs Glatteis geführt. Mir ist keine bessere Methode eingefallen, um Ihnen hier die Komplexität evolutionärer Ereignisse näher zu bringen. Der Irrtum liegt hier vor allem darin, anzunehmen, dass DNA-Abschnitte ohne merkliche „positive Funktion" für den Organismus sich auch nicht negativ auf ihn auswirken können. Funktionsarme Abschnitte des Genoms stellen jedoch eine genetische Last dar. Das Problem besteht dabei weniger in der schieren Menge der DNA, welche bei jeder Zellteilung repliziert werden muss. Es besteht vielmehr in der Aktivität dieser eher überflüssigen DNA. Ihre bloße Existenz birgt die Gefahr, dass sie in RNA umgeschrieben oder sogar in Proteine translatiert wird, weil sich entsprechende Signalsequenzen durch Mutationen bilden. Das ist umso wahrscheinlicher, je mehr überflüssige DNA existiert. RNA und Proteine, gebildet durch überschüssige DNA, können Produktion oder Funktion notwendiger Genprodukte behindern. Anders gesagt besteht die Gefahr darin, dass funktionelle genomische Information im Rauschen kontraproduktiver oder einfach nicht funktioneller Signale untergeht.

Diese zahlreichen, nicht- oder kontrafunktionellen Signale sind das Resultat der andauernd relativ geringen Populationsgröße mehrzelliger Lebewesen. Es sind große Organismen, für allzu viele Individuen ist daher kein Platz. Das bedeutet, dass nicht nur neutrale, sondern auch leicht nachteilige Genotypen lebens- und fortpflanzungsfähig sind. Man möchte meinen, auf die Dauer könne das die Lebensfähigkeit ganzer Populationen infrage stellen. Tatsächlich wurde festgestellt, dass unter nah verwandten Arten höherer Pflanzen mit größerer Wahrscheinlichkeit jene vom Aussterben bedroht sind, welche größere Genome als ihre Gattungsgenossen besitzen (Vinogradov 2003). Zudem weisen Pflanzen mit besonders großem Genom kleinere Verbreitungsgebiete, eine geringere Verträglichkeit extremer Umweltbedingungen sowie reduzierte Fotosynthese-Leistungen gegenüber ihren DNA-ärmeren Verwandten auf (Knight et al. 2005).

Viele Probleme haben jedoch auch eine gute Seite. Die Ansammlung genetischer Lasten erhöht zugleich die Wahrscheinlichkeit kompensierender Mutationen. Solche Mutationen können (1) die Menge überschüssiger DNA verringern, (2) die allmählich an vielen Stellen angesammelten, nachteiligen Sequenzveränderungen wieder rückgängig machen oder (3) diese nachteiligen Veränderungen durch Mutationen an anderer Stelle in ihrer Wirkung abschwächen, beseitigen oder sogar umkehren. Tatsächlich könnte die erstaunliche Häufigkeit kompensierender Mutationen (Kondrashov et al. 2002) ein Dilemma der modernen Evolutionsbiologie lösen: Populationsgenetische Untersuchungen zeigen regelmäßig, dass ein hoher Anteil der aktuellen Veränderungen in der DNA positive Folgen für die Merkmalsträger gehabt haben muss. So scheinen z. B. mehr als 60 % aller Proteinveränderungen in der jüngsten Vergangenheit des Wildkaninchens positiv selektioniert worden zu sein (Carneiro et al. 2012). Andererseits zeigen Untersuchungen zur natürlichen und künstlichen Evolution einzelner Proteine, dass ein hoher Anteil von Aminosäureaustauschen neutralen bzw. kompensierenden Charakter hat (Wagner 2008). Beides ist vereinbar, da kompensierende Mutationen sich wie adaptive Mutationen verhalten, denn sie verbessern ja die Funktion des betroffenen Genproduktes für den Organismus (Hartl und Taubes 1996). Mit anderen Worten, die Proteine verändern sich, indem sie einerseits neutrale Veränderungen anhäufen, zum anderen aber auch leicht nachteilige erfahren, welche mit kompensierenden Mutationen an anderer Stelle wieder ausgeglichen oder sogar überkompensiert werden. Das gilt nicht nur für Proteine, sondern auch für funktionelle RNA-Moleküle. Namentlich Evolutionsmodelle von RNA-Sekundärstrukturen wiesen auf eine Umkehrung der Bewertung zunächst nachteiliger Mutationen infolge weiterer Mutationsschritte hin (Cowperthwaite et al. 2006). In der Summe ändern sich Faltung und Eigenschaften betroffener Proteine oft nur unwesentlich, ihre Aminosäurezusammensetzungen dagegen stetig. Das erklärt zugleich zwanglos, warum sich die Aminosäuresequenzen lebensnotwendiger Proteine verschiedener Arten stark voneinander unterscheiden können, dennoch vergleichbar funktionieren und ihre Verschiedenartigkeit ein Maß für die Zeit ist, die seit dem letzten gemeinsamen Vorfahren der verglichenen Arten ins Land gegangen ist. Man nennt das die molekulare Uhr. Sie ist Grundlage dafür, dass die Verwandtschaft heutiger Arten mittels DNA-, RNA- oder Proteinsequenzanalyse bestimmt werden kann.

Wir können daraus lernen, dass Evolution zwar niemals stillsteht, aber keinem „Höher, Weiter, Schneller" in der Art eines Sportwettkampfes unterliegt. Evolution ist offensichtlich auch nicht in der Lage, Organismen *den* optimalen Phänotyp zu vermitteln. Das ist nicht nur deshalb unmöglich, weil sich die Umwelt zu schnell oder zu unvorhersehbar ändert; es liegt auch daran, dass einmal erreichte funktionelle Leistungen nicht unbedingt erhalten werden können, vor allem, wenn die Größe der Population sinkt. Es ist lange bekannt, dass Inselarten wesentlich konkurrenzschwächer sind als ihre Verwandten vom Festland. Der amerikanische Wissenschaftsjournalist David Quammen hat darüber ein ganzes Buch geschrieben (Quammen 2004). Das Problem der Inselarten sind ihre kleinen Populationen, sie führen unvermeidbar zu einer Ansammlung genetischer Lasten. Festlandsarten unterliegen diesem genetischen Erosionsprozess nicht im gleichen Umfang, weil ihr Verbreitungsgebiet (Areal) wesentlich größer ist. Wenn wir also Organismen betrachten, sollten wir niemals den Fehler machen, sie für optimal angepasst zu halten – das wäre nur möglich in einer idealen Welt.

Nach diesen wenig hoffnungsvollen Vermerken will ich nun etwas evolutionären Optimismus verströmen, und was wäre hier besser geeignet, als ein Beispiel aus unserer eigenen Evolution. Es soll gleichzeitig die Grenzen evolutionärer Anpassung aufzeigen, und es widerlegt aufs Schönste die manchmal gehörte, gedankenlose Rede, dass die kulturelle Entwicklung die biologische Evolution des Menschen abgelöst, also beendet, hätte.

Eine wirklich originelle und für das Überleben ihres Nachwuchses zweifellos günstige Eigenschaft der Säugetiere ist mit ihrem Namen verbunden: Sie säugen ihre Nachkommen. Milch ist hochwertige Nahrung und ermöglicht die Entwicklung der häufig noch sehr unselbstständigen Säuglinge außerhalb der Mutter, jedoch in vollständiger Abhängigkeit von ihr. Die Nutzung von Milch zur Ernährung ist vom Vorhandensein eines bestimmten Enzyms im Verdauungssystem der Säuger abhängig, der Laktase. Sie ist in der Lage, Milchzucker (Laktose) abzubauen und so der Verwertung zuzuführen. Zugleich verhindert sie die Vergärung dieses Zuckers durch Bakterien des Magen-Darm-Traktes, denn das kann leicht zu Durchfall führen. Da Milchzucker in nennenswerten Mengen typischerweise nur im Säuglingsalter verfügbar ist, wird das Gen für die Laktase nach Abschluss dieser Entwicklungsphase stillgelegt.

Nicht so beim Menschen. Durch verschiedene Punktmutationen im Regulationsbereich des Laktase-Gens sind Menschen etwa seit Beginn der Haltung von Ziegen, Schafen und Rindern zunehmend in der Lage, Laktase auch im Erwachsenenalter zu erzeugen und so Milch und Milchprodukte besser zu verwerten (Ingram et al. 2008). Begreiflicherweise setzten sich diese Laktase-Genvarianten allerdings nur dort durch, wo auch gemolken wurde (besonders in Nordeuropa, Westafrika, Mittelarabien und Pakistan). Die Mehrheit der erwachsenen Menschen anderer Regionen verträgt noch heute Milch nicht gut (besonders in Südostasien und Südafrika).

Die Aktivität einmal existierender Gene lässt sich relativ leicht durch Einzelmutationen verändern. Es braucht nur wenige Nukleotidaustausche, manchmal nur die Verdopplung oder die Entfernung eines kleinen DNA-Abschnitts, um ein Protein in größerer oder kleinerer Menge, in anderen Zellen oder zu anderen Zeitpunkten der Entwicklung als bisher herzustellen. Die zusätzliche Aktivität des Laktase-Gens in erwachsenen Menschen konnte deswegen mehrmals unabhängig voneinander entstehen. Es gibt also mehrere unterschiedliche Einzelmutationen, dominierend in jeweils verschiedenen Gebieten intensiver Milchviehhaltung, welche alle unabhängig voneinander das Gleiche bewirken: Sie verlängern die Laktase-Expression ins Erwachsenenalter. Alle diese verschiedenen Mutationen liegen in einer sehr kleinen Region von etwa hundert Nukleotiden Länge unmittelbar vor dem kodierenden Abschnitt des Laktase-Gens. Offenbar bot die Laktose-Verwertung Erwachsenen einen beträchtlichen Überlebensvorteil, wobei noch nicht klar ist, ob er auf der reinen Verwertung des Milchzuckers oder eher auf der Vermeidung von Durchfall beim Milchgenuss beruht (Ingram et al. 2008).

Mehrere dieser Einzelmutationen haben jeweils ein charakteristisches, evolutionäres Phänomen ausgelöst: Einen *selective sweep*. Leider läßt sich dieser Fachbegriff nicht gut ins Deutsche übertragen, er bedeutet etwa „selektierter, gesäuberter Bereich" (Abb. 4.2). Die funktionell wirksame Mutation des Laktase-Gens hat nämlich etwa 500000 benachbarte Basen auf ihrem Weg der positiven Selektion mitgenommen, d. h., sie sind in genau identischer Form zusammen mit dem Austausch, welcher zur Laktose-Verwertung befähigte, häufig geworden. Zahlreiche der auf diese Weise im Kielwasser der angereicherten Mutation ebenfalls angereicherten, ehemals seltenen Sequenzvarian-

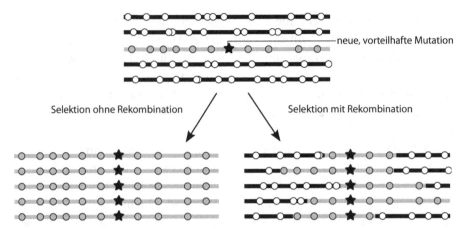

Abb. 4.2 *Selective sweep*. Grafik © Veiko Krauß. Oben dargestellt sind fünf Chromosomen unterschiedlicher Individuen, welche an verschiedenen Stellen in der Regel neutrale oder leicht nachteilige DNA-Sequenzvarianten tragen (Kreise). In einem dieser Chromosomen ist eine neue, vorteilhafte Mutation aufgetreten (schwarzer Stern). Der Rest dieses Chromosoms wurde deshalb grau hervorgehoben. Ohne die Möglichkeit der Rekombination (Crossing-over, links) wird sich in folgenden Generationen das gesamte Chromosom mitsamt allen Sequenzvarianten durchsetzen, wenn die Nachteile aller dieser Varianten zusammen nicht den Vorteil der Neumutation aufwiegen können. Je größer der Vorteil der Neumutation, umso größer kann die Last der sie begleitenden, nachteiligen Mutationen sein. Rechts ist dargestellt, wie durch sexuelle Rekombination (Crossing-over) die Neumutation in folgenden Generationen mit Abschnitten der Chromosomen anderer Individuen kombiniert wird. Hierdurch werden sich zufällig mehr positive oder mehr nachteilige Mutationen auf einem Chromosom vereinigen, sodass die Selektion einen wirksameren Angriffspunkt hat und vorteilhafte Sequenzvarianten zuungunsten nachteiliger Sequenzvarianten (Mutationen) anreichern kann. Je näher sich jedoch zwei Mutationen auf einem Chromosom zueinander befinden, umso wahrscheinlicher werden sie bei diesem Prozess weiterhin zusammen vererbt. Deshalb wird im dargestellten, fiktiven Beispiel die rechts der vorteilhaften Mutation liegende Sequenzvariante stets zusammen mit ihr vererbt. Sie setzt sich völlig in der kleinen Population durch, weil sie an die vorteilhafte Mutation chromosomal gekoppelt ist. Der noch vorhandene graue Anteil der Chromosomen ist das Resultat des *selective sweep*, d. h. der Anreicherung der an eine vorteilhafte Mutation gekoppelten Chromosomenabschnitte im Laufe der Generationen. Links (ohne Rekombination) ist die Kopplung absolut, rechts (mit Rekombination) ist sie nur relativ.

ten sind, wie bei Mehrzellern zu erwarten, leicht nachteilig für den Organismus. Ihre Anreicherung beruht also nicht auf einem eigenen Selektionsvorteil, sondern vielmehr auf ihrer engen Nachbarschaft zur Laktase-Mutation. Diese enge, räumliche Nachbarschaft verhinderte während der letzten 10000 Jahre der Menschheitsgeschichte die Kombination der aktiven Laktase-Variante mit jeweils weniger nachteiligen Sequenzvarianten.

Fassen wir zusammen: Eine Aktivität der Laktase in Erwachsenen wurde mit Einführung der Viehzucht (also aus kulturellen Gründen) lokal vorteilhaft in menschlichen Populationen. Ihre allmähliche Durchsetzung bei Viehzüchtern wurde gleichzeitig mit Anreicherungen anderer Sequenzvariationen bezahlt, welche oft leicht nachteilig sind. Das lehrt uns, dass (1) der Selektionswert von Sequenzvarianten von der Umwelt abhängt (ohne Viehzucht kein Nutzen der Laktase für Erwachsene), dass (2) die kulturelle Entwicklung die menschliche Evolution beeinflusst, aber nicht beendet, und (3) dass positiv oder negativ selektierte Sequenzvarianten das evolutionäre Schicksal ihrer genomischen Nachbarschaft positiv oder eben negativ beeinflussen. Dies trifft aber nicht nur auf Individuen zu, sondern vielmehr auf Populationen, also auf die Gesamtheit der Individuen einer Art. Warum sich Selektion nicht auf individuelle Organismen begrenzen lässt, werden wir im kommenden Abschnitt diskutieren.

4.3   Arterhaltung – was ist dran?

Als Arterhaltung bezeichnet man ein seit Mitte der 1970er Jahre logisch und empirisch widerlegtes Konzept der Evolutionsbiologie. Nach diesem Konzept haben Individuen ein Interesse daran, die eigene Art zu erhalten und zeigen aus diesem Grunde eusoziale oder altruistische Verhaltensweisen gegenüber Mitgliedern ihrer eigenen Art. Das Konzept der Arterhaltung scheiterte u. a. an seiner empirisch widerlegten Vorhersage, Individuen würden andere Individuen, die enger mit ihnen verwandt sind, häufiger verschonen als solche, die es weitläufiger sind. Hiernach müssten Löwen mit anderen Löwen bevorzugt kooperieren, dem nachrangig aber mit anderen Katzen und schließlich mit anderen Raubtieren. Solche Phänomene kommen in der Natur aber nicht vor.
Wikipedia, Stichwort Arterhaltung, 4.7.2012

Wikipedia ist immer eine gute Adresse, will man den derzeitigen Wissensstand erfahren. Mitunter erfährt man aber auch nur mehr über gegenwärtig gepflegte Vorurteile. Schon aus diesem Textauszug allein ist abzuleiten, dass die Autoren gar nicht wissen, was eine Art ist, denn sie nehmen an, das Löwen nach dem Konzept der Arterhaltung Kooperation mit anderen Katzen pflegen müssten. Nach derzeitiger Taxonomie sind Katzen eine *Familie* der Säuger, die hier relevante *Art* heißt dagegen Löwe. Was die Löwen selbst betrifft, so weiß jeder Konsument häufig im Fernsehen gezeigter Naturfilme, dass Löwen sozial leben und, wenn überhaupt, mit anderen Löwen kooperieren.
Im Unterschied zu den Autoren des angesprochenen Wikipedia-Textes möchten wir jedoch nicht polemisch an die Frage der Arterhaltung heran-

gehen. Auch hier geht es uns – analog zu den vorhergehenden Abschnitten dieses Artikels – um eine mögliche Selektionsebene, die Art. Um diese Ebene jedoch diskutieren zu können, müssen wir erst einmal klären, was eine Art ist. Leider sprechen wir damit einen Begriff an, welcher ähnlich problematisch ist wie der Begriff Gen.

Der Populationsgenetiker Theodosius Dobszhansky schuf das Biologische Artkonzept (BAK). Es besagt, dass eine Art durch eine Population aus einander ähnlichen Organismen gebildet wird, welche alle, zumindest potenziell, miteinander im genetischen Austausch stehen. Das bedeutet, dass alle Mitglieder dieser Population sich prinzipiell zusammen fortpflanzen können und dabei wiederum fruchtbare Nachkommen haben (würden). Genaustausch zwischen verschiedenen Arten wird durch Kreuzungsschranken be- bzw. verhindert. Kreuzungsschranken können vor oder auch nach einer Befruchtung der Eizelle wirksam werden und sehr unterschiedlich aussehen. Vielleicht verstehen sich die Geschlechter unterschiedlicher Arten bei der Balz nicht, oder sie sind zu unterschiedlichen Tages- oder Jahreszeiten paarungsbereit. Alternativ kann es aber auch sein, dass beispielsweise der Pollenschlauch einer Pflanzenart nicht weit genug in die Narbe einer anderen Art hineinwächst, um sie zu befruchten. Schließlich kann die Befruchtung zwar erfolgreich sein, aber nicht zu selbst fortpflanzungsfähigen Nachkommen führen. Die Möglichkeiten, dass etwas nicht funktioniert, sind hier nahezu grenzenlos.

Das BAK ist nicht das einzige Artkonzept, aber es macht die Art zu einer objektiven Realität. Eine Art ist eben nicht nur eine beliebige systematische Kategorie wie Reich, Stamm, Klasse, Ordnung, Familie, Gattung oder auch Unterart. Solche Kategorien sind im Grunde beliebig einzugrenzen oder zu erweitern. Ihre Gültigkeit oder Ungültigkeit hängt von den Auffassungen der Mehrheit der Systematiker ab. Bei biologischen Arten ist das nicht der Fall, sie existieren unabhängig von uns. Problematisch ist das Biologische Artkonzept, weil es nur für sich geschlechtlich fortpflanzende Organismen gilt und im Einzelfall schwer zu prüfen ist. Ausgestorbene, also fossile Formen, und sich ungeschlechtlich fortpflanzende Organismen sind per BAK nicht als Arten definierbar. Hier muss man andere Artdefinitionen heranziehen, welche nur auf Ähnlichkeit aufbauen. Auf diese Weise kann man jedoch Arten nicht objektiv voneinander abgrenzen, da der genaue Grad notwendiger Ähnlichkeit, genau wie bei den genannten anderen systematischen Kategorien (Stamm, Ordnung, Familie etc.), dann willkürlich festgesetzt werden muss. Objektiv real existieren Arten also nur, wenn es sich um Organismen mit geschlechtlicher Fortpflanzung handelt. Anderenfalls spricht man besser von Biotypen, so z. B. bei allen Bakterien und vielen anderen Einzellern, aber auch bei den einzelnen nur zur ungeschlechtlichen Fortpflanzung und Vermehrung fähigen Formen von Wirbeltieren (manche Fische und Reptilien).

Von biologischen Arten spricht man also nur dann, wenn es sich um Organismen einer Population handelt, welche untereinander durch sexuelle Fortpflanzung im genetischen Austausch stehen. Die Funktion sexueller Fortpflanzung liegt folgerichtig nicht in der Schaffung von Nachkommen, sondern vielmehr in der Neukombination der genetischen Information. Das ergibt sich aus der Tatsache, dass es ungeschlechtliche Fortpflanzung in allen größeren Verwandtschaftskreisen von Organismen gibt, während geschlechtliche Fortpflanzung bei Bakterien, Archaeen und bei einer Reihe von einzelligen Eukaryoten wahrscheinlich nie erfunden worden ist. Die ursprünglichere und wirklich notwendige Form der Vermehrung von Lebewesen ist also die ohne Zuhilfenahme von Geschlechtern.

Dieser ungewohnte Gedankengang erscheint logischer, wenn man sich klarmacht, dass die sexuelle Vermehrung mit einer Verminderung der Zahl der Zellen beginnt, denn zunächst verschmelzen zwei Geschlechtszellen (Gameten). Diesen Vorgang nennt man Befruchtung. Dabei wird jeweils ein Chromosomensatz beider Eltern kombiniert. Die Befruchtung führt allerdings nur im Verein mit dem Vorgang der Meiose bei der Bildung der Gameten zu einer wirklichen Neukombination der Erbanlagen. Bei der Meiose bilden sich aus einer diploiden Zelle (einer Zelle mit doppeltem Chromosomensatz) durch zufällige Verteilung aller Chromosomen beider Sätze sowie durch mindestens je einen Chromosomenstückaustausch (Crossing-over) zwischen allen Chromosomenpaaren beider Sätze haploide Zellen (mit nur jeweils einem Chromosomensatz). Wichtig ist, das dieser Chromosomensatz (beim Menschen: 23) sich aufgrund der Zufallsverteilung der Chromosomen und des Chromosomenstückaustausches etwa je zur Hälfte aus Erbmaterial beider Elternteile zusammensetzt. In jeder Generation wird also das Genom neu zusammengewürfelt.

Natürlich erfolgt diese Neuzusammenstellung nicht völlig zufallsgemäß. Wie wir im letzten Abschnitt erfuhren, sind benachbarte Genomabschnitte aneinander gekoppelt: Je näher sie sich benachbart sind, umso eher werden sie gemeinsam an die folgende Generation weitergegeben. Das liegt daran, dass die Zahl von Chromosomenstückaustauschen (Crossing-over) pro Meiose begrenzt ist. Im Laufe der Generationen wird jedoch auch unter diesen Bedingungen das genetische Erbe eines Individuums auf immer mehr Nachkommen in immer kleineren Portionen verteilt. Die Allele eines sich erfolgreich geschlechtlich fortpflanzenden Organismus verteilen sich in den folgenden Generationen allmählich auf immer größere Teile der Population, so wie dieser Organismus einst selbst genetisches Erbe aus sehr vielen Ahnen in sich vereint hat.

Der Mechanismus der Sexualität ist damit beschrieben, aber aus welchem Grund setzte sie sich gerade bei komplexeren, insbesondere mehrzelligen Organismen allgemein durch? Das kann man am bereits bekannten Beispiel des menschlichen Laktase-Gens erklären. Die Durchsetzung der Laktase-Produktion in Erwachsenen war binnen 10000 Jahren nur gegen den Verzicht auf jegliche anderen Anpassungen auf einer Länge von 500000 Basenpaaren DNA-Sequenz zu haben. Mit anderen Worten, ein Sechstausendstel des menschlichen Genoms waren in dieser Zeit ausschließlich mit dieser Anpassung beschäftigt. Damit wurden also nicht nur unabhängige Anpassungen im restlichen Laktase-Gen verhindert, sondern auch noch in einigen Nachbargenen. Gäbe es kein Crossing-over, so wäre das gesamte Chromosom 2 (hier liegt das Laktase-Gen) entsprechend dieses Laktase-Phänotyps selektiert worden. Gäbe es keine Zufallsverteilung von Chromosomen – also z. B. nur ein Chromosom wie üblicherweise bei Bakterien – unterläge sogar das gesamte Genom dieser Selektion, und wir hätten in den letzten 10000 Jahren evolutionär nicht mehr als die Anpassung der Laktase-Produktion an unsere geänderten Bedürfnisse erreichen können.

Allein deswegen erscheint die Evolution der Sexualität plausibel. Sie bewirkt, dass Anpassungen unabhängig voneinander in unterschiedlichen Regionen des Genoms durch Selektion allmählich in der Population häufiger werden können. Das Genom muss sich so nicht entscheiden, was wertvoller ist: Dieser Laktase-Phänotyp oder etwa eine erhöhte Resistenz gegen Pest. Es gibt jedoch noch ein stärkeres Argument für Sexualität als die Offenheit für Neuheiten. Das ist die Verteidigung von Errungenschaften.

Wir haben weiter oben schon diskutiert, dass Mehrzeller wegen ihrer begrenzten Populationsgröße nicht nur ständig neue Mutationen erfahren wie alle Organismen, sondern auch mehr Schwierigkeiten haben als Einzeller, diese Veränderungen wieder loszuwerden, wenn sie sich als nachteilig erweisen. Tatsächlich sammeln sie leicht nachteilige Mutationen an, welche durch kompensierende Mutationen immer wieder entschärft werden. Stände nun keine Sexualität zur Verfügung, würde also die Möglichkeit fehlen, das Genom immer wieder neu zusammenzusetzen und dadurch den Wirkungen nachteiliger Mutationen zu entgehen, würde es heute möglicherweise gar keine Mehrzeller geben. Tatsächlich gibt es so gut wie keine mehrzelligen Organismen, welche mehr als eine Million Jahre auf Sexualität verzichtet haben und immer noch leben. Die einzige bisher gefundene Ausnahme stellt eine Gruppe von Rädertierchen dar (Welch und Meselson 2000).

An dieser Stelle sollten wir innehalten und uns verdeutlichen, was gerade behauptet wurde. Wenn mehrzellige Organismen nicht dauerhaft ohne Sex überleben können, heißt das nichts anderes, als dass sie alle auf der Ebene der Population, d. h. auf Artebene, selektiert werden. Sie können also nur als Population aus sexuell aktiven Individuen und keinesfalls als Abfolge von sich ungeschlechtlich fortpflanzenden Einzelorganismen dauerhaft überleben!

Nach allem, was bisher gesagt wurde, erscheint das plausibel, aber bewiesen ist es damit natürlich nicht. Ein einziges gutes Gegenbeispiel würde alles widerlegen. Schauen wir uns daher die oben benannten Rädertierchen einmal näher an.

Es handelt sich um die Gruppe der bdelloiden Rädertiere (Bdelloida). Ihr Name klingt exotisch, sie sind mikroskopisch klein und leben weltweit in großen Massen in Süßgewässern aller Größen. Sie sind in jedem Stadium ihrer Entwicklung austrocknungsresistent. Ihr Genom ist diploid, d. h., es gibt zwei einander ähnliche Chromosomensätze, aber diese sind sich weit weniger ähnlich als bei jedem anderen diploiden Tier. Fossilien lassen vermuten, dass das letzte gemeinsame Genom – dem beide Chromosomensätze entstammen – vor mehr als 35 Millionen Jahren existiert hat (Welch und Meselson 2000). Das ist der beste Beweis, dass diese Rädertierchen seit dieser Zeit aufgehört haben, sich sexuell füreinander zu interessieren. Auch ein sehr gelegentlicher Sex etwa einmal jährlich etwa – wie er z. B. von Fadenwürmern, Blattläusen oder auch Wasserflöhen bekannt ist – ist so ausgeschlossen.

Ein näherer Blick in ihr Genom offenbart noch etwas anderes. Bdelloide Rädertierchen sind genetische Kleptomanen, was für mehrzellige Lebewesen ebenso ungewöhnlich ist wie ihre sexuelle Abstinenz. Ein nennenswerter Prozentsatz ihrer Gene entstammt nicht ihrem tierischen Erbe, sondern Pilzen, Pflanzen und sogar Bakterien (Gladyshev et al. 2008). Sie kombinieren ihre DNA also doch neu, allerdings nur selten und dann mit scheinbar jeder DNA, die gerade habhaft ist. Tatsächlich sollen mindestens acht Prozent der von ihnen genutzten Gene ihres eigenen Genoms eindeutig nicht tierischen Ursprungs sein (Boschetti et al. 2012). Es ist nicht abwegig, dies mit ihrer erstaunlichen Resistenz gegenüber Umwelteinflüssen in Verbindung zu bringen; auf diese Weise wird der direkte Kontakt ihrer Keimzellen mit fremder genetischer Information zweifellos wahrscheinlicher (Gladyshev et al. 2008).

Ist dieses Beispiel sexuell nicht interessierter Tiere nun geeignet, unsere These über die Notwendigkeit einer regelmäßigen Rekombination der DNA und damit eines Artverbandes für mehrzellige Organismen zu widerlegen? Ich glaube nein, und zwar aus zwei Gründen. Zunächst sind diese Rädertierchen viel kleiner und damit zahlreicher als die meisten Mehrzeller. Ihre Populationsgrößen ähneln daher denen von Einzellern. Zweitens bietet der beschriebene Genimport von anderen Organismen einen gewissen Ersatz für sexuelle Rekombination. Fremde Gene können genau dann am besten genutzt werden, wenn sie von nahen Verwandten stammen, denn deren Genom ist ja ähnlich dem eigenen. Demnach ist anzunehmen, dass die Masse des stattfindenden Gentransfers die Rädertierchen untereinander betrifft, wenn das auch schwierig nachzuweisen ist.

Auch bei Wirbeltieren gibt es – sehr selten – Formen, welche sich durch Jungfernzeugung vermehren. Während Vögel und Säugetiere ausschließlich dem Sex vertrauen, gibt es echte Jungfernzeugung in einzelnen Fällen bei Reptilien. Etwas häufiger ist sie bei Lurchen und Fischen, allerdings sind die Weibchen hier gar keine Jungfrauen. Denn obwohl ihr Nachwuchs gewöhnlich nur ihr eigenes genetisches Material erhält, benötigen sie Sperma der Männchen nah verwandter sexueller Arten, um Nachkommen überhaupt erzeugen zu können. Die betroffenen Männchen gehen also fremd im eigentlichen Sinne des Wortes. Der ganze Vorgang wirkt merkwürdig inkonsequent („Wasch mich, aber mach' mich nicht nass!"), er wird aber verständlicher, wenn man weiß, dass dabei zumindest manche Querzahnmolch-Weibchen ab und zu doch ein wenig DNA der Männchen in das Genom ihrer Nachkommen einbauen (Lampert und Schartl 2010). Kein Wunder, dass diese „asexuellen" Formen immerhin ein evolutionäres Alter von etwa fünf Millionen Jahren erreicht haben (Bi und Bogart 2010). Auch hier hängt also ein anhaltender Erfolg vom Zutun anderer ab. Diese Form der Fortpflanzung wird treffend als Kleptogenesis bezeichnet.

Es gibt weitere Argumente für die Selektion von Arten. Eines davon betrifft den winzigen Fadenwurm *Caenorhabditis elegans*, welcher seinen (noch immer mäßigen) Bekanntheitsgrad ausschließlich durch seine Beliebtheit als Modellorganismus erworben hat. Normalerweise findet man bei dieser Art nur Hermaphroditen, welche sich selbst befruchten um für die Nachkommenschaft zu sorgen. Von einer Durchmischung des Genpools der Art kann auf diese Weise nicht die Rede sein. Von Zeit zu Zeit legen diese Hermaphroditen allerdings Eier, aus denen Männchen schlüpfen, welche als Sexualpartner für andere Hermaphroditen dienen. Interessant ist, was passiert, wenn man im Experiment (1) die Mutationsrate erhöht oder (2) die Umweltbedingungen durch Zugabe eines krankheitserregenden Bakteriums verändert (Morran et al. 2009). Resultat ist in beiden Fällen die Zunahme der Zahl der Männchen. Wildtypische Testpopulationen überleben daher beide Gefahren. Genetisch veränderte Würmer, welche keine Männchen mehr bilden können, scheitern jedoch nach wenigen Generationen an beiden Umweltbedingungen. Auskreuzung (d. h. die Paarung zweier Individuen statt einer Selbstbefruchtung) verhindert demnach die Ansammlung nachteiliger Mutationen und fördert eine schnelle Anpassung durch einen intensiven Austausch zwischen immer neuen Genomen, die so in einem Organismus miteinander in Kontakt gebracht werden. Es darf natürlich nicht übersehen werden, dass sich ein solcher Effekt erst nach einigen Generationen zeigt. Er beruht also nicht auf Individualselektion, sondern auf der Selektion von Populationen.

Auch bei Pflanzen lässt sich Ähnliches nachweisen. Die Mehrzahl der Blütenpflanzen pflanzt sich sexuell durch Kreuzung mit anderen Individuen, also Auskreuzung, fort. Das gilt selbst für viele Arten mit zwittrigen Blüten. Die Tatsache, dass in einer Blüte männliche und weibliche Keimzellen (Blütenstaub und Fruchtknoten) gleichzeitig verfügbar sind, führt nicht automatisch zur Selbstbefruchtung. Häufig gibt es Selbstinkompatibilitätsgene, welche beim Vorliegen identischer Allele in beiden Keimzellen eine Befruchtung verhindern. So wird eine Fremdbestäubung erzwungen. Gärtner wissen beispielsweise, dass Apfelbäume Artgenossen in ihrer Nähe benötigen, um gut zu fruchten, während Pfirsichbäume in der Regel sich selbst genügen.

Emma E. Goldberg und ihre Kollegen fragten sich nun, warum solche Gene in manchen Arten existieren, wenn es in der Regel nah verwandte Arten gibt, welche intensiv Selbstbefruchtung betreiben (Goldberg et al. 2010). Sie untersuchten dazu die Familie der Nachtschattengewächse (enthält u. a. Kartoffeln, Tomaten und Tabak), welche zahlreiche Pflanzenarten ohne und viele Arten mit Schutz gegen Selbstbefruchtung enthält. Es stellte sich heraus, dass nicht selbstkompatible Arten rascher neue Arten produzierten und so ihr evolutionäres Erbe vervielfältigten. Sie waren dabei auch immer wieder Ursprung neuer selbstkompatibler Arten. Diese wiederum hatten eine höhere Aussterbe- als Diversifizierungsrate, d. h., sie verschwanden meist, bevor sie neue Arten hervorbringen konnten. Mit anderen Worten sind selbstkompatible Arten offenbar ein totes Gleis der Evolution. Nur Auskreuzung kann die nötige Variabilität und damit die Art erhalten.

Zum Abschluss dieser Argumentation möchte ich auf unseren Einstieg zurückkommen. Häufig wird bei Darstellungen eines Selektionsvorgangs ein Interesse an maximaler Vermehrung postuliert, welches z. B. ein egoistisches Gen haben soll. Wird richtiggestellt, dass ein DNA-Abschnitt nicht egoistisch sein kann (Bresch 1979), heißt es, das sei nicht wörtlich gemeint. Wie ist es dann gemeint? Tatsächlich wurde weder bei Genen noch bei Organismen ein tatsächliches Interesse an der Maximierung eigener Fortpflanzung nachgewiesen. Es ist auch nicht anzunehmen, dass ein solches Interesse existiert. Zwar wissen wir das nicht von anderen Organismen, aber wir können uns selbst befragen. Wollen wir tatsächlich so viele Kinder (und Enkel sowie Urenkel) wie möglich? Wenn ja, stellen wir dieses Interesse tatsächlich über jeden anderen Wunsch? Beides wird von der Soziobiologie behauptet.

Der Gedanke der Maximierung der Nachkommenzahl führt in die Irre. Eine solche „Strategie" – wenn sie denn existierte – würde man als den Drang zum Strohfeuer oder zum Pyrrhussieg bezeichnen. Wichtiger ist die andauernde Präsenz, eine nicht endende Folge von Nachkommen. Augenblicklicher Reproduktionserfolg kann das erleichtern, aber in keiner Weise garantieren. Organismen müssen auch Potenziale besitzen, welche sie selbst gar nicht brauchen, sondern erst ihre fernen Nachkommen. Alle heute lebenden Organismen sind vorläufige Endpunkte Milliarden Jahre alter, ununterbrochener Nachkommenschaften individueller Lebewesen. Die evolutionäre Eignung ihrer Ahnen hat sich damit gezeigt. Ihr eigener Test beginnt erst.

Selektion ist also von egoistischen Einstellungen unabhängig. Auch Arten sind selbstverständlich nicht selbstsüchtig gegenüber anderen Arten, und ihre Individuen agieren auch nicht egoistisch im Sinne der Arterhaltung. Arterhaltung ist aber die Konsequenz ihres Lebens und ihrer Fortpflanzung. Selektion bezieht sich nicht selten auf Eigenschaften (und deren späte Konsequenzen), welche sich schon einige Generationen vor dem Selektionsereignis etabliert haben (Munteanu und Stadler 2009). Ohne Artbildung, d. h. ohne Sexualität können Mehrzeller sich nicht dauerhaft reproduzieren. Wo Sex zwischen verschiedenen Individuen völlig aufgegeben wird, hört eine Population auf, eine Art zu bilden, und sie schaufelt sich allmählich ihr eigenes Grab. Das passiert ständig, wie in der Familie der Nachtschattengewächse, und wird ausgelesen. Es gibt keine Interessen in der Biologie, aber es gibt biologische Funktionen und – bei Tieren – Triebe. Das genügt. Die menschliche Gesellschaft dagegen basiert sowohl auf den biologischen Eigenschaften des Menschen als auch auf den Interessen von Individuen und Gruppen. Doch das wäre ein anderes Thema. .

4.4   Andere Ebenen der Selektion

Diese Darstellung ist nicht erschöpfend und soll es auch nicht sein. Es gibt weitere Ebenen der Selektion. Ohne Zweifel werden z. B. Sozialverbände von Tieren gegeneinander ausgelesen. So konkurrieren verschiedene Völker der Honigbiene um Pollen und Nektar. Genauso ist das Überleben von Löwenjungen wesentlich vom Jagderfolg des eigenen Rudels abhängig, zu dem die Löwenjungen noch nicht wesentlich beitragen können. Offener ist die Frage, ob auch ganze Ökosysteme gegeneinander konkurrieren können, oder ob ihre Verwandlung im Laufe der Erdgeschichte eher allmählich durch ständigen Austausch einzelner Arten erfolgt und plötzliche Veränderungen nur durch katastrophale Ereignisse wie etwa schnelle Klimaveränderungen vorgekommen sind.

Umgekehrt gibt es auch Vorstellungen, wonach sich im Inneren eines vielzelligen Organismus Selektion vollzieht. Während die Wanderung von Nervenzellen dafür manchen Anhaltspunkt bietet (Edelman 1987), ist dieser Gedanke jedoch eher abwegig, da sich die erfolgreiche Entwicklung eines vielzelligen Lebewesens nur in vergleichsweise engen Grenzen erfolgreich vollziehen kann und einzelne Zellen desselben Körpers natürlich auch keine Möglichkeiten haben, ihre relative Konkurrenzfähigkeit zu vererben – es fehlt ihnen genau wie den Genen des Organismus an der nötigen Unabhängigkeit, um Selektionsobjekt zu sein (Rose 1997).

Es bleibt noch ein Wort zum schillernden Begriff der Verwandtenselektion (englisch: *kin selection*) zu sagen. Organismen unterstützen nach diesem Konzept nah verwandte Organismen (Nachkommen, aber auch Geschwister) zum Nachteil weniger verwandter Individuen derselben Art. Viele Wissenschaftler, die an der Erforschung sozial lebender Insekten (Ameisen, Bienen und Termiten) bzw. sozialer Wirbeltiere arbeiten, glauben, dass Verwandtenselektion für die evolutionäre Entstehung dieser eng zusammenarbeitenden Tier-Gemeinschaften verantwortlich ist (Keller 2009, Nonacs 2011). Eine aktuelle Prüfung dieses Konzeptes zeigte jedoch, dass alle Phänomene, welche die Verwandtenselektion erklären sollte, sich einfacher aus Besonderheiten der Lebensweise der Vorfahren dieser sozialen Organismen erklären lassen (Nowak et al. 2010). So ist die entscheidende Grundlage der Evolution von Insektenstaaten bei Hautflüglern (Bienen, Wespen und Ameisen) das erbaute Nest, dessen Bevorratung mit Futter, der Schutz des Nachwuchses vor Räubern und Parasiten (Farris und Schulmeister 2011) und die darüber hinaus geleistete Brutpflege; alles Merkmale, welche bei einzeln *und* bei sozial lebenden Arten dieser Insekten zu finden sind. Bei sogenannten „halbsozialen" Arten von Bienen und Wespen unterstützen die früher schlüpfenden Nachkommen eines Weibchens (Königin) dieses bei der Brutpflege und Nestinstandhaltung, da sie ohnehin nicht die Aussicht auf den erfolgreichen Bau eines eigenen Nests in derselben Saison haben würden (Schwarz et al. 2011). Die Verwandtschaft der zusammenarbeitenden Tiere ist also die logische Folge der Nestgründung, nicht umgekehrt.

Auch für die staatenbildenden Termiten gilt Ähnliches. Nahrung und Brutraum basieren zumindest bei manchen Termitenarten auf der Monopolisierung einer kompakten Holzmasse (eines toten Baumes), wofür ein Volk eine bestimmte Mindestgröße haben muss. Daher können unter Umständen zwei Termitenvölker verschmelzen, welche denselben Stamm als Nahrungsgrundlage gewählt haben (Johns et al. 2009). Im Ergebnis ist hier z. T. gar keine Verwandtschaft zwischen den Mitgliedern derselben sozialen Gemeinschaften nachweisbar.

Um zu vermeiden, unnötige Ebenen der Auslese zu postulieren, ist es nützlich, notwendige Eigenschaften für Objekte evolutionärer Auslese zu definieren. Wie schon gesagt, gibt es drei: (1) müssen solche Objekte voneinander verschieden sein, (2) müssen sie untereinander um die gleichen Ressourcen konkurrieren und (3) müssen sie sich relativ unabhängig voneinander fortpflanzen *und* vermehren können. Meines Erachtens sind dies zugleich auch hinreichende Eigenschaften, d. h. Auslese findet genau dann statt, wenn alle drei Bedingungen erfüllt sind. Das ist im Allgemeinen für springende Gene

(Transposons), Viren, Organismen und für biologische Arten erfüllt. Unter bestimmten ökologischen Bedingungen trifft dies auch auf Gruppen von Organismen zu, niemals aber auf chromosomale Gene dieser Organismen oder auf einzelne Zellen von Mehrzellern. Ob ganze Ökosysteme der Auslese unterliegen können, ist umstritten. Deshalb verzichte ich hier auf eine Darstellung dieses Problems.

Literatur

Bi K, Bogart JP (2010) Time and time again: unisexual salamanders (genus Ambystoma) are the oldest unisexual vertebrates. BMC Evol Biol, 10:238

Blount ZD, Borland CZ, Lenski RE (2008) Historical contingency and the evolution of a key innovation in an experimental population of Escherichia coli. Proc Natl Acad Sci USA, 105(23):7899–7906

Boschetti C, Carr A, Crisp A, Eyres I, Wang-Koh Y, Lubzens E, Barraclough TG, Micklem G, Tunnacliffe A (2012) Biochemical diversification through foreign gene expression in Bdelloid rotifers. PLoS Genet, 8(11):e1003035

Bresch C (1979) Das sadistische Kohlenstoffatom. Rezension von Richard Dawkins: Das egoistische Gen. Biologie in unserer Zeit, 9(1):30–32

Carneiro M, Albert FW, Melo-Ferreira J, Galtier N, Gayral P, Blanco-Aguiar JA, Villafuerte R, Nachman MW, Ferrand N (2012) Evidence for widespread positive and purifying selection across the European rabbit (Oryctolagus cuniculus) genome. Mol Biol Evol, 29(7):1837–1849

Cowperthwaite MC, Bull JJ, Meyers LA (2006) From bad to good: Fitness reversals and the ascent of deleterious mutations. PLoS Comp Biol, 2(10):e141

Dawkins R (1996) Das egoistische Gen. Rowohlt, Reinbek bei Hamburg

Edelman G (1987) Neural darwinism. The theory of neuronal group selection, Basic Books, New York

Farris SM, Schulmeister S (2011) Parasitoidism, not sociality, is associated with the evolution of elaborate mushroom bodies in the brains of hymenopteran insects. Proc Biol Sci, 278:940–951

Ferrada E, Wagner A (2008) Protein robustness promotes evolutionary innovations on large evolutionary time-scales. Proc Biol Sci, 275(1643):1595–1602

Gladyshev EA, Meselson M, Arkhipova IR (2008) Massive horizontal gene transfer in bdelloid rotifers. Science, 320(5880):1210–1213

Goldberg EE, Kohn JR, Lande R, Robertson KA, Smith SA, Igić B (2010) Species selection maintains self-incompatibility. Science, 330(6003):493–495

Gould SJ (1994) Zufall Mensch. Das Wunder des Lebens als Spiel der Natur, DTV, München

Hartl DL, Taubes CH (1996) Compensatory nearly neutral mutations: selection without adaptation. J Theor Biol, 182(3):303–309

Ingram CJE, Mulcare CA, Itan Y, Thomas MG, Swallow DM (2008) Lactose digestion and the evolutionary genetics of lactase persistence. Hum Genet, 124(6):579–591

Johns PM, Howard KJ, Breisch NL, Rivera A, Thorne BL (2009) Nonrelatives inherit colony resources in a primitive termite. Proc Natl Acad Sci USA, 106(41):17452–17456

Keller L (2009) Adaptation and the genetics of social behaviour. Philos Trans R Soc Lond, B, Biol Sci, 364(1533):3209–3216

Knight CA, Molinari NA, Petrov DA (2005) The large genome constraint hypothesis: evolution, ecology and phenotype. Ann Bot, 95(1):177–190

Kondrashov AS, Sunyaev S, Kondrashov FA (2002) Dobzhansky-Muller incompatibilities in protein evolution. Proc Natl Acad Sci USA, 99(23):14878–14883

Lampert KP, Schartl M (2010) A little bit is better than nothing: The incomplete parthenogenesis of salamanders, frogs and fish. BMC Biol, 8:78

Lander ES, Linton LM, Birren B, Nusbaum C, Zody MC, Baldwin J, Devon K, Dewar K, Doyle M, FitzHugh W, et al (2001) Initial sequencing and analysis of the human genome. Nature, 409(6822):860–921

Márquez LM, Redman RS, Rodriguez RJ, Roossinck MJ (2007) A virus in a fungus in a plant: three-way symbiosis required for thermal tolerance. Science, 315(5811):513–515

Morran LT, Parmenter MD, Phillips PC (2009) Mutation load and rapid adaptation favour outcrossing over self-fertilization. Nature, 462(7271):350–352

Munteanu A, Stadler PF (2009) Mutate now, die later. Evolutionary dynamics with delayed selection. J Theor Biol, 260(3):412–421

Nonacs P (2011) Kinship, greenbeards, and runaway social selection in the evolution of social insect cooperation. Proc Natl Acad Sci USA, 108 Suppl 2:10808–10815

Nowak MA, Tarnita CE, Wilson EO (2010) The evolution of eusociality. Nature, 466(7310):1057–1062

Quammen D (2004) Der Gesang des Dodo. Eine Reise durch die Evolution der Inselwelten, List, Berlin

Rose S (1997) Lifelines. Biology, freedom, determinism, Penguin Press, London

Schwarz MP, Tierney SM, Rehan SM, Chenoweth LB, Cooper SJB (2011) The evolution of eusociality in allodapine bees: workers began by waiting. Biol Lett, 7(2):277–280

Stoltzfus A (1999) On the possibility of constructive neutral evolution. J Mol Evol, 49(2):169–181

Thézé J, Bézier A, Periquet G, Drezen JM, Herniou EA (2011) Paleozoic origin of insect large dsDNA viruses. Proc Natl Acad Sci USA, 108(38):15931–15935

Vinogradov AE (2003) Selfish DNA is maladaptive: evidence from the plant Red List. Trends Genet, 19(11):609–614

Wagner A (2008) Neutralism and selectionism: a network-based reconciliation. Nat Rev Genet, 9(12):965–974

Welch MD, Meselson M (2000) Evidence for the evolution of bdelloid rotifers without sexual reproduction or genetic exchange. Science, 288(5469):1211–1215

5

Fitness – ein Begriff und seine Deutung

Wir alle wollen „fit" sein. Fitness ist ein stark positiv besetzter Begriff. Er bezeichnet Leistungsfähigkeit und Belastungsresistenz und ist eng mit regelmäßiger, sportlicher Betätigung verbunden.

Fitness ist aber auch ein wichtiger Begriff in der Evolutionsbiologie. Hier hat die Fitness eines Individuums gar nichts mit dessen Leistungsfähigkeit und schon gar nichts mit Belastungsresistenz zu tun, sondern meint die Anzahl der Nachkommen dieses Individuums im Vergleich zur durchschnittlichen Anzahl der Nachkommen der gesamten Population. Man spricht deshalb auch von der relativen Fitness. Sie kann in Zahlen ausgedrückt werden. Entspricht die Fitness eines Individuums der der gesamten Population, so hat diese den Wert 1. Liegt sie über 1, hatte das Individuum einen überdurchschnittlichen, liegt sie bei 0, so hatte das Individuum gar keinen Fortpflanzungserfolg. Das könnte z. B. daran liegen, dass dieses Individuum das fortpflanzungsfähige Alter nicht erreicht hat.

Die Fitness eines Individuums ist daher erst nach seinem Tode exakt zu ermitteln. Sie hängt u. a. von seiner Fruchtbarkeit, dem erreichten Lebensalter und von den äußeren Bedingungen ab. Der Genotyp (das Genom) beeinflusst die beiden erstgenannten Faktoren, die Umweltbedingungen und ihre Schwankungen im Laufe des Lebens alle drei. Daher variiert die Fitness in Abhängigkeit von den Umweltbedingungen während der Lebensdauer der Individuen sehr stark, auch dann, wenn wir Individuen mit identischem Genotyp betrachten. Wikipedia kennt folgende Synonyme für Fitness (25.9.2012): Anpassungs- bzw. Adaptationswert, relative Überlebensrate oder Eignung. Wir sehen unschwer, dass alle diese Begriffe nicht zur Definition der Fitness eines Individuums passen, denn ihnen fehlt ein Bezug auf die Fortpflanzung. Mit Ausnahme der relativen Überlebensrate unterschlagen zudem alle „Synomyme" die zufällige Komponente der Fitness des Individuums.

Ist es schon schwierig, die relative Fitness eines Individuums gegenüber dem Populationsdurchschnitt zu bestimmen – also die absolute Fitness eines Individuums im Vergleich zu der absoluten Fitness vieler Individuen – so bedeutet eine solche Bestimmung der relativen Fitness noch immer nicht viel. Wir wissen dann, in welchem relativen Umfang der Genotyp des Individuums in den Genotyp der nächsten Generation eingeht. Was uns eigentlich interessiert ist

V. Krauß, *Gene, Zufall, Selektion*, DOI 10.1007/978-3-642-41755-9_5,
© Springer-Verlag Berlin Heidelberg 2014

aber die allmähliche Veränderung des Genotyps der gesamten Population. Solche Veränderungen kann man durch die Veränderung der Häufigkeiten der Allele, also der Zustandsformen der Gene, beschreiben. Diese Veränderungen können selektionsgetrieben sein und so durch die Fitness dieser Allele bestimmt werden. Wie bestimmt man die Fitness von Allelen?

Eine kurze Antwort lautet: Die Bestimmung der Fitness von Allelen ist möglich, aber schwierig in natürlichen Populationen. Das hängt zum einen damit zusammen, dass Allelhäufigkeiten sich auch durch Zufall ändern können (genetische Drift). Zudem werden die unterschiedlichen Allele aller Gene einer Art bei jeder sexuellen Fortpflanzung immer wieder neu gemischt. Weiterhin entstehen ständig neue Allele durch Mutation. Insgesamt ändert sich der Genotyp der Population (die Summe aller Allelhäufigkeiten) durch folgende Prozesse:

1. Entstehung neuer Allele durch Mutation (besonders bei großen Populationen und bei hohen Mutationsraten)
2. Häufigkeitsveränderung bestehender Allele durch genetische Drift (besonders in kleinen Populationen)
3. Häufigkeitsveränderung bestehender Allele durch Selektion zugunsten oder zuungunsten eines Allels (besonders in großen Populationen)

Der Fitnesswert eines bestimmten Allels hängt dabei von folgenden Faktoren ab:

1. Lebensbedingungen (Umwelt)
2. Änderung der Lebensbedingungen während der Individualentwicklung (schließt auch die Überlebensbedingungen der Keimzellen ein)
3. Fähigkeit des Lebewesens, geeignete Umwelten aufzusuchen
4. Häufigkeit des Allels in der Population
5. Art der Interaktion des Allels mit anderen Allelen desselben Gens in diploiden Organismen
6. Art der Interaktion des Allels mit den Allelen anderer Gene

Die organismusinternen Komplikationen (Punkte 4 bis 6) für die Bewertung eines Allels sollen im Folgenden kurz erklärt werden.

Jedes neue Allel entsteht durch Mutation aus einem vorher existierenden, anderen Allel desselben Gens. Nach seiner Entstehung ist es einzigartig. Selbst wenn es die Fitness seines Trägers positiv beeinflussen sollte, braucht es Glück, um nicht sofort wieder zu verschwinden. In den ersten Generationen hängt die Vermehrung des neuen Allels sehr vom Zufall ab, da nur wenige Individuen es tragen. Erst allmählich, mit dem Erreichen größerer Häufigkeiten, wird

die Weitergabe des Allels besser vorhersagbar, weil die Selektion gegen die Träger anderer Allele dann zuverlässiger wirken kann. Weitgehend neutrale Allele
werden dagegen, weitgehend unabhängig von ihrer relativen Häufigkeit in der
Population, stets durch Zufall seltener oder häufiger. Mit Glück können auch
sie zu zahlenmäßig dominierenden Allelen werden, mit größerer Wahrscheinlichkeit allerdings in kleineren Populationen. Nachteilige Allele können zwar
mit Glück zunächst häufiger werden. Je häufiger sie jedoch in der Population
sind, umso effektiver werden sie ausgemerzt. Ob sie sich länger in der Population halten, hängt nicht nur vom Zufall ab, sondern auch von der Häufigkeit
des Ausgangsallels und der Häufigkeit der Mutation, welche unabhängig von
Selektion und genetischer Drift immer neue Kopien des nachteiligen Allels in
die Population bringt.

Mitunter wird ein Allel auch häufigkeitsabhängig selektiert. Beispiele dafür
wurden bei Schmetterlingen und Buntbarschen in freier Wildbahn (Futuyma
2007) oder zwischen selektierten Laborstämmen von Fruchtfliegen gefunden
(Sperlich 1988). Dabei können seltene Allele sich besser oder schlechter als
häufige Allele durchsetzen. Wenn seltene Allele bevorzugt werden, kommt
es zu einem balancierenden Einfluss der Selektion, in der Tendenz werden
sich dann mehrere Allele in bestimmten Häufigkeitsverhältnissen auf Dauer
etablieren. Ein allerdings sehr spezielles Beispiel dafür ist das Geschlechts-
bestimmungsgen der Honigbienen (Beye 2004). Hier existieren zahlreiche
seltene Allele des Gens *complementary sex determiner (csd)*. Heterozygotie (d. h.
das gemeinsame Vorkommen zweier verschiedener Allele in diploiden Organismen) ergibt immer ein Weibchen. Wenn eine Bienenlarve nur ein oder
zwei gleiche Allele enthält, wird sie dagegen zum Männchen. Da alle Allele
selten sind, ist das fast nur bei haploiden Bienen, also bei Bienen mit nur
einen Chromosomensatz und damit nur einem Allel, der Fall. So kommt
es, dass aus den unbefruchteten und deshalb nur mit einen Chromosomensatz ausgestatteten Bieneneiern immer Männchen werden. Dagegen schlüpfen aus den später von diesen Männchen befruchteten Eiern stets Weibchen,
da in diesen Fall Mutter und Vater je einen Chromosomensatz gespendet
haben. Man nennt diesen bei Tieren nicht seltenen Typ der Geschlechtsbestimmung Haplo-Diploidie. Kombinieren sich bei der Befruchtung doch einmal zwei gleiche *csd*-Allele, entsteht ein unfruchtbares Männchen. Männchen
sind dem Bienenvolk teuer, da sie ausschließlich der Befruchtung der Königin dienen und nicht arbeiten. Das Auftreten vieler nicht fertiler Männchen
würde das Bienenvolk stark belasten, deshalb muss es viele *und* ausschließlich seltene *csd*-Allele geben. Neumutationen in diesem Gen sind also hoch
willkommen, während die häufigeren Allele durch die Selektion gegen Völker mit zu vielen unfruchtbaren und auch sonst untätigen Männchen selten
bleiben.

Am *csd*-Gen der Honigbiene kann man auch sehen, wie wichtig es ist, ob ein Allel bei einem diploiden Organismus (Mehrheit der Eukaryotenarten) homozygot (also in zwei Kopien) oder heterozygot (also zusammen mit einem zweiten Allel) vorliegt. In diesem Fall entsteht ein Phänotyp (weiblich), der nur durch einen heterozygoten Genotyp erzeugt werden kann. Das ist jedoch eher ungewöhnlich. Typischerweise werden beide Allele ausgeprägt (Codominanz), oder ein Allel bestimmt den Phänotyp allein (Dominanz). In letzterem Fall ist das andere Allel dem dominanten Allel gegenüber rezessiv. Auf molekularer Ebene ist ein rezessives Allel nicht selten ein sogenanntes Null-Allel, d. h., das entsprechende Gen ist durch eine Mutation funktionsunfähig geworden. Dies kann durch verschiedene Arten von Mutationen verursacht sein und verhindert entweder die Produktion der RNA (die Transkription) oder die Produktion des Proteins (die Translation). Das entstehende Allel wird gegenüber jedem anderen funktionierenden Allel desselben Gens rezessiv sein. Eine solche Kombination einer defekten mit einer intakten Genkopie ist nur bei wenigen Genen problematisch für den Organismus, da üblicherweise ein Überschuss an Genprodukten im Organismus vorhanden ist. Jeder von uns erwarb mit seiner Geburt etwa 50 bis 100 neue Mutationen, von denen mindestens ein kleiner Teil zu Funktionsverlusten geführt hat (Lynch 2010). Das muss uns nicht beunruhigen, oder zumindest die Frauen unter uns nicht. Männer haben eines ihrer 23 Chromosomen, das X-Chromosom, im Gegensatz zu Frauen nur einmal. Dieses Chromosom trägt ungefähr tausend ebenso wichtige Gene wie alle anderen, bei beiden Geschlechtern doppelt vorhandenen Chromosomen. Defekte Gene auf diesem X-Chromosom sind die Ursache für eine Reihe von Unzulänglichkeiten, welche Männer deutlich häufiger als Frauen betreffen (z. B. Rot-Grün-Blindheit). Frauen können nur dann unter solchen Gendefekten leiden, wenn beide X-Chromosomen betroffen sind. Da nur unser Phänotyp der Selektion unterliegt, dieser aber von beiden Allelen des Gens beeinflusst wird, ist es also auch in dieser Hinsicht schwierig, unseren Allelen eine konkrete Fitness zuzuschreiben. An Allele des X-Chromosoms werden beim Menschen wie bei allen Säugetieren deutlich höhere funktionelle Ansprüche als an solche anderer Chromosomen gestellt, weil alle Männer mit nur einem X durchs Leben kommen müssen.

Unser Erscheinungsbild geht – auch hinsichtlich vieler einzelner Merkmale wie etwa Nasenform, Größe oder Hautfarbe – im Allgemeinen auf das Zusammenwirken der Produkte vieler Gene während der Individualentwicklung zurück. Deswegen bestimmen Allele einzelner Gene eher selten ein Merkmal allein. Das Zusammenwirken verschiedener Genprodukte beim Entstehen eines Merkmals kann additiv oder epistatisch sein. Additiv bedeutet, dass, unabhängig von Veränderungen anderer beteiligter Gene, die Allele des betrachteten Gens stets einen bestimmten Einfluss auf das Merkmal haben. Epistatisch bedeutet dagegen, dass nur bestimmte Allele anderer Gene einen Einfluss des betrachteten Gens auf das Merkmal ermöglichen bzw. dass es von anderen Genen abhängt, ob das betrachtete Gen überhaupt auf ein bestimmtes Merkmal Einfluss nehmen kann. Demnach ist es nicht möglich, aus Kenntnis der Allele des betrachteten Gens allein Aussagen über ein Merkmal zu machen, wenn ein anderes Gen über das betrachtete Gen hinsichtlich dieses Merkmals epistatisch ist.

Das vielleicht beste Beispiel für ein solches Gen ist *SRY*, das die Männlichkeit determinierende Gen der Säugetiere. *Weil SRY* sich auf dem Y-Chromosom befindet, legt das Vorhandensein eines Y-Chromosoms das männliche Geschlecht fest. *SRY* bestimmt damit zugleich, dass alle Gene, welche weibliche Geschlechtsmerkmals-Ausprägungen beeinflussen, genau das nicht tun können. Anders gesagt ist *SRY* hinsichtlich dieser Merkmale epistatisch über diese Gene. Es ist aber auch epistatisch in Hinblick auf jene Gene, welche die Ausprägung der spezifisch männlichen Charakteristika beeinflussen. Diese können nur wirken, wenn *SRY* vorhanden ist. Diese beiden geschlechtsspezifisch wirkenden Genklassen sind nicht an die Geschlechtschromosomen (X, Y) gebunden und kommen in beiden Geschlechtern vor. Das bedeutet mit anderen Worten, dass die Fitness der Allele dieser Gene hinsichtlich der Geschlechtsmerkmale entscheidend vom Vorhandensein (oder Fehlen) des *SRY*-Gens abhängt. Allgemein gesagt haben wir hier eine Art innerer Selektion vor uns: Je nach den vorliegenden Allelen anderer Gene wird ein und dasselbe Allel eines epistatisch dominierten Gens positiv, negativ oder gar nicht selektiert.

Aus all dem ergibt sich, dass die Fitness eines Allels eines Gens nur im Ausnahmefall einigermaßen korrekt bestimmt werden kann. Das ist selbst dann schwierig, wenn es sich um eine inaktivierte Genkopie, also ein Null-Allel, handelt. Selbst wenn dieses Null-Allel homozygot vorliegt, muss die Fitness des Organismus nicht ernsthaft beeinträchtigt sein. Im Labor stellte man für verschiedene Modellorganismen fest, dass etwa 30 % aller Gene jeweils einzeln stillgelegt werden können, ohne dass der Phänotyp eines betroffenen Lebewesens merklich verändert wird. Es ist selbstverständlich anzunehmen, dass unter natürlichen Verhältnissen Organismen vielfältigeren und größeren Belastungen ausgesetzt sind als im Labor. Auch diese Gene wurden und werden dann gebraucht. Insgesamt kann man aber folgern, dass der Zusammenhang zwischen der relativen Fitness eines Lebewesens und der relativen Fitness seiner Allele äußerst komplex ist und nicht allgemein beschrieben werden kann.

Man hat zu diesem Problem aufwendige Versuche durchgeführt. Beispielsweise wurden Taufliegen über 600 Generationen auf Schnelligkeit der Entwicklung gezüchtet (Burke et al. 2010). Die Zucht war erfolgreich, die Fliegen erreichten ihre Geschlechtsreife dann etwa nach acht statt erst nach zehn Tagen. Der Kollateralschaden dieser Behandlung bestand in einer drastisch verringerten Lebenserwartung (nur noch 25 statt etwa 45 Tage) und – sicher nicht überraschend – in einer verringerten Körpergröße. Dennoch waren diese bemitleidenswerten Fliegen unter der Bedingung, dass ihnen nur neun bis zehn Tage zur Vermehrung zugestanden wurden, selbstverständlich fitter als die zur Kontrolle ohne eine solche gerichtete Selektion gehaltenen Fliegen, denen ein Monat zur Eiablage zur Verfügung stand. Die Genomsequenz dieser sich notgedrungen hastig fortpflanzenden Fliegen wurde anschließend mit dem Genom derjenigen Fliegen verglichen, denen reichlich Zeit zur Fortpflanzung zur Verfügung stand. Die Zahl der identifizierten Sequenzunterschiede betrug genau 688520. Man war nicht in der Lage herauszufinden, welche Gene genau sich verändert hatten, um diese wesentlichen phänotypischen Veränderungen in den Fliegen zu erzeugen. Es waren einfach zu viele Unterschiede, und sie waren zu gleichmäßig über das gesamte Genom verteilt.

Es hilft hier auch nicht weiter, von der Fitness eines Genotyps und nicht der eines einzelnen Gens zu sprechen. Da bei sich geschlechtlich vermehrenden Arten Genotypen in der Regel einzigartig sind, werden sie nicht effektiv selektiert: Nach dem Tode des betreffenden Individuums tritt dessen exakte Allelkombination wahrscheinlich nie wieder auf, zumindest wenn es nicht von vornherein eineiige Geschwister gegeben hat. Sex bedeutet, dass nur ähnliche, nicht identische Genotypen als Nachkommen erfolgreicher Genotypen erwartet werden können. Wenn ein spezifisches Allel eines Gens sich tatsächlich selektiv vermehrt hat, muss es sich zusammen mit der *durchschnittlichen* Allelausstattung der Population bei der Entwicklung eines Individuums unter *durchschnittlichen* Umweltbedingungen deutlich besser bewährt haben als andere Allele desselben Gens. Das ist eine nicht leicht zu erfüllende Bedingung. Solch eine positive Selektion ist selten, wie unser Beispiel zur Laktase-Evolution im Menschen gezeigt hat. Der Wert eines Allels hängt entscheidend von den Allelen anderer Gene und der Umwelt ab.

Dazu ein weiteres Beispiel. Rinder gehören zu unseren ältesten Haustieren. Obwohl ihre Nutzung Milch, Zugleistung sowie buchstäblich Haut und Knochen umfasst, war die Produktion von Fleisch für die frühe Domestikation des Auerochsen entscheidend. So ist es nicht verwunderlich, dass die Züchter des Rindes an hohen Fleischanteilen interessiert waren. Hausrinder sind deshalb heute muskulöser als ihre wilden Vorfahren. Eine Ursache dafür ist der Verlust des Myostatin-Gens, welches die Muskelentwicklung hemmt. Nicht weniger als sechs unabhängige Funktionsverlust-Mutationen dieses Gens wurden in verschiedenen Rinder-Zuchtlinien gefunden (Stern und Orgogozo 2009). Rinder bekamen so mehr und magereres Fleisch. Auf der anderen Seite bekamen die Kühe wegen derselben Mutationen mehr Probleme beim Kalben.

Beide Geschlechter sind zudem wegen des Fehlens von Myostatin weniger stresstolerant.

Dennoch wurden Rinder, unter anderem durch diesen Genverlust, evolutionär sehr erfolgreich. Während ihre Stammform ausstarb, breiteten sie sich weltweit aus. Der gegenwärtige Rinderbestand der Welt soll 1,5 Milliarden betragen und wiegt mehr als alle Menschen zusammengenommen! Die relative, evolutionäre Fitness des Hausrinds übertrifft damit nicht nur die des Auerochsen. Dessen Fitness liegt jetzt bei 0, da er ausgestorben ist, unabhängig davon, ob er mit manchen Umwelten besser als das stressempfindliche Haustier zurechtgekommen wäre. Eine hohe evolutionäre Fitness hat offensichtlich nichts mit „fit sein" zu tun!

Dieses zugegebenermaßen extreme Beispiel macht die Relativität des Fitnessbegriffs und seine umfassende Abhängigkeit von den Umweltbedingungen sehr deutlich. Fitness ist keine eindeutige Eigenschaft eines Organismus oder auch einer Gruppe von Organismen. Fitness ist vielmehr eine relative Beschreibung der Eignung der Summe von Phänotypen, welche ein Organismus und seine Nachkommen ausprägen, für die mehr oder weniger sich wandelnde Umwelt dieser Organismen. Durch Auswahl und Beeinflussung seiner Umwelt kann der Organismus selbst seine Fitness positiv beeinflussen, er kann dieselbe Umwelt aber auch so verändern, dass sie nicht länger geeignet für ihn ist. Er hat seine Fitness also teilweise selbst in der Hand. Fitness ist folgerichtig eine Beschreibung des Verhältnisses zwischen Organismus und Umwelt, ein Ergebnis der Interaktion beider. Fitness ist – anders gesagt – ein Wert für den Umfang der positiven Selektion, woraus sich die bekannte Tautologie vom „Überleben des Stärksten", vom *survival of the fittest*, vollkommen erklärt.

Halten wir abschließend fest: Die praktische Bedeutung des Fitnessbegriffs für die Evolutionsbiologie ist eher begrenzt, da die Fitness verschiedener Genotypen nur in einer standardisierten Umwelt sinnvoll zu vergleichen ist. Für diesen Vergleich müssen zudem genetisch identische Individuen verfügbar sein, eine Voraussetzung, welche für sich sexuell vermehrende Organismen schwer zu erfüllen ist. Nicht die „fittesten" Gene werden positiv selektiert, sondern die geeignetsten Allele im Rahmen durchschnittlich verfügbarer Genotypen unter den durchschnittlichen Umweltbedingungen der jeweiligen Population von Lebewesen. In der realen Welt bedeutet das im Regelfall, dass sich Geht-so-Lösungen anstatt Best-of-Versionen durchsetzen. Fit sein ist relativ: Den lokalen Spendenlauf kann ich auch dann gewinnen, wenn ich nicht in der Marathon-Weltjahresbesten-Liste vertreten bin.

Literatur

Beye M (2004) The dice of fate: the csd gene and how its allelic composition regulates sexual development in the honey bee, Apis mellifera. Bioessays, 25(10):1131–1139

Burke MK, Dunham JP, Shahrestani P, Thornton KR, Rose MR, Long AD (2010) Genome-wide analysis of a long-term evolution experiment with Drosophila. Nature, 467(7315):587–590

Futuyma DJ (2007) Evolution. Das Original mit Übersetzungshilfen, Spektrum, Heidelberg

Lynch M (2010) Rate, molecular spectrum, and consequences of human mutation. Proc Natl Acad Sci USA, 107(3):961–968

Sperlich D (1988) Populationsgenetik. Grundlagen und experimentelle Ergebnisse, Gustav Fischer Verlag, Stuttgart

Stern DL, Orgogozo V (2009) Is genetic evolution predictable? Science, 323(5915):746–751

6

Der Weg des geringsten Widerstandes

6.1 Der Kreislauf des Wassers und der Fortschritt der Evolution

Haben Sie schon einmal über den Kreislauf des Wassers nachgedacht? Vielleicht nicht wirklich, denn er ist so eingängig klar, ganz gleichgültig, wo man mit seiner Beschreibung beginnt. Es fällt, fließt, strömt, verdunstet, kondensiert, friert, schneit und regnet. Was treibt das Wasser? Im Wesentlichen zwei Faktoren: Die Schwerkraft und seine Dichte. Im flüssigen Zustand ist seine Dichte am höchsten, also gibt es der Schwerkraft nach, bis undurchlässige, schwerere Gesteinsschichten sein Vordringen zum Erdmittelpunkt verhindern. Es legt im Netz der Flüsse oder Meeresströmungen gewaltige Strecken zurück. Es steigt schnell auf, sobald sich seine Dichte beim Übergang in den gasförmigen Zustand plötzlich verringert. Während sich also Wasser ständig bewegt, bewegt es sich jedoch nicht fort: Es bleibt im Kreislauf eingeschlossen.

Nicht so bei der Evolution. Hier handelt es sich um einen gerichteten Prozess, als dessen Triebkraft gemeinhin die Selektion genannt wird. Wir haben schon dargestellt, dass das nicht stimmt. Evolution wird durch Mutationen (DNA-Sequenzveränderungen) verursacht. Jede Mutation ist eine Veränderung des genetischen Materials. Da es mehrere Arten möglicher Veränderung für jedes einzelne Nukleotid der DNA gibt (drei verschiedene Substitutionen, die Deletion und die Duplikation), kommt es nur selten zur Rücknahme zuvor aufgetretener Mutationen. Wenn eine solche Rückmutation dennoch vorkommt, betrifft sie naturgemäß auch nur eines der identischen Kopien, welche aus der Hin-Mutation in der Zwischenzeit entstanden sein können. Mutationen summieren sich also, sie sammeln sich an. An ein- und derselben Stelle der DNA ereignen sich im Laufe der Zeit immer mehr Veränderungen. Jede weitere Veränderung baut auf dem gerade Vorhandenen auf, einmal entfernte Nukleotide sind unwiederbringlich verloren. Die Veränderung der DNA-Sequenz ist permanent. Ehemalige Zustände des Genoms sind nur noch Geschichte.

V. Krauß, *Gene, Zufall, Selektion*, DOI 10.1007/978-3-642-41755-9_6,
© Springer-Verlag Berlin Heidelberg 2014

Natürlich wird diese Veränderung in wesentlicher Art und Weise von der Selektion beeinflusst. Die DNA dient als Reproduktionsgedächtnis eines Organismus oder dringt als Virus in eine Zelle ein. In beiden Fällen werden die entsprechenden Zellen bei hinreichend ertragreichem Stoffwechsel mit der Umwelt die DNA replizieren (duplizieren). Veränderungen (Mutationen) der DNA können zur Beeinträchtigung oder zum gänzlichen Verlust der Fähigkeit dieser DNA (des Genoms) führen, dem Organismus über die Produktion von Stoffwechsel-Werkzeugen (RNA, Proteine) einen erfolgreichen Stoffaustausch mit seiner Umwelt zu ermöglichen oder als Parasit eine Wirtszelle ausbeuten zu können. Genome mit solchen Mutationen haben keine oder weniger Nachkommen als konkurrierende Genome, d. h., sie werden negativ selektiert. Sterben die Organismen oder Viren mit solchen Genomen tatsächlich endgültig aus, spricht man von toten Enden des Stammbaumes. Andere mutierte Genome werden sich dagegen unter den gegebenen Umweltbedingungen durchsetzen. Sie bekommen die Chance, neue Mutationen zu erwerben – das sind neue Verzweigungen des Stammbaumes – und damit ihren Ast des Stammbaumes weiter wachsen zu lassen.

Selektion ist dabei nicht schwierig zu verstehen. Nur Organismen mit erfolgreichem Stoffwechsel können wachsen und sich reproduzieren, und nur sie replizieren Genome. Nur replizierte Genome bekommen die Chance, sich erneut replizieren zu lassen. Dabei kommt es nicht selten zu einer Vermehrung der Nachkommen. Für den Erfolg eines Genoms ist dies nur insofern von Bedeutung, als sich dadurch die Chance vergrößert, dass es auch zukünftig Nachkommen hat. Diese werden wiederum mutiert und selektiert. Da jeder Organismentyp wie auch jedes Virus Umweltansprüche hat, kann die Vermehrung niemals grenzenlos sein. Entscheidend bleibt immer die dauerhafte Fortpflanzung, nicht der Umfang einer möglichen Vermehrung.

Der gerichtete Prozess der Evolution, d. h. der anhaltende Prozess der Verlängerung, Verzweigung und des Absterbens von Ästen des Stammbaumes, erfordert nur die Existenz von Zellen mit einem Gedächtnis (dem DNA-Molekül). Nicht erforderlich ist eine Absicht, eine Intention oder ein Interesse. Es wäre auch lächerlich, so etwas wie eine Absicht einem Molekül zu unterstellen. Das wäre nichts anderes, als zu behaupten, dass Kohle verbrennt, weil das Kohlenstoff-Atom ein Sauerstoff-Molekül liebt. Die elementaren Eigenschaften von Kohlenstoff und Sauerstoff sind die Ursache, dass sich beide unter bestimmten Bedingungen verbinden. Analog gilt für Lebewesen und Viren, dass sie sich fortpflanzen und verändern müssen, weil es sie sonst nicht geben würde.

6.2   Vom Unsinn egoistischer Gene

Mit solchen überflüssig scheinenden Erwägungen sollte man sich also gar nicht befassen. Wir tun es hier dennoch, denn leider gibt es die verbreitete Vorstellung, dass Gene und DNA egoistisch sein können (Dawkins 1996). Nicht, dass diese Vorstellung besonders überzeugend vertreten worden wäre:

> Wir sind Überlebensmaschinen – Roboter, blind programmiert zur Erhaltung der selbstsüchtigen Moleküle, die Gene genannt werden.
> (Dawkins 1996, S. 16)

Diese Aussage ist klar und eindeutig, wenn auch nach dem oben Gesagten falsch. Doch geniessen Sie bitte auch den folgenden Satz aus dem gleichen Buch:

> Wenn wir uns die Freiheit nehmen, über Gene zu sprechen, als ob sie bewusste Ziele verfolgten – wobei wir uns immer wieder rückversichern müssen, dass wir unsere etwas saloppe Sprache in eine korrekte Ausdrucksweise zurückübersetzen könnten, wenn wir wollten – so können wir die Frage stellen, welche Absicht ein einzelnes egoistisches Gen denn eigentlich verfolgt.
> (Dawkins 1996, S. 146)

Wer den Sinn dieses Satzes versteht, hat einen Schlüssel zum Verständnis aller Texte dieses Autors gefunden. Das Zitat enthält nämlich eine für ihn typische, versteckte Verneinung zuvor gemachter Aussagen. Ich vermute folgende Bedeutung: „In Wirklichkeit verfolgen Gene gar keine bewussten Ziele, aber das Gegenteil zu vertreten ist erlaubt, wenn man es besser weiß. Ich könnte mich auch korrekt ausdrücken, aber ich will es nicht. Ich schreibe lieber weiter darüber, welche Absichten ein egoistisches Gen verfolgt."

Der Sinn dieser akrobatischen Formulierungskunst ist es, uns etwas weiszumachen und dennoch hinterher sagen zu können, man habe das gar nicht behauptet. Wesentliche Teile des genannten Buches setzen sich tatsächlich auf diese Art mit Kritikern vorheriger Auflagen des Buches auseinander. Man sollte daher die Dinge, die Dawkins auf diese Weise in seinen Büchern wortreich nicht sagt, besser ignorieren.

So gesehen brauchen wir uns mit angeblich egoistischen Genen nicht auseinanderzusetzen. Der Erfinder des Begriffs glaubt offensichtlich selbst nicht an sie. Allerdings hatte und hat er sehr viele Leser, die sein trojanisches Pferd geschluckt haben. Sie glauben tatsächlich, dass uns egoistische Gene steuern. Was ist so verlockend an diesem Gedanken, wenn er nicht einmal von seinem Urheber konsequent unterstützt wird? Hier kann uns wieder der Blick in die Wikipedia als Spiegel derzeit weithin akzeptierter Ansichten weiterhelfen.

Besonders allele Gene stehen in direkter Konkurrenz, also solche, die an der gleichen Stelle im Genom sitzen können und die gleiche Aufgabe erfüllen, sich aber darin voneinander unterscheiden können, wie sie diese Aufgabe erfüllen. Gene müssen deshalb immer „egoistisch" sein, das heißt in diesem Zusammenhang ihre Verbreitung auf Kosten von anderen Genen vergrößern (wobei der „Egoismus" der Gene sich freilich nur als anschauliches Bild versteht – Gene haben weder Gefühle noch Absichten). Es lässt sich nur auf die Vergangenheit schauend erklären: Ist ein Allel heute noch vorhanden, folgt daraus, dass es sich egoistisch (hier im Sinne von darwinistisch evolutionär) gegen andere durchgesetzt hat. Andere Allele, mögen sie noch so funktionell für ihre Träger gewesen sein, sind unterlegen und verschwunden – entweder aufgrund ihrer eigenen evolutionären Unterlegenheit oder jener der sie begleitenden Allele.
    Wikipedia, Stichwort egoistisches Gen, 6.7.2012

Dankenswerterweise ist Wikipedia deutlicher als Dawkins: Gene haben weder Gefühle noch Absichten, sie seien aber dennoch egoistisch, weil das „darwinistisch evolutionär" heisse. Ein Adjektiv wird also durch zwei andere ersetzt, deren Bedeutung mir rätselhaft ist. Ziehen wir die folgenden Sätze zurate, heisst egoistisch „evolutionär überlegen". Im Vergleich zur Bedeutung des Wortes im allgemeinen Sprachgebrauch ist das bemerkenswert originell. Evolutionär überlegene Allele sind also eigensüchtige Allele. Evolutionär unterlegene Allele sind demnach wohl uneigennützig. Da alle Allele durch Mutationen entstehen und durch Mutationen bzw. durch das Sterben ihrer Trägerzellen wieder verschwinden, sind also alle ehemals existenten Allele von Genen uneigennützig (altruistisch), weil sie den heutigen, evolutionär ihnen überlegenen, demnach egoistischen Allelen Platz gemacht haben. Deren Sieg ist allerdings nur zeitweilig, neue (noch egoistischere?) Allele werden die nun uneigennützigen, weil unterlegenen Allele früher oder später restlos verdrängen. Welch beängstigender Siegeszug immer egoistischerer Gene!
    Weitere Schlussfolgerungen aus dem Zitat sind wohl nicht nötig. Die Absurdität der Begriffswahl „egoistisch" sollte deutlich geworden sein. Warum wurde nicht statt dessen von überlegenen Allelen gesprochen? Warum wurde nicht erwähnt, dass die Eignung der Allele von den beherbergenden Zellen und von deren Umwelt abhängt? Warum wurde verschwiegen, dass sich auch Allele mit nicht überlegenen oder gar leicht nachteiligen Eigenschaften durchsetzen können, weil Selektion nur in unendlichen Populationen statistisch fehlerfrei funktioniert? Warum wurde ignoriert, dass die Eignung der Allele eines Gens auch von den Allelen anderer Gene in derselben Zelle abhängt?
    Dafür gibt es einen Grund. Die Verabsolutierung der Überlegenheit bestimmter Allele, die Umbenennung dieser Überlegenheit in Egoismus und der Versuch der Unsterblichmachung dieser Allele (vgl. Abschnitt 3.2) sind keine

voneinander unabhängigen Irrtümer. Sie sind alle notwendig, um Dawkins Vorstellung der Genselektion plausibler zu machen. Denn:

> Wir sind Überlebensmaschinen – Roboter, blind programmiert zur Erhaltung der selbstsüchtigen Moleküle, die Gene genannt werden.
> (Dawkins 1996, S. 16)

> Dawkins führt die gesamte Entwicklung des Lebens auf die Selektion von Genen zurück, die jeweils die meisten Kopien von sich anfertigen konnten. Im Laufe der Evolution hätten sich diese immer raffiniertere „Überlebensmaschinen" in Form von pflanzlichen oder tierischen (auch menschlichen) Körpern geschaffen. Dabei können Gene, die keine Allele sind und deshalb auch nicht in direkter Konkurrenz stehen, durchaus auch kooperieren. Erst dadurch werden die komplexen Wechselwirkungen in heutigen Lebewesen überhaupt möglich.
> Wikipedia, Stichwort egoistisches Gen, 6.7.2012

Gene (Allele) sollen also die Akteure der Evolution sein, ihr Drang zur maximalen Vermehrung sei die Triebkraft der Evolution, und die Selektion soll diesem Prozess die Richtung geben. Drei praktisch unabhängige Faktoren wären so für die Evolution nötig. Diese Vorstellung gibt sich keine Mühe, die Faktoren in ihrer gegenseitigen Bedingtheit zu erfassen. Dabei ist diese selbsterklärend: Da lebende Zellen thermodynamisch offene Systeme sind, sind sie zum Stoff- und Energiewechsel gezwungen, um sich zu reproduzieren. Da sie sterblich sind, kann dies keine einfache Reproduktion sein, sie müssen sich vermehren. Ein Informationsmolekül (DNA), gegliedert in Ableseeinheiten (Gene), dient dabei der möglichst deckungsgleichen Reproduktion der Bestandteile und der durch sie ausgeübten Funktionen der Zelle. Dennoch ist Reproduktion unmöglich ohne Veränderungen (Mutationen), also (1) werden sich die Tochterzellen zunehmend unterscheiden und (2) werden sich daher in derselben Umwelt nicht gleich gut reproduzieren können. Daraus folgen Diversifizierung der Zellformen und Selektion. Gene, Vermehrung und Selektion ergeben sich so unmittelbar und zwingend aus der bloßen Existenz lebender Zellen.

6.3 Ockhams Rasiermesser

Evolution passiert demnach auf einfacherer Grundlage, als wir es gewöhnlich hören. Es braucht nicht viel, um sie zu starten, ungeachtet dessen, dass zahlreiche Faktoren auf die Evolution einwirken. Zum Beispiel kann Selektion, abhängig vom konkreten Entwicklungsstadium eines Organismus (Ei,

Spermazelle, Embryo, Jugendstadium, Geschlechtsreife) und der konkreten Umwelt (die sich viele Organismen aktiv suchen können) sehr unterschiedlich wirken. Dennoch, die Voraussetzungen für eine Evolution sind sehr einfach, und genau das festzustellen bedeutet, wissenschaftlich zu denken.

Wissenschaft zu betreiben heißt, die häufig unbestreitbar komplexe Realität möglichst einfach zu beschreiben. Ergebnisse von Beobachtungen und Experimenten müssen möglichst logisch und sparsam interpretiert werden. In der Biologie hiess das, von der psychologisierenden Deutung tierischen Verhaltens wegzukommen. „Das Wesen der Kreuzotter, so weit wir es kennen, ist nichts weniger als ansprechend, die blinde, grenzenlose Wut, welche die gereizte bekundet, geradezu abstoßend" (Brehm 1892, S. 400). Leider scheint das in der Evolutionsbiologie noch nicht völlig gelungen. Merke: Egoismus setzt ein Bewusstsein voraus, und sei es so einfach wie das einer Elster. Dieser Vogel ist in der Lage, sich im Spiegel selbst zu erkennen – das bedeutet, er kann prinzipiell eigensüchtig sein (Prior et al. 2008). Die sprichwörtlich diebische Elster beweist gerade durch ihren Ruf ihren Verstand: Sie versteckt regelmäßig ihr „Diebesgut" (Futter) und findet es zuverlässig wieder. Wir können ihr wohl Egoismus zubilligen – kriminell ist sie aber nicht, denn Eigentum definieren nur Menschen.

Man darf bei der Interpretation biologischer Fakten nicht vergessen, warum Wissenschaft letztendlich betrieben wird: Sie soll der Erleichterung, der Verschönerung und auch der Verlängerung des menschlichen Lebens dienen. Naturwissenschaft sollte deshalb den Umgang des Menschen mit der Natur verbessern. Fortschritte im Verständnis bedeuten dabei mehr oder weniger unmittelbar eine bessere Vorhersage der Konsequenzen von Eingriffen. Eine Fehldeutung von Beobachtungen wird zu falschen Voraussagen führen und steht diesem Ziel im Wege.

Um Realitäten zu erkennen, muss ein Naturwissenschaftler nicht nur beobachten, vergleichen und experimentieren, er muss auch die Resultate sinnvoll interpretieren können. Dabei ist Zurückhaltung und Selbstkontrolle nötig, denn stets ist die einfachste Erklärung eines beobachteten Sachverhaltes gefragt, mit der dieser sich in das bisherige Wissen einordnen lässt. Mitunter ist eine Revision des Wissens nötig, damit eine einfachere (sparsamere) Erklärung *aller* Erfahrungen möglich wird. Anderenfalls läuft man Gefahr, eine nicht zutreffende Beschreibung der Realität durch die Einführung zusätzlicher Einflussfaktoren künstlich aufrechtzuerhalten. Ein bekanntes Beispiel dafür ist die Epizykelhypothese, durch welche das mittelalterliche, geozentrische Weltsystem bis in die Neuzeit hinein aufrechterhalten werden konnte. Es erklärte die zeitweilige, scheinbare Rückläufigkeit der äußeren Planeten Mars, Jupiter und Saturn am Firmament durch Schleifenbahnen, ohne zugleich eine Erklärung dafür anzubieten, warum diese Himmelskörper solchen verhältnismäßig komplizierten Bahnen folgen sollten. Erst Johannes Kepler erkannte, dass alle Planeten sich entlang ellipsenförmiger Bahnen um die Sonne bewegen und bot damit eine deutliche einfachere und deshalb bessere Erklärung an.

Die Erfindung dieser Kunst der möglichst sparsamen Erklärung wird gemeinhin dem mittelalterlichen Mönch William Ockham (1285 – 1347) zugeschrieben. Später nannte man sein Prinzip „Ockhams Rasiermesser" (englisch: *Ockham's razor*), nach dem alle nicht für die Erklärung eines Sachverhalts nötigen Faktoren außer Acht gelassen werden sollten. Dieser Mann war seiner Zeit weit voraus.

6.4 Absicht und Verwandtenselektion

Die vorangegangenen Ausführungen können vielleicht auf der Ebene der Gene überzeugen. Aber wie verhält es sich auf der Ebene der Organismen? Sind Individuen egoistisch in dem Sinne, dass sie möglichst viele eigene Nachkommen hinterlassen wollen, oder verläuft auch hier die Evolution unbewusst? Wir können Organismen dazu in der Regel nicht befragen. Ist evolutionärer Egoismus auf individueller Ebene daher möglich und kann nur nicht bewiesen werden?

Auch in diesem Fall sollte man Egoismus als Evolutionsfaktor so lange ablehnen, bis seine Bedeutung gezeigt worden ist. Heute existieren nur noch diejenigen Organismen, welche sich in ununterbrochener Linie seit Jahrmilliarden fortzupflanzen vermochten. Sie haben ihre Eignung auf diese Weise bewiesen, Belege für Egoismus stehen meiner Meinung nach immer noch aus. Im Gegenteil, es gibt Befunde von Soziobiologen – also Forschern, die einer Gegnerschaft zum egoistischen Bild des Individuums unverdächtig sind – welche eine Rolle des Egoismus bei der Evolution unwahrscheinlich machen, und zwar völlig unabhängig davon, ob wir den betreffenden Organismen Bewusstsein zugestehen oder nicht.

Diese Belege stammen aus dem Studium sozialer Insekten, also aus jenem Gebiet, welches die Soziobiologie einst hervorbrachte und welches noch heute die Entwicklung dieses umstrittenen Zweiges der Biologie wesentlich mitbestimmt (Wilson 1975). Die Soziobiologie, entstanden aus der Verhaltensbiologie und reich an hoch problematischen Hypothesen, erforscht die biologischen Grundlagen des Sozialverhaltens bei allen Organismen. Nach ihr ist die Fitness des Individuums (bzw. individueller Allele) entscheidende Grundlage für die Entstehung und weitere Evolution tierischer (und menschlicher) Sozialverbände.

Mit anderen Worten, es sind in erster Linie die persönlichen Interessen der Bienenarbeiterin, der Bienenkönigin und der Drohnen, welche die Evolution des Bienenstocks vorantreiben. Letzterer ist angeblich nur die Form, in der diese zum Teil widerstreitenden Interessen verwirklicht werden. Alle Verhaltensweisen der Stockmitglieder lassen sich nach dieser Lehre auf den Egoismus der einzelnen Bienen zurückführen, es gibt kein Verhalten, welches nur als die Kolonie fördernd, nicht aber als egoistisch beschrieben werden kann. Alle scheinbar der Allgemeinheit zuträglichen Verhaltensweisen müssen so in Wahrheit eigensüchtig motiviert sein. Da die Bienenarbeiterin selbst keine Nachkommen hat, arbeitet sie für ihre Mutter (die Königin) und vor allem für diejenigen Schwestern, welche durch bevorzugte Behandlung später in die Rolle einer eierlegenden Biene (einer Königin) hineinwachsen und damit auch viele Allele der sorgenden Schwester (Arbeiterin) weitergeben können. Man nennt diese Art der Bevorzugung möglichst naher Verwandter mit einem metaphorischen Bezug auf menschliche Verhaltensweisen Nepotismus und ihre Konsequenz Verwandtenselektion.

Die Biologie sozialer Insekten wurde in den letzten vier Jahrzehnten umfassend erforscht, hauptsächlich von Parteigängern der Soziobiologie. Tatsächlich führte dieses Denksystem zu einer wesentlichen Belebung der Arbeit an diesem Forschungsobjekt. Als Beleg sollte dienen, dass trotz der verhältnismäßig geringen Artenzahl sozialer Insekten (etwa zwei Prozent aller Insektenarten) immerhin fünf der bis 2011 publizierten 25 Insektengenome dieser Gruppe angehören. Gemessen an der Menge der Publikationen, sind Zahl und Überzeugungskraft der Belege für Nepotismus und damit für Verwandtenselektion jedoch sehr gering. Das änderte die Meinung des Begründers der Soziobiologie (E. O. Wilson) zur Verwandtenselektion (im folgenden Zitat genetische Familienverwandtschaft genannt):

> Während ich den ökologischen Selektionsdruck und die genetische Familienverwandtschaft für den Beginn der Evolution der Eusozialität für ganz entscheidend halte, argumentiert mein Koautor Edward O. Wilson neuerdings, genetische Familienverwandtschaft sei von geringer oder gar keiner Bedeutung für die Evolution der Eusozialität.
> Bert Hölldobler (Hölldobler und Wilson 2010, S. XI)

Angesichts der gewaltigen Menge Papier, welche mit mehr oder weniger guten Argumenten zugunsten oder entgegen der Verwandtenselektion beschrieben wurde, ist es gar nicht einfach, diese Revision einer Meinung gültig nachzuvollziehen. Am besten scheint es, sich auf wesentliche Punkte zu konzentrieren. Um egoistischerweise nahe Verwandte weniger nahen Verwandten vorzuziehen, müssen die Insekten-Arbeiterinnen die Möglichkeit dazu haben und diese auch wahrnehmen. Das erfordert, dass (1) mehr Geschlechtstiere als ein einziges Paar an der Elternschaft der Kolonie beteiligt sein müssen, dass

(2) die Arbeiterinnen den Grad der Verwandtschaft der durch sie umsorgten Geschlechtstiere mit ihnen beurteilen können und (3) dass sie die mit ihnen näher verwandten Geschlechtstiere gegenüber den anderen bevorzugt behandeln. Alle drei Bedingungen sind notwendig, damit man bei sozialen Insekten von Verwandtenselektion sprechen kann, wobei im Grunde nur (3) wichtig erscheint. Die anderen zwei Bedingungen sind jedoch leichter zu testen, sodass sie als notwendige, jedoch nicht hinreichende Umstände lohnend zu prüfen sind.

Hölldobler und Wilson behandeln dieses Thema in ihrem Buch ausführlich (Hölldobler und Wilson 2010, S. 338ff.). Belege für ein Erkennen des Verwandtschaftsgrades der Brut – einschließlich des Eier- Larven- und Puppenstadiums – fehlen demnach oder sind wenig überzeugend. Jedenfalls können verwandte Tiere frühestens als junge Erwachsene erkannt und damit bevorzugt werden. Bei Honigbienen wurde zwar gefunden, dass sich Nachkommen eines Vaters an ihrem Geruch prinzipiell erkennen können, doch Hinweise auf eine bevorzugte Behandlung dieser Vollgeschwister untereinander bestätigten sich nicht. Bei Laborversuchen mit der Ameisenart *Camponotus floridanus* wurde festgestellt, dass eingeführte, der Kolonie fremde Arbeiterinnen genau dann weniger aggressiv behandelt wurden, wenn sie den kolonieeigenen Arbeiterinnen stärker genetisch verwandt waren. Allerdings bestehen natürliche Völker dieser Ameisenart stets nur aus einer Mutter, einem Vater und ihren Kindern, sodass Nepotismus hier gar nicht möglich ist. Andere Ameisenarten wie *Camponotus planatus* und *Formica argentea* dagegen haben üblicherweise mehrere Königinnen, allerdings wurde hier keine bevorzugte Behandlung näher verwandter Geschlechtstiere durch die Arbeiterinnen gefunden.

Nur zwei Veröffentlichungen scheinen Nepotismus bei Ameisen zu belegen. Im Rahmen der ersten Studie wurden Völker der Art *Formica exsecta* untersucht (Sundstrom et al. 1996). Hier entstehen aus Kolonien, welche durch einzeln verpaarte Königinnen entstanden, mehr Königinnen als aus Kolonien, welche auf vielfach verpaarte Königinnen zurückgehen. Letztere Völker produzieren dafür wesentlich mehr männliche Tiere, welche wie bei allen sozialen Bienen, Wespen und Ameisen nicht arbeiten, sondern nur zur Befruchtung von Weibchen dienen. Das klingt widersinnig, weil bei allen Ameisen aus unbefruchteten Eiern Männchen entstehen und ein vielfach befruchtetes Weibchen deshalb sicher weniger, nicht mehr Eier legt, aus denen nur Männchen schlüpfen können. Offenbar sind es hier die Arbeiterinnen, welche über die Aufzucht der Geschlechtstiere entscheiden. Im Falle der nur einmal befruchteten Königinnen sind ihnen alle anderen Arbeiterinnen über Vater *und* Mutter verwandt, stehen ihnen also genetisch näher als den nur durch ihre Mutter verwandten Brüdern. Das ist eine Konsequenz der Entstehung der Männchen aus unbefruchteten Eiern: Sie haben keinen Vater, sondern nur einen Satz von Chromosomen von ihrer Mutter, den sie vollständig und identisch nur an Töchter weitergeben. Söhne können sie nicht haben. Demgegenüber sind die Arbeiterinnen der Kolonien, welche auf mehrfach befruchtete Königinnen zurückgehen, näher mit ihren Brüdern als mit den nicht aufgezogenen Königinnen verwandt, welche meist nur Halbschwestern darstellen, da sie in der Regel einen anderen Vater hatten. Diese Spezialisierung der beiden Typen von Kolonien auf die Erzeugung vieler Königinnen *oder* vieler Männchen entspricht den Vorhersagen der Idee der Verwandtenselektion, zumal sie ökologisch keinen Sinn hat: Eine gute Verfügbarkeit von Männchen bei der Befruchtung im letzten Jahr sollte doch auch für dieses Jahr guten Zuzug aus Nachbarkolonien erwarten lassen, umgekehrt lässt eine Einzelbefruchtung auch im folgenden Jahr keinen Männchenüberschuss erwarten.

Für die zweite dieser Studien wurden im Labor zehn Kolonien mit je zwei Königinnen der Art *Formica fusca* untersucht (Hannonen und Sundström 2003). Die mit den Arbeiterinnen durchschnittlich näher verwandte Königin hatte jeweils eine bis zu 25 % höhere Anzahl von Nachkommen als ihre „Mitregentin". Das wurde als Beleg für die bevorzugte Pflege der näher verwandten Brut durch die Arbeiterinnen interpretiert. Die Arbeit offenbarte jedoch drei wesentliche Schwächen; (1) bilden nur zehn weit streuende, nicht streng korrelierte Werte keinen klaren Trend; (2) konnte methodisch bedingt nur die Anzahl der künftigen Arbeiterinnen und nicht die der eigentlich wichtigen Nachwuchs-Königinnen untersucht werden; und (3) nahm der Anteil der Nachkommenschaft der näher verwandten Königin mit der absoluten Nähe der Verwandtschaft zu ihren Arbeiterinnen sogar ab. Insgesamt ist die Studie deshalb nicht aussagekräftig, sodass die Belege für Verwandtenselektion noch dünner gesät sind als anfänglich vermutet.

Auch die Sächsische Wespe *Dolichovespula saxonica* lebt in einer von einer einzigen Königin abstammenden Nestgemeinschaft zusammen. Arbeiterinnen können im Gegensatz zu ihr nur unbefruchtete Eier legen, aus denen Männchen schlüpfen. Die Mehrzahl dieser Eier wird allerdings von anderen Arbeiterinnen gefressen. Man nennt dieses Verhalten *Policing*. Nach der Verwandtenselektions-Hypothese wird angenommen, dass *Policing* vor allem bei Völkern stattfindet, welche auf die Befruchtung durch mehrere Männchen zurückgehen. Eine englische Studie (Foster und Ratnieks 2000) fand das tatsächlich bei ebenjenen Sächsischen Wespen. Die Datenbasis war jedoch schmal, zudem hatten die Autoren keine alternativen Erklärungsmöglichkeiten untersucht. Eine niederländisch-dänische Gruppe fand dann heraus, dass ein Zusammenhang zwischen der Häufigkeit des *Policing* und der Zahl der Begattungen der Königin gar nicht existiert. Männliche Eier wurden in Wahrheit vor allem in frühen Entwicklungsstadien des Nestes und in Abhängigkeit von ihrem Ort im Nest gefressen (Bonckaert et al. 2011). Das klingt nach Selektion auf der Ebene der Kolonie, weil Männchen erst zum Ende des Sommers für die Befruchtung des Königinnen-Nachwuchses gebraucht werden, bis dahin aber nur Arbeit machen. Zudem konnten die Arbeiterinnen gar nicht wahrnehmen, ob sich die Königin mehrfach gepaart hatte, da unterschiedlich abstammende Arbeiterinnen geruchlich nicht unterscheidbar sind. Leider wurde nicht untersucht, ob auch Eier der Königinnen gefressen wurden und ob Eier nicht auch wie bei manchen Ameisen als Nahrungsreserve genutzt werden. In jedem Fall wurde so die einzige Studie an sozialen Insekten widerlegt, welche das Fressen unbefruchteter Eier in Abhängigkeit von der Einfach- oder Mehrfachverpaarung der Königin bewiesen haben wollte.

Aufschlussreich sind auch Ziel und Ergebnisse einer anderen Arbeit, die Ameisenart *Acromyrmex octospinosus* betreffend (Nehring et al. 2011). Die Autoren behaupteten, dass eine Selektion auf der Ebene der Kolonie die geruchliche Unterscheidung von verwandten gegenüber weniger verwandten Arbeiterinnen behindern müsste. Damit wird unterstellt, dass die bloße Möglichkeit einer Erkennung von Verwandten sofort zu Nepotismus führen müsse, was keineswegs selbstverständlich ist (siehe oben). Tatsächlich ist nach den Autoren eine solche Unterscheidung bei sozialen Insekten in der Regel nicht möglich, d. h., eine Grundbedingung für selbstsüchtiges Handeln ist nicht erfüllt. Daneben fanden die Autoren übrigens auch Ameisenarten, bei denen zwar eine Verwandtenerkennung per Geruch möglich erscheint, aber kein als Nepotismus deutbares Verhalten auftritt (Nehring et al. 2011).

Zusammenfassend kann gesagt werden, dass (1) die Unterscheidung unterschiedlicher Verwandtschaftsgrade in einer Kolonie sozialer Insekten nur selten möglich ist und dass (2) *Policing* in Gestalt des Fressens unbefruchteter Eier bisher niemals als negative Auslese weniger verwandter Individuen belegt werden konnte. Insgesamt konnte scheinbar egoistisch ausgerichtetes Handeln im Interesse möglichst genetisch ähnlicher oder gleicher Nachkommenschaft bei sozialen Insekten nur in Ausnahmefällen bewiesen werden. Es ist zudem zu betonen, dass selbst bei diesen Ausnahmen kein Motiv „Egoismus" bewiesen werden konnte. Nach allem, was wir wissen, gibt es kein Ich-Bewusstsein bei Insekten. Ist es dann glaubhaft, dass eigensüchtige Zielstellungen, gleich auf welcher Ebene der Selektion, eine wichtige Triebkraft der Evolution darstellen? Da es sich beim Egoismus um einen zusätzlichen Evolutionsfaktor handeln müsste, liegt die Beweispflicht – um es juristisch auszudrücken – bei den Anhängern dieses bisher völlig obskuren Parameters. Bis den Soziobiologen dieser Beleg gelingt, sollte der Begriff „Egoismus" aus dem evolutionsbiologischen Sprachgebrauch herausgehalten werden. Evolution hat, soweit wir *wissen*, nichts mit einem „Willen zur Macht" zu tun, sondern folgt dem Weg des geringsten Widerstandes.

Literatur

Bonckaert W, Van Zweden JS, D'Ettorre P, Billen J, Wenseleers T (2011) Colony stage and not facultative policing explains pattern of worker reproduction in the Saxon wasp. Mol Ecol, 20(16):3455–3468

Brehm AE (1892) Band 7: Die Kriechtiere und Lurche. Brehms Tierleben. Allgemeine Kunde des Tierreichs, Bibliographisches Institut, Leipzig und Wien

Dawkins R (1996) Das egoistische Gen. Rowohlt, Reinbek bei Hamburg

Foster KR, Ratnieks FLW (2000) Facultative worker policing in a wasp. Nature, 407(6805):692–693

Hannonen M, Sundström L (2003) Sociobiology: Worker nepotism among polygynous ants. Nature, 421(6926):910

Hölldobler B, Wilson EO (2010) Der Superorganismus. Der Erfolg von Ameisen, Bienen, Wespen und Termiten, Springer, Berlin Heidelberg

Nehring V, Evison SEF, Santorelli LA, d'Ettorre P, Hughes WOH (2011) Kin-informative recognition cues in ants. Proc Biol Sci, 278(1714):1942–1948

Prior H, Schwarz A, Güntürkün O (2008) Mirror-induced behavior in the magpie (Pica pica): Evidence of self-recognition. PLoS Biol, 6(8):e202

Sundstrom L, Chapuisat M, Keller L (1996) Conditional manipulation of sex ratios by ant workers: A test of kin selection theory. Science, 274(5289):993–995

Wilson EO (1975) Sociobiology. The New Synthesis, Harvard University Press, Cambridge

7

Die Struktur des Zufalls als Motor der Veränderung

Im vorhergehenden Kapitel habe ich mich – hoffentlich erfolgreich – bemüht, verborgene Absichten als Triebkräfte der Evolution beim Leser zu diskreditieren. Mein Argument war Ockhams Rasiermesser: Alle Einflüsse, welche nicht zweifelsfrei vorhanden sind, sollten aus der wissenschaftlichen Erklärung eines natürlichen Phänomens herausgehalten werden. Wie verhält es sich in dieser Hinsicht mit der häufig angeführten Zufälligkeit evolutionärer Veränderungen? Ist die Behauptung, Mutationen seien grundsätzlich zufälliger Natur, gleichbedeutend mit der Einführung eines zusätzlichen Faktors der Evolution, eben des Zufalls?

Mitunter begegnet man dieser Ansicht. Der US-amerikanische Mikrobiologe James A. Shapiro behauptet seit Längerem, dass die Annahme der grundsätzlichen Zufälligkeit jeder Mutation unbegründet sei. Er geht dabei so weit, den Begriff der Mutation in seinem Buch beinahe völlig zu vermeiden und lieber statt dessen von „natürlicher Gentechnik" (*natural genetic engineering*) zu sprechen. Dieser für unsere Ohren ungewöhnliche Begriff beschreibt genau, was Shapiro meint:

> ... cells are now reasonably seen to operate teleologically: their goals are survival, growth, and reproduction.
>
> Übersetzung des Autors: ... Zellen sollten vernünftigerweise als teleologisch operierend angesehen werden: Ihre Ziele sind Überleben, Wachstum und Reproduktion.
>
> (Shapiro 2011, S. 137)

Zellen bauen demnach ihr Genom aus eigenem Antrieb um. Ihr Ziel sei es, zu überleben (Wachstum und Reproduktion sind schlicht Voraussetzung eines dauerhaften Überlebens). In einer solchen zielgerichteten Tätigkeit von Zellen besteht die teleologische Sichtweise, wonach die Lebensprozesse zweckmäßig ablaufen und nicht durch entweder zufällige oder unvermeidliche Prozesse wie Mutationen, Selektion und genetische Drift geformt worden sind. Diese Zielorientierung setzt nicht notwendigerweise einen Schöpfergott voraus, behauptet aber, dass die biologische Evolution gesteuert wird. Shapiro glaubt also, dass Organismen ihre eigene Evolution planen.

V. Krauß, *Gene, Zufall, Selektion*, DOI 10.1007/978-3-642-41755-9_7,
© Springer-Verlag Berlin Heidelberg 2014

Er ist mit dieser Ansicht keineswegs allein. Auch der deutsche Mediziner Joachim Bauer, Autor eines aktuellen Bestsellers über Evolution, ist einer ähnlichen Meinung:

> Doch würden Genome wie eine Maschine arbeiten, das heißt, ohne die Fähigkeit lebender Systeme, die eigene Konstruktion nach inneren Regeln immer wieder neu zu modifizieren und auf äußere Stressoren kreativ zu reagieren, wäre das „Projekt Leben" wohl schon vor langem gescheitert.
> (Bauer 2010, S. 13)

Eine teleologische Sicht auf das Leben ist nicht neu. Sie ist schon in den Werken des Aristoteles (384–322 v. u. Z.) zu finden. Eine der größten Leistungen Charles Darwins besteht gerade darin, die Ungerichtetheit kleiner phänotypischer Veränderungen sowie die Bedeutung ihrer Selektion (durch Mensch oder Natur) für die Veränderung der Lebewesen erkannt zu haben. So wurde die bis dahin oft unterstellte Formung der Eigenschaften lebender Organismen durch von innen oder außen (Gott) gesetzte Zwecke durch eine weniger voreingenommene Hypothese ersetzt. Denn wenn ein wie auch immer geartetes Ziel für die Evolution lebender Organismen als gegeben anerkannt wird, wird damit eine zusätzliche, formende Kraft angenommen, die bisher niemals belegt werden konnte. Evolution ist – nach allem, was wir wissen – genauso ziellos wie endlos. Die Annahme, dass Mutationen zufällig im Hinblick auf ihren Wert für den Organismus erfolgen, führt keinen zusätzlichen Faktor in die Analyse der Evolution ein. Allein die Kombination unabweisbar existenter Faktoren der Evolution wie Mutation, Selektion und Drift führt zu einer Evolution, die dem äußeren Anschein nach durchaus gerichtet sein kann, jedoch nicht auf die Erreichung eines Zieles oder Zweckes, sondern weil sich manchmal Organismen mit nicht durchschnittlichen Eigenschaften besser als solche mit durchschnittlichen Eigenschaften fortpflanzen können.

Nun ist es nicht so, dass Shapiro oder Bauer keine Einwände gegen diese Argumentation einfielen. Im Gegenteil, beide erwähnten Bücher sind hauptsächlich mit Argumenten gegen die Zufälligkeit von Mutationen gefüllt. Jedoch sind Evolutionsbiologen, im Gegensatz zu den gegenteiligen Versicherungen der Autoren, die von ihnen vorgebrachten Einwände gut bekannt. Sie sind nicht stichhaltig. Oft wird Zufälligkeit mit Gleichverteilung verwechselt, also mit einer angeblich angenommenen exakt gleichen Häufigkeit verschiedenster genetischer Veränderungen. Jeder Mutationstyp weist jedoch – wegen unterschiedlicher Ursachen bzw. diversen Einflüssen – eine für ihn charakteristische Häufigkeit auf. Wir werden das Problem im folgenden Kapitel genauer betrachten. Shapiro und Bauer verwechseln diese unterschiedliche Häufigkeit verschiedener Mutationstypen systematisch mit der *Unabhängigkeit der Art und des Auftretens der Mutation von ihrem Wert* für den betroffenen Organismus und seine Nachkommen. Diese Unabhängigkeit ist die einzig hier relevante Form des Zufalls. Sie ist immer gegeben. Dagegen werden wir im Folgenden sehen, dass verschiedene Mutationen selbstverständlich sehr unterschiedlich wahrscheinlich sind. Das ist eine Wahrheit, von der Teleologen wie z. B. die genannten Autoren zu glauben scheinen, dass heutige Evolutionsbiologen sie nicht kennen.

7.1 Nukleotidaustausche – Evolution in kleiner Münze

Beginnen wir unsere Betrachtung mit den Punktmutationen, welche von Shapiro recht abschätzig bewertet werden. Kann der Austausch eines einzigen Nukleotids aus einer Auswahl von etwa sechs Milliarden des vollständigen, diploiden Genoms irgendetwas, geschweige denn etwas Positives für den menschlichen Träger bewirken? Die Antwort auf diese provokante Frage lautet schlicht: ja. Ein Beispiel dafür ist die Sichelzell-Anämie, eine örtlich recht häufige Erbkrankheit des Menschen. Sie beruht auf einem einzigen Nukleotidaustausch im Hämoglobin-Gen, der zur Veränderung einer Aminosäure im Hämoglobin-Protein führt. Träger zweier so veränderter Allele dieses Gens bilden die namensgebenden, sichelförmig verformten roten Blutkörperchen, was zum schnellen Zerfall dieser Blutkörperchen und schweren Folgekrankheiten führt. Deswegen besteht gegen Sichelzell-Anämie in dieser Form eine weltweite Selektion, da auch die moderne Medizin die Symptome nur unvollkommen unterdrücken kann. Träger eines normalen und eines Sichelzell-Allels sind dagegen weitestgehend frei von Beschwerden, da normales Hämoglobin ausreichend vorhanden ist, um Form und Funktion der Blutkörperchen aufrechtzuerhalten. Die amöbenartigen Errreger der Malaria nisten sich als Parasiten gerade in roten Blutkörperchen ein, was bei Trägern eines Sichelzell-Allels zum Zusammenbruch und Abbau der befallenen Körperchen führt. In Erkrankten ohne Sichelzell-Allel bleiben die befallenen Blutkörperchen dagegen stabil und ermöglichen so dem Malaria-Erreger eine schnellere Vermehrung. Die resultierende erhöhte Toleranz der Sichelzell-Allel-Träger gegen Malaria hat dazu geführt, dass dieses Allel in traditionellen Malaria-Gebieten viel häufiger als anderswo ist. Man spricht hier von balancierter Selektion: Nur wo es Malaria gibt, kann dieses Allel ausschließlich wegen einer erträglicheren Malaria-Erkrankung bei Heterozygoten, d. h. bei Trägern beider Allele, positiv selektiert werden. Leider ist das noch heute der Fall. 2010 gab es weltweit etwa 1,2 Millionen Tote durch Malaria (chs/dpa 2012).

Längst nicht alle Nukleotide unseres Genoms haben eine solch große Bedeutung für unsere Gesundheit. Die Mehrzahl möglicher Austausche kann uns aus den unterschiedlichsten Gründen sogar völlig egal sein. Weniger als zwei Prozent des menschlichen Genoms werden in Proteinsequenzen übersetzt. Und selbst innerhalb dieser kodierenden Sequenzen gibt es Nukleotide, die aufgrund der Degeneriertheit des genetischen Codes beliebig ausgetauscht werden können, ohne den Aminosäuregehalt irgendeines Proteins zu beeinflussen. Das ist auch gut so, denn jeder neugeborene Mensch erwirbt durchschnittlich etwa 88 *neue* Nukleotidaustausche (Abschnitt 11.1). Dennoch sollte der Begriff *junk DNA* nicht für diejenigen Teile unseres Genoms verwendet werden, die mit unserem Phänotyp scheinbar nichts oder nichts wesentliches zu tun haben. Denn wenn auch nur drei bis acht Prozent unseres Genoms unter messbarer Kontrolle der Selektion stehen, werden immerhin 62 % transkribiert, also in RNA umgeschrieben (Consortium et al. 2012). Nicht jede RNA muss bedeutungsvoll sein, aber manche davon hat vielleicht eine bestimmte Funktion, die wir noch nicht kennen. Jedenfalls ist ihre bloße Existenz Voraussetzung, um ihr eine Funktion zu übertragen; und mit der Dauer ihrer Existenz steigt die Wahrscheinlichkeit, dass irgendeine Funktion tatsächlich übernommen wird. Denn neue RNAs werden zwangsläufig mit anderen Molekülen in der Zelle zusammentreffen, wobei sowohl ihre eigene Gestalt als auch die Strukturen der anderen Moleküle bedingen, dass diese Treffen manchmal (1) zu Berührungen an ganz bestimmten Stellen der Moleküle führen und dass (2) die Beteiligten länger aufeinander einwirken. Und wenn zwei Molekültypen sich regelmäßig treffen, können daraus funktionelle Bindungen oder dauerhafte Veränderungen der Partner entstehen – ganz wie in der menschlichen Gesellschaft. Und das wiederum kann Folgen haben, die für den Ablauf der Lebensfunktionen der gesamten Zelle von Bedeutung sind. Man kann spekulieren, dass im Genom bunte Muster verschiedener „Funktionsdichten" vorliegen, also Abfolgen von für den Organismus mehr, weniger oder gar nicht wichtigen Gruppen von Nukleotiden. So werden die exakten Nukleotidabfolgen kodierender Sequenzen und von Transkriptions-Kontrollelementen in den bestuntersuchten Organismen (Hefen, Taufliegen und Säugern) durch negative Selektion weitgehend identisch gehalten, während die unmittelbar umgebenden DNA-Abschnitte lediglich hinsichtlich ihres AT-Gehaltes, aber nicht hinsichtlich ihrer Sequenzen der Selektion unterliegen (Kenigsberg und Tanay 2013). Weitere Abschnitte des Genoms werden dagegen überhaupt nicht aufrechterhalten und können sich daher weitgehend beliebig verändern.

Die relativen Bedeutungen einzelner Nukleotidpositionen eines Genoms können sich also fundamental unterscheiden. Aber haben Punktmutationen, also z. B. Austausche einzelner Nukleotide gegeneinander, einen für ihre Funktion zufälligen Charakter? Eindeutig ja, denn es lässt sich durch Vergleich der Genome verschiedener Individuen derselben Art leicht nachweisen, dass alle denkbaren Formen von Austauschen aller vier Nukleotide gegeneinander vorkommen. Sie sind allerdings nicht gleich verteilt. Austausche zwischen A und G sowie zwischen C und T scheinen stets deutlich häufiger aufzutreten als alle anderen. Diese unterschiedlichen Häufigkeiten ergeben sich aus dem unterschiedlichen Aufbau der Nukleotide und haben nichts mit einer funktionellen Bedeutung der betroffenen Nukleotidpositionen für den Organismus oder mit dem Ort der Mutationen auf den Chromosomen zu tun. Proteinverändernde Mutationen dagegen sind funktionell meist wichtiger als solche, die kein Protein verändern. Im menschlichen Sperma werden proteinkodierende DNA-Sequenzen etwa gleich häufig mutiert wie nichtkodierende Sequenzen des Genoms (Wang et al. 2012). In lebenden Menschen jedoch sind sie deutlich seltener verändert als nichtkodierende Bereiche des Genoms. Das ist wahrscheinlich Folge einer Selektion gegen die Veränderung von Proteinen, d. h. Befruchtungen durch in dieser Weise mutierte Spermien führen nicht selten zum Tod der befruchteten Eizelle (Wang et al. 2012). Ähnliches ergab die Untersuchung von Taufliegen, welche über 262 Generationen im Labor vermehrt wurden. Diese Fliegenstämme sammelten dabei insgesamt 174 verschiedene Basenpaar-Austausche an (Keightley et al. 2009). Auch diese Mutationen waren gleichmäßig im Genom verteilt. Auch hier wurden etwas weniger proteinverändernde Mutationen als statistisch erwartet gefunden. Insgesamt gesehen sind diese Belege noch unzureichend, um die gleichförmige und zufällige Verteilung von Nukleotidaustauschen im Genom sowie eine bevorzugte Eliminierung funktionsverändernder Mutationen durch Selektion zu beweisen, doch gibt es umgekehrt keinerlei Hinweise, dass Nukleotidaustausche gerade dort öfter auftreten würden, wo sie für den Organismus günstige Veränderungen verursachen. Mit anderen Worten, es ist kein Mechanismus bekannt, der Punktmutationen speziell dort erzeugen kann, wo sie dem Organismus beim Überleben helfen.

Es gibt noch überzeugendere Belege für die annähernde Gleichverteilung von Mutationen und die sequenzstabilisierende Rolle der Auslese bei funktionell wichtigen Sequenzen. Sie haben mit der relativen Häufigkeit der vier Nukleotide im Genom zu tun. Zwar gibt es – aufgrund der bekannten Paarungen im DNA-Doppelstrang – genausoviele A wie T und genausoviele C wie G im Erbmaterial. Die Menge der AT-Basenpaare ist jedoch bei Eukaryoten fast immer deutlich höher als die der GC-Paare. Ein Verhältnis von etwa je 30 % A sowie T zu je 20 % C bzw. T ist häufig zu finden. Warum?

Der Grund ist ein weiteres Ungleichgewicht der Mutationsraten. Austausche von G zu A sind häufiger als solche von A zu G. Analog wird ein C leichter ein T als dieses wieder ein C. Deshalb sind A und T häufiger als G und C, man spricht von einem Mutationsdruck zugunsten eines erhöhten AT-Gehaltes. Festgestellt hat man das an den sogenannten springenden Genen des Genoms. Es sind DNA-Abschnitte, welche sich von Zeit zu Zeit an eine neue Stelle des Genoms kopieren. Im nächsten Kapitel werden sie eingehender behandelt. Ihre Kopien im Genom mutieren deutlich schneller als normale Gene, da sie keinerlei nützliche Funktionen für die Zelle haben. Diese Basenpaar-Austausche können durch Sequenzvergleich mit intakten springenden Genen gefunden werden. Viele inzwischen stark mutierte, funktionslose Überreste springender Gene können in einem Genom identifiziert werden und sagen uns, wie oft welche Nukleotide in welche anderen verändert worden sind. Es stellte sich heraus, dass 65 % aller basenpaarverändernden Nukleotidaustausche in der Taufliege A oder T ergeben, während nur 35 % dieser Austausche ein AT-Basenpaar in ein GC-Basenpaar umwandeln (Petrov und Hartl 1999).

Das gefundene Ungleichgewicht ist damit erklärt. Der Druck der Mutationen bewirkt es. Nicht überall im Genom ist jedoch dieses Mengenverhältnis zu finden. Im proteinkodierenden Teil ist es stets deutlich ausgeglichener als anderswo. Der Grund ist die Selektion auf die funktionell nötigen Aminosäuren in den Proteinen. So benötigen die Aminosäuren Glycin, Alanin, Arginin und Prolin besonders viele G oder C um in der DNA-Sequenz kodiert zu werden, während die Aminosäuren Lysin, Asparagin, Methionin, Isoleucin, Phenylalanin und Tyrosin mehrheitlich A und T brauchen und somit vom Mutationsdruck begünstigt werden. Bei deutlich extremeren Mutationsverhältnissen als in der Taufliege ist die Kraft der Selektion nicht mehr stark genug, um einen ausgewogenen Gehalt an Aminosäuren aufrechtzuerhalten. Die AT-Gehalte der Genome des Malaria-Erregers *Plasmodium falciparum* und des Schleimpilzes *Dictyostelium discoideum* sind mit 80,6 % und 77,6 % außergewöhnlich hoch, ihre Proteine sind daher gegenüber denen des Menschen reicher an Lysin, Asparagin, Methionin, Isoleucin, Phenylalanin und Tyrosin sowie ärmer an Glycin, Alanin, Arginin und Prolin (Eichinger et al. 2005). Das heißt nicht, dass ihre Proteine grundsätzlich schlechter als jene des Menschen funktionieren, da viele Aminosäuren funktionell gesehen einander ähnlich sind.

Der AT-Gehalt eines Genoms stellt sich also in erster Linie entsprechend der Mutationswahrscheinlichkeiten ein und wird nur an funktionell besonders wichtigen Stellen durch die Selektion beeinflusst. Das spricht klar für eine örtlich unterschiedlich ausgeprägte Wichtigkeit der Sequenzen des Genoms, aber auch für die Zufälligkeit von Punktmutationen. Wir werden im Folgenden sehen, ob der Zufall auch andere Mutationstypen beherrscht.

7.2 Wie werden Gene dupliziert?

Die im letzten Abschnitt beschriebenen Punktmutationen sind wohl immer noch die bekannteste Form von Mutationen. Genome unterscheiden sich jedoch nicht hauptsächlich durch Austausche einzelner Nukleotide voneinander. Denn mit einer einzigen Mutation können auch riesige, manchmal Millionen Nukleotide umfassende DNA-Abschnitte aus Chromosomen entfernt oder in sie eingefügt werden. Es ist klar, dass ein solch einschneidendes Ereignis gewöhnlich weit schwerwiegendere Folgen für die betroffene Zelle hat als eine Punktmutation.

Solche Ein- oder Ausbauten ganzer Chromosomenabschnitte nennt man Chromosomenmutationen. Es gibt verschiedene Formen davon, welche als Deletion, Duplikation, Insertion und Translokation bezeichnet werden. Da die Translokation lediglich eine Verlagerung eines DNA-Abschnittes an eine andere Stelle des Genoms beschreibt, ist sie hier von untergeordnetem Interesse und soll uns nicht weiter beschäftigen. Eine Insertion meint dagegen die Einfügung eines bisher nicht im Genom vertretenen DNA-Stücks in ein Chromosom, während die Duplikation eine Verdopplung einer bereits im Genom vorhandenen DNA-Sequenz bezeichnet. Beide Mutationsformen fügen damit zusätzliches genetisches Material in das Genom ein. Eine Deletion beschreibt dagegen den ersatzlosen Verlust eines DNA-Abschnitts.

Für die Entstehung solcher Mutationen sind im Wesentlichen zwei verschiedene Mechanismen verantwortlich. Zum einen kann die Replikation der DNA zeitweise unterbrochen worden sein, sodass das zu verlängernde Ende des DNA-Stranges sich vom alten Strang löst und später zufällig, gewissermaßen „versehentlich", an an eine neue Position des Gegenstranges bindet (Abb. 7.1). Dabei bildet sich eine DNA-Schleife aus einem jetzt nicht mehr in den Doppelstrang einbindbaren DNA-Abschnitt des alten oder des neuen Stranges. Wenn der alte Strang eine Schleife bildet, wird der neue DNA-Strang kürzer als der alte, d. h. eine Deletion entsteht. Wenn der neue Strang eine Schleife bildet, verlängert er sich um die Länge dieser Schleife als Duplikation. Es gibt Reparaturproteine in der Zelle, die solche Fehler wieder korrigieren können. Das gelingt jedoch nicht immer. Dann wird die Duplikation oder Deletion in einer weiteren Replikation zum Doppelstrang ergänzt und ist danach nicht mehr zu reparieren.

Längere Deletionen oder Duplikationen können in der Meiose entstehen, d. h. bei der Bildung von Keimzellen. Dabei kommt es in seltenen Fällen zu einer Rekombination an nicht einander entsprechenden Positionen mütterlicher und väterlicher Chromosomen, sodass gleichzeitig eine Deletion und eine Duplikation entsteht (Abb. 7.2). Ein solcher Prozess wird illegitimes Crossing-

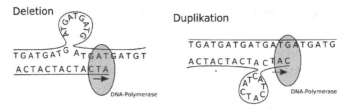

Abb. 7.1 DNA-Polymerasen können stottern. Grafik © Veiko Krauß. Deletionen und Duplikationen entstehen oft gleichzeitig bei der Replikation durch ein Verrutschen des alten DNA-Stranges im Verhältnis zur neu produzierten Kette aus Nukleotiden. Die Paarung des alten und des neuen Stranges kann sich dann vorübergehend lösen, wenn die DNA-Polymerase aus irgendeinem Grund bei der Synthese des neuen Stranges innehält. Die Wahrscheinlichkeit, dass sich das Ende der synthetisierten DNA löst und dann zufällig an einer anderen Stelle des alten Stranges paart, steigt mit der Zeit des Stillstandes der Polymerase und vergrößert sich um ein Vielfaches, wenn es sich wie hier um eine mehrfach hintereinander wiederholte Abfolge von Nukleotiden, d. h. eine repetitive Sequenz, handelt. Wenn sich deshalb eine Schleife im alten Strang bildet (links), fehlen dem neuen Strang die komplementären Nukleotide zur Schleife. Wenn sich die Schleife dagegen im gerade neu gebildeten Strang bildet, kommt es zu einer Duplikation der Sequenz in der Schleife (rechts). Durch diesen Prozess entstehen vor allem kleinere Deletionen und Duplikationen.

over genannt und ist nach dem Eintritt nicht mehr zu korrigieren, da die so entstandenen DNA-Doppelstränge völlig intakt sind.

Man könnte meinen, dass ein solch im wahrsten Sinne des Wortes bedenkenloser Umgang mit kostbarer genetischer Information nur äußerst selten vorkommen sollte und in jedem Fall fatale Konsequenzen für den betroffenen Organismus hat. Zahlen aus natürlichen Populationen von Taufliegen und Menschen sind jedoch geeignet, uns eines Besseren zu belehren. So konnten in den Nachkommen von 15 verschiedenen, frisch gefangenen Taufliegen-Weibchen insgesamt nicht weniger als 1901 Duplikationen mit einer mittleren Länge von 1117 Basenpaaren und 757 Deletionen mit einer mittleren Länge von 604 Basenpaaren nachgewiesen werden (Emerson et al. 2008). Die geringere Zahl und Größe der Deletionen ergab sich aus der stärkeren Auslese gegen den Verlust als gegen die Verdopplung genetischen Materials. Über die Hälfte aller Mutationen überlappte mit Genen und waren deshalb wahrscheinlich für ihre Träger nachteilig. In zehn Fällen waren sogar komplette Gene entfernt worden. Dazu passend konnten mehr als zwei Drittel dieser Mutationen nur in einem Chromosom einer einzigen Fliege nachgewiesen werden. Sie waren vermutlich gerade neu entstanden und hatten wohl meist keine Zukunft. Das Genom von Fliegen wird also durch Verdopplung und Entfernung ganzer Abschnitte der DNA beständig umgebaut, wobei viele dieser Mutationen der Auslese zum Opfer fallen.

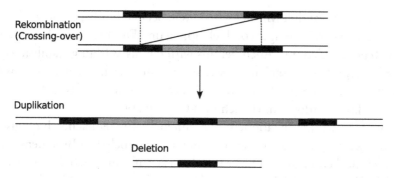

Abb. 7.2 Ungleicher Tausch. Grafik © Veiko Krauß. Deletionen und Duplikationen können auch bei der Rekombination homologer Chromosomen (Crossing-over) in der Meiose, d. h. bei der Entstehung von Eizellen oder Spermien, entstehen. Normalerweise trennen sich die beiden Arme eines homologen Paars von Chromosomen dabei an genau gegenüberliegenden Stellen und verbinden sich über Kreuz neu. Die gestrichelten Linien zeigen mögliche Positionen der Rekombination an, grundsätzlich aber kann jede Position der gepaarten Chromosomen dazu dienen. Im dargestellten Fall wurden jedoch, wie die durchgezogenen Linie in der oberen Skizze zeigt, nicht einander entsprechende Positionen miteinander verbunden. Im Ergebnis kommt es zu einer Deletion im einen und zu einer Duplikation im anderen Chromosom. Solche Ereignisse treten deutlich häufiger ein, wenn die hier schwarz gezeichneten DNA-Abschnitte eine sehr ähnliche oder gleiche Sequenz haben. Springende Gene der gleichen Art sind solche verstreuten Wiederholungssequenzen. Durch ihre Passfähigkeit zueinander können sie relativ gut paaren und ein illegitimes Crossing-over vollziehen, sollte die Paarung beider Chromosomen nicht exakt über ihre ganze Länge erfolgt sein. Durch diesen Prozess entstehen vor allem größere Deletionen und Duplikationen.

Ähnlich wie bei der Schwarzbäuchigen Taufliege (*Drosophila melanogaster*) wurden beim Menschen ebenfalls sehr viele verschiedene Duplikationen und Deletionen gefunden, insgesamt mehr als 25000 CNV (Mills et al. 2011). Die erst seit wenigen Jahren populäre Abkürzung CNV (*copy number variation*) bezeichnet Veränderungen der Kopienzahl des genetischen Materials und umfasst Duplikationen *und* Deletionen, denn im Ergebnis solcher Mutationen liegen statt der normalen zwei Kopien einer genomischen Nukleotidfolge (Sequenz) nur eine (Deletion) oder drei (Duplikation) Kopien vor. Der Umfang des schludrigen Umgangs der Evolution mit unserem Genom überraschte auch die Humangenetiker. In gesunden Menschen wurden fast tausend verschiedene CNV identifiziert, welche länger als 50000 Basenpaare waren. Zugleich wurden auch verschiedene CNV gefunden, welche offenbar für geistige Behinderungen, Herzfehler oder andere Entwicklungsstörungen verantwortlich waren (Arlt et al. 2012). Gegenwärtig geht man davon aus, dass immerhin 0,78 % des Genomes eines durchschnittlichen Menschen in einer ungewöhnlichen Kopienzahl vorliegt (Iskow et al. 2012). Annähernd ein Prozent unseres Genoms unterscheidet sich also in der Zahl der Wiederholungen von den Genomen nicht verwandter Mitmenschen. Wie bei der Taufliege sind auch beim Menschen Gene weit weniger von Deletionen und Duplikationen betroffen als andere Teile des Genoms. Auch bei uns wird das als Wirkung stabilisierender Auslese interpretiert. Insgesamt gesehen überrascht es unter diesen Umständen nicht, dass Gene von Eukaryoten sich durchschnittlich etwa alle hundert Millionen Jahre verdoppeln (Lynch und Conery 2000).

Manche dieser Duplikationen sind nützlich. Ein einfacher biologischer Selbstversuch besteht im intensiven Kauen eines unbelegten Brötchens, bis es süß zu schmecken beginnt. Dieser Geschmack entsteht durch den Abbau der Stärke des Weizens zu Maltose und anderen Zuckern, was im Mund durch ein Enzym, eine Amylase, im Speichel passiert. Das Gen für dieses Enzym haben Schimpansen nur zweimal, Menschen aber in zwei bis fünfzehn (!) Kopien pro Genom (Perry et al. 2007). Noch interessanter ist, dass dieses Gen namens *AMY1* in verschiedenen Teilpopulationen des Menschen (1) unterschiedlich häufig im Genom zu finden ist und (2) dass es umso zahlreicher auftritt, je höher der Anteil von Stärke in der traditionellen Ernährung der untersuchten Bevölkerungsgruppen ist. Nachkommen von Ackerbauern aus Europa oder Japan haben durchschnittlich etwa sechs Kopien, während Jäger oder Hirten aus Afrika oder Sibirien durchschnittlich mit vier bis fünf Kopien auskommen müssen (Perry et al. 2007). Die Zahl der Genkopien entspricht etwa der Menge des Enzyms im Mund. Brot sättigte Bauern mit der Zeit daher immer besser, während Menschen anderer Traditionen von allzu stärkereichen Mahlzeiten leicht Bauchschmerzen bekommen.

Aufgrund der fast immer gleichen Sequenz dieser *AMY1*-Duplikationen geht man davon aus, dass die Mutationen erst innerhalb der letzten 200000 Jahre erfolgt sind. Das hat unangenehme Konsequenzen: Frisch duplizierte Gene können schnell wieder verloren gehen, eben weil sie meist als Wiederholungssequenzen direkt hintereinander im Genom vorliegen und daher zur fehlerhaften Rekombination in der Meiose regelrecht einladen (Abb. 7.2). Dies ist offensichtlich der Grund, warum die Kopienzahlen des Gens so stark schwanken und vielleicht auch eine gute Ausrede für die ein oder andere Übergewichtigkeit. Genduplikation ist demnach ein einfacher, aber nicht sonderlich nachhaltiger Weg zur Lösung eines Mengenproblems.

Vervielfältigungen von Genen können jedoch weit mehr leisten. So verdanken wir unser trichromatisches Farbsehen der Duplikation eines Lichtrezeptor-Gens, welche sich bereits vor Dutzenden von Millionen Jahren ereignet hat (Surridge 2003). Deshalb hatte dieses duplizierte Gen Zeit, durch Punktmutationen Unterschiede anzureichern. Das erschwerte nicht nur das Verschwinden der Duplikation, sondern führte auch zu funktionellen Unterschieden in den erzeugten Lichtrezeptor-Proteinen, sie reagierten nun bevorzugt auf verschiedene Wellenlängen des Lichts. Das erst ermöglichte unseren Vorfahren die Unterscheidung von Rot und Grün. Leider hat die Evolution jedoch auch hier keine ganze Arbeit geleistet, denn sie duplizierte das Lichtrezeptor-Gen auf dem X-Chromosom. Männer sind daher deutlich häufiger von Rot-Grün-Sehschwächen betroffen, denn sie besitzen nur je eine Kopie der entsprechenden Gene und damit keine Rückversicherung für eine Fehlfunktion.

Unsere Nase – nicht unser Auge – ist jedoch das Sinnesorgan, welches am stärksten auf duplizierte Rezeptoren zurückgreift (Iskow et al. 2012). Es gibt nicht weniger als 800 Geruchsrezeptor-Gene im menschlichen Genom, von denen wiederum ein Drittel in seiner Kopienzahl zwischen verschiedenen Menschen variiert. Säugetiere sind Nasentiere, und ein guter Geruchssinn erfordert für möglichst viele der verschiedenen, in der Luft schwebenden Moleküle spezielle Rezeptoren. Die Unterscheidung vieler Geruchsvarianten ermöglichte unseren Vorfahren das Fressen, die Paarung und das Nicht-Gefressen-Werden. Während die Geruchswahrnehmung vor allem auf der Mischung verschiedener Qualitäten beruht, kommt das trichromatische Sehen mit drei verschiedenen Rezeptoren aus, weil es stets genau die relativen Mengen von rotem, grünem und blauem Licht misst. In den letzten Millionen Jahren wurde uns das wichtiger als der Geruchssinn, und so sind beim Menschen viele der 800 Geruchsrezeptor-Gene nicht mehr funktionsfähig (Iskow et al. 2012). Zudem hat jede Person im Durchschnitt 25 dieser Gene weniger oder mehr als die meisten anderen Menschen. Ein Viertel aller Menschen weltweit hat sogar einen Rezeptortyp völlig verloren. Das ist einer der Gründe, warum Düfte weit subjektiver als andere Sinneseindrücke sind. Auch hier ermöglicht Genduplikation den vergleichsweise schnellen Aufbau neuer Sinneseindrücke durch kleine Umbauten an bereits existierenden Strukturen, gefährdet zugleich jedoch die erreichte funktionelle Vielfalt durch eine erhöhte Deletionsgefahr. Fortschritte haben eben ihren Preis.

Doch das Thema dieses Kapitels lautet Zufall, nicht Funktion. Werden Deletionen und Duplikationen durch Organismen in irgendeiner Weise gezielt herbeigeführt? Die wahrscheinlichere, weil sparsamere (Ockhams Rasiermesser!) Alternative ist deren zufällige Entstehung. Tatsächlich fand man bisher nie einen ursächlichen Zusammenhang zwischen dem Zustandekommen einer Duplikation oder Deletion und ihrer Wirkung auf den Organismus. Mit anderen Worten, wie Punktmutationen laufen auch Vervielfältigungen oder die Entfernung von DNA-Abschnitten nicht auf „Bestellung" durch den Organismus ab. Die Ursachen für diese Mutationen sind vielmehr Fehlfunktionen im Replikations- und Rekombinationsapparat der Zelle. Diese Fehler sind normalerweise sehr selten, können aber durch sich in gleicher Richtung wiederholende DNA-Sequenzen wesentlich begünstigt und damit häufiger werden (Abb. 7.1 und 7.2). Auf diese Weise haben Strukturen der DNA, nicht aber ihre phänotypischen Konsequenzen, Einfluss auf ihr Auftreten. Zugleich sind diese Mutationsformen selbstverständlich nicht rein zufällig, allerdings in einem sehr trivialen Sinn: Sowohl Duplikationen als auch Deletionen können nur DNA-Abschnitte betreffen, die im Genom vertreten sind. Duplikationen schaffen selbst keine Neuheiten, sondern vermehren zunächst nur (z. B. Amylase des Speichels); sie können aber die Voraussetzungen für Neuheiten schaffen (z. B. Licht- und Geruchsrezeptoren), indem sie auf Bewährtes, also nicht Zufälliges, zurückgreifen. Sie selbst jedoch entstehen zufällig und können durch die von ihnen selbst geschaffene Wiederholungsstruktur in der DNA auch mit recht großer Wahrscheinlichkeit durch eine wiederum zufällige Deletion verschwinden.

Einige Protagonisten alternativer Evolutionsmodelle (Bauer 2010, Ryan 2010, Shapiro 2011) sehen springende Gene als Werkzeuge ihres gastgebenden Genoms zur Erzeugung von Duplikationen. Die allgemeine Verbreitung und mitunter große Häufigkeit solcher mobilen Elemente ist ihr wichtigstes Argument dafür, dass Organismen bei Bedarf Gene verdoppeln. Tatsächlich spielen im Genom verteilte springende Gene eine begünstigende Rolle bei der Entstehung von Duplikationen (und Deletionen) durch fehlerhaftes Crossing-over (Abb. 7.2). Da sie jedoch sich parasitisch im Genom ausbreitende DNA-Elemente sind und durch den Organismus nicht gesteuert, sondern im Gegenteil nur allgemein in ihrer Aktivität unterdrückt werden, kann weder die genaue Zahl noch die Verteilung dieser Sequenzen im Genom durch die Zelle bestimmt werden. Damit sind Umfang und Art entstehender Duplikationen völlig unvorhersehbar. Bisherige Studien über Duplikationen bei Mensch und Taufliege zeigten auch praktisch, dass DNA-Verdopplungen völlig unabhängig von funktionellen Strukturen ablaufen (Emerson et al. 2008, Mills et al. 2011). Gene waren sowohl gar nicht, teilweise, ganz oder in Gruppen betroffen, sie werden also nicht gezielt als Ganzes dupliziert. Letzten Endes entscheiden auch bei diesen Mutationen Drift und Selektion, ob sie sich in der Population durchsetzen. Das überzeugendste Argument für den zufälligen Charakter später nützlicher Genduplikationen sind die deutlichen Mängel auch dieser evolutionären Lösungen, wie eben am Beispiel von Duplikationen im menschlichen Genom erläutert.

7.3 Gene im Exil

Die Natur ist reich an DNA, denn Organismen produzieren sie in jeder Zelle. Parasiten und Symbionten wie Pilze, Bakterien und Viren bringen die fremde DNA ihres Genoms sogar ins Innere der Zellen. So bleibt es nicht aus, dass Fremd-DNA anwesend ist, wenn nebenan ein eigenes Chromosom einen

Doppelstrangbruch erleidet. Eine Reparatur dieses Chromosoms kann daher in seltenen Fällen zur Integration der Fremd-DNA führen. Einen solchen Prozess nennt man horizontalen Gentransfer (HGT), und er ist deutlich häufiger, als man ursprünglich dachte.

Prinzipiell handelt es sich dabei um Insertionen, also um die Einführung eines neuen DNA-Abschnitts in ein Chromosom. Technisch gesehen entspricht eine Insertion der Herstellung eines transgenen Organismus durch den Menschen. Die Gentechnologie, d. h. die Einführung artfremder oder gänzlich künstlicher DNA in lebende Organismen, um ihren Phänotyp zu verändern, ist seit den siebziger Jahren des vergangenen Jahrhunderts möglich. Man glaubte damals, etwas völlig Unnatürliches zu tun; nach vorherrschender Ansicht erben Organismen ihre DNA entsprechend ihres Stammbaums von ihren Vorfahren und akzeptieren grundsätzlich keine Sonderangebote nicht zertifizierter Herkunft. Genomsequenzierungen bewiesen seit den neunziger Jahren, dass dies eine Regel mit vielen Ausnahmen ist. Während HGT bei Eukaryoten noch auf einzelne Gene oder doch auf bestimmte Gruppen mit einem eher promisken Zugang zu fremder DNA wie z. B. bestimmte Rädertierchen oder Rotalgen (Gladyshev et al. 2008, Schönknecht et al. 2013) beschränkt bleibt, wird bei Bakterien der Stammbaum selbst durch den Umfang des Genaustausches infrage gestellt. Ein enges Netz gegenseitigen Austausches scheint hier eher den Realitäten zu entsprechen als das bekannte Bild der Äste, die sich nur trennen, aber nicht vereinigen können (Martin 1999, Popa und Dagan 2011).

Bakterien nutzen HGT häufig, um ihr Genom an bestimmte ökologische Möglichkeiten anzupassen (Shapiro 2011). Doch nehmen sie die nützlichen Gene gezielt – also mit Rücksicht auf deren Funktion – auf, oder entspricht der Prozess horizontalen Gentransfers dem üblichen darwinistischen Wechselspiel von Versuch und Irrtum? Shapiro und seine Anhänger sind bisher den Nachweis einer zielgerichteten Genaufnahme schuldig geblieben, sodass man vom einfacheren Modell von Zufall und Selektion ausgehen sollte.

Es gibt darüber hinaus Indizien, die sowohl gegen eine rein zufällige als auch gegen eine gezielte DNA-Aufnahme bei HGT-Vorgängen sprechen. Zunächst einmal ist DNA-Aufnahme eine Frage der Gelegenheit. Bakterielle Gene wechseln häufig das Genom, ohne dass sie zugleich in einen anderen Lebensraum vordringen, sie bleiben im selben Wasser, im selben Boden oder im selben Wirt (Popa und Dagan 2011). Die tropische Taufliege *Drosophila ananassae* hat fast die gesamte DNA ihres symbiotischen Bakteriums *Wolbachia pipientis* in ihr eigenes Genom integriert (Hotopp et al. 2007). Aufgrund des Umfangs der aufgenommenen DNA ist es fraglich, ob die Fliege etwas von der integrierten bakteriellen DNA hat, zumal sie nur einen sehr kleinen Anteil dieser bakteriellen Gene (etwa zwei Prozent) auch transkribiert.

Wolbachia lebt in sehr vielen Insekten und auch in Fadenwürmern. Interessanterweise enthalten die Mehrzahl der auf *Wolbachia*-Sequenzen untersuchten Wirtsgenome etwas von dieser DNA bakterieller Herkunft (Dunning Hotopp 2011). Über eine Funktion ist bisher nichts bekannt. Das gleiche gilt für viele springende Gene, welche zwischen verschiedenen Organismen vor allem dann ausgetauscht werden, wenn sie miteinander häufig in Kontakt kommen, wie etwa zwischen Hefepilzen und hefefressenden Taufliegen (Keeling und Palmer 2008), oder zwischen Wirbeltieren und ihren wirbellosen Parasiten (Gilbert et al. 2010). Geber und Empfänger haben hier nichts von der DNA-Übergabe, es handelt sich eher um eine Infektion, denn springende Gene sind Parasiten des Genoms. Auch ein wesentlicher Teil der von Bakterien aufgenommenen Fremdgene dient einzig und allein der Weiterverbreitung parasitischer DNA-Elemente (springende Gene, Plasmide) bzw. von Viren (Wiedenbeck und Cohan 2011).

Daneben gibt es selbstverständlich viele Beispiele für die Aufnahme nützlicher Fremdgene. Doch vor dem Hintergrund der genannten, teilweise sogar schädlichen Gentransfers kann nicht von einer gezielten Aufnahme, wohl aber von Auslese gesprochen werden. Nicht immer ist das eine Selektion des durch das neue Gen „verbesserten" Empfängerorganismus, es kann auch die Auslese der Fähigkeit eines springenden Gens sein, sich in neuen Wirten vermehren zu können. Die weitverbreitete und teilweise erstaunlich umfangreiche Integration der DNA von bakteriellen Symbionten in die Genome von Insekten und Fadenwürmern weist zudem darauf hin, dass DNA nicht nur durch Zufall aufgenommen, sondern auch durch Zufall behalten werden kann (Dunning Hotopp 2011). Insgesamt gesehen erfolgt die DNA-Aufnahme durch die Empfängerorganismen also nicht nur zufällig, sondern erfordert eine Gelegenheit, sprich möglichst viele Begegnungen zwischen Quelle und Empfänger. Die Integration fremder DNA ins Genom erfolgt demnach immer zufällig, es gibt jedoch sehr verschiedene Einflüsse, die diese DNA dauerhaft im Genom verankern können. Dazu zählen fortgesetzt günstige Bedingungen zur Aufnahme der DNA, begünstigende Auslese oder eben der Zufall in Gestalt der genetischen Drift.

Horizontaler DNA-Transfer ist von einer Verschmelzung zweier Organismen zum beiderseitigen Nutzen nicht leicht zu trennen, wenn diese Verschmelzung tatsächlich die Vereinigung zuvor getrennter Zellen meint. Wir wissen recht sicher von zwei Ereignissen dieser Art in der evolutionären Vergangenheit, deren Bedeutung für unsere gegenwärtige Lebewelt kaum zu überschätzen ist – gemeint sind die Entstehungsgeschichten von Mitochondrien und Chloroplasten.

Nach vorherrschender Theorie entstanden Eukaryoten durch die Verschmelzung einer Vorläuferzelle mit Proteobakterien vor weit mehr als einer

Milliarde Jahre. Entweder versuchte jene Zelle das Bakterium zu fressen oder das Bakterium drang als Parasit in eine neue Wirtszelle ein. So oder so, die Begegnung begründete eine noch heute andauernde und immer inniger werdende Beziehung, zu deren Kindern alle Lebewesen gehören, die wir je mit bloßem Auge sahen – uns selbst natürlich eingeschlossen. Aller Wahrscheinlichkeit nach besaßen beide Partner dieser sogenannten Endosymbiose – ein Partner lebte nun im Inneren des anderen – bereits Tausende verschiedene Gene. Das Proteobakterium konnte etwas, was die Wirtszelle nicht beherrschte: Es hatte eine kreisförmige Reaktionskette – den Zitratzyklus – entwickelt, mit dessen Hilfe es viele organische Stoffe zur Energiegewinnung an Sauerstoff binden konnte. Mit diesem Prozess, Zellatmung genannt, gewann das Bakterium aus Traubenzucker viel mehr Energie, als die Vorläuferzelle durch Gärung aus denselben Stoffen ziehen konnte. Die Bakterienzelle konnte also der aufnehmenden Zelle als Kraftwerk dienen, während es selbst von der Bereitstellung der Brennstoffe durch die Wirtzelle profitierte.

Bakterium und Vorläuferzelle unterlagen wegen ihrer engen Kooperation nun gemeinsamer Selektion (Kapitel 4). Diese Selektion verbesserte fortlaufend ihre Integration. Die Umwelt des Bakterium war nun der Zell-Innenraum des „dankbaren" Wirtes. Das war eine geschützte, gewissermaßen klimatisierte Umgebung. Viele seiner Gene brauchte es daher nicht mehr länger. Auf der anderen Seite hatte der Wirt für einige Gene seines Gastes Verwendung. Auch stellte es sich als positiv heraus, dass der Wirt die Kontrolle über die Vermehrung und die Stoffwechselaktivität des ehemaligen Bakteriums übernahm. Beide kamen so natürlich nicht mehr ohne einander aus, und das Bakterium verwandelte sich durch fortlaufenden und anhaltenden Genverlust zum Mitochondrium, welches heute nur noch über wenige Dutzend eigene Gene verfügt.

Dieses immer noch vorhandene, eigene Genom des Mitochondriums ist der wichtigste Beleg, dass es einmal ein selbstständiges Lebewesen war. Die Mehrheit der Gene dieses Genoms gingen verloren, viele von ihnen wanderten jedoch in das Genom seines Wirtes ein (Keeling und Palmer 2008). Die Umwandlung dieser nun erfolgreichsten aller bekannten Symbiosen in die Stammzelle aller Eukaryoten wird von einigen Biologen, z. B. von James A. Shapiro und Joachim Bauer, als nichtdarwinistischer Vorgang betrachtet (Bauer 2010, Shapiro 2011). Sie übersehen dabei geflissentlich, dass die von ihnen betonte Kooperation in der Symbiose in der gemeinsamen *Selektion* der neuen Einheit beider Organismen mündet und dass, je enger die Kooperation wird, der Rückweg zu selbstständigen Organismen immer schwerer wird. Es gibt keinerlei Garantie, dass dabei nicht ein Partner völlig verloren geht. So ist es heute wissenschaftlicher Konsens, dass die Vorfahren der wenigen Eukaryotenformen, welche heute ohne Mitochondrien auskommen, einmal

Mitochondrien besaßen (Keeling et al. 2005). Darauf weisen einige Gene hin, welche sich in ihren Genomen finden. Sie wurden offensichtlich auf der Ebene des Gesamtorganismus noch gebraucht, während ein Mitochondrium schließlich entbehrlich wurde. Evolution ist eben weder ein ständiges Ausfechten des Platzes an der Sonne noch ein Eldorado gegenseitigen Mit- und Füreinanders. Sie drückt sich in ziellosen Veränderungen aus, welche ständig entsprechend ihres Einflusses auf die Reproduktion ausgelesen werden.

Jene Ziellosigkeit ist Zufälligkeit, die sich im Falle der Beziehung von Mitochondrien zur Zelle gut am Umfang der Genwanderung zeigen lässt. Diese Abwanderung mitochondrialer Gene in den Kern war ein relativ schnell ablaufender Prozess, denn Gelegenheiten, Bruchstücke genetischer Information aus der eigenen Zelle ins Genom des Zellkerns aufzunehmen, gibt es natürlich viel öfter als für die Integration nichtzellulärer DNA. Beim Menschen sind fünf verschiedene Erbkrankheiten bekannt, die durch den Einbau von DNA-Fragmenten des mitochondrialen Genoms ins Kerngenom entstanden sind (Hazkani-Covo et al. 2010). Weitere zwölf menschliche Gene sind bekannt, welche bei mehr als ein Prozent aller Menschen Teile mitochondrialer DNA enthalten. Das größte bisher im menschlichen Kerngenom gefundene Stück mitochondrialer DNA umfasst mit 14654 Basenpaaren mehr als 90 % unseres wie bei allen Tieren sehr kleinen mitochondrialen Genoms. In mehreren Pflanzenarten wurden Teile ihres mitochondrialen Genoms im Kern gefunden, welche mehr als 100000 Basenpaare lang sind (Huang et al. 2005). Diese Insertionen müssen keineswegs jung sein. Achtzig Prozent unserer Kern-DNA mitochondrialer Herkunft haben wir mit den Schimpansen gemein (Hazkani-Covo et al. 2010). Die DNA-Fragmente befinden sich also bereits seit mehr als sechs Millionen Jahren am falschen Platz. Mitochondriale DNA-Bruchstücke sind in den Kerngenomen der Eukaryoten eine derart häufige Erscheinung, dass sie einen eigenen Namen erhielten: Sie heissen *numt (nuclear copies of mitochondrial DNA)*.

Alle mitochondrialen Gene, die nach der Verlagerung in den Kern dort transkribiert werden konnten und sich dann als nützlich erwiesen, haben sich am neuen Ort etabliert, wurden deshalb im Mitochondrium nicht mehr gebraucht und gingen folgerichtig dort verloren. Im Ergebnis scheint es, als ob Gene aus dem mitochondrialen Genom ins Kerngenom „umgezogen" wären. In Wirklichkeit jedoch bestand jedes dieser Gene zeitweise doppelt, d. h. sowohl im Mitochondrium als auch im Zellkern.

Da sich die Eukaryoten während dieser Genwanderung in unterschiedliche Formen aufspalteten, wanderten viele mitochondriale Gene unabhängig voneinander mehrfach – jeweils in verschiedenen evolutionären Linien – in den Kern ein. Man kann diesen noch heute nicht zum Abschluss gekommenen Prozess beim Vergleich der Genome verschiedener Eukaryoten nachweisen

(Ahmadinejad et al. 2010). Dabei wird deutlich, dass bestimmte Gene, die für den Zellatmungsprozess sowie für die Transkription und Translation des mitochondrialen Genoms nötig sind, gern dort verbleiben und nur zu einem Teil ins Kerngenom gewandert sind. Die Aufteilung der Gene für diese zentralen Funktionen des Mitochondriums zwischen beiden Genomen wurde in allen Eukaryoten vollzogen und bietet den Vorteil, diese Prozesse zwischen Zelle und Mitochondrium zu regulieren. Welche der Gene jedoch in den Kern wanderten und welche zurückblieben, war dafür nicht so wichtig. Die Art der im Mitochondrium verbliebenen und der in den Kern gewanderten Gene unterscheidet sich zwischen Pflanzen und Tieren deshalb beträchtlich (Ahmadinejad et al. 2010). Auch hier finden wir demnach zufällige als auch selektierte Ergebnisse der Evolution.

Die Entstehung der Chloroplasten aus Blaualgen (Cyanobakterien) ereignete sich später, zeigt jedoch einige Parallelen zur Evolution der Mitochondrien. Die Cyanobakterien übertrugen die Fotosynthese in eukaryotische Zellen und verwandelten sich danach allmählich in Organellen dieser Zellen. So entstanden die Pflanzen. Von dieser Endosymbiose weiss man jedoch, dass sie sich nicht nur einmal, sondern mindestens achtmal unabhängig voneinander vollzogen hat (Gilson und McFadden 2002). Denn viele Vorfahren heutiger Algengruppen nahmen nicht etwa eine Blaualge in ihre Zelle auf, sondern andere Algenformen, die zuvor für ihre Fotosynthese bereits selbst eine Blaualge aufgenommen hatten. Man kann das noch heute an der erhöhten Zahl der Membranen erkennen, die die Chloroplasten umgeben. Bei zwei dieser Mehrfach-Endosymbiosen blieb ein Rest des Zellkerns der aufgenommenen Grün- oder Rotalgen bis heute erhalten. Man nennt dieses weitere Genom einen Nukleomorph. Diese einzelligen Algen, die Cryptomonaden und die Chlorarachniophyten, haben also noch ein Genom mehr als andere Pflanzen: Ein Kerngenom, einen Nukleomorph, ein Chloroplastengenom und ein mitochondriales Genom. Man fühlt sich an ineinandergesteckte russische Matroschka-Puppen erinnert. Zweifellos weist der mehrfach unabhängig voneinander erfolgte Erwerb der Fähigkeit zur Fotosynthese auf die erhebliche Nützlichkeit dieses Prozesses für das Überleben der Zelle hin. Auf der anderen Seite beweist die Umständlichkeit des Erwerbs und die andauernde Präsenz von DNA-Rückständen aufs Neue die Inkonsequenz evolutionärer Prozesse, wie sie nur durch das Zusammenspiel von zufälligem Aufeinandertreffen potenzieller Partner und die Auslese untauglicher Partnerschaftsvarianten erklärt werden kann. Ein gezielter Prozess lässt sich schlecht mit dem Fortbestand von teilweise drei verschiedenen Genomen (Kerngenom, Nukleomorph und Chloroplastengenom) in einer Zelle vereinbaren, die alle in die Regulation der Fotosynthese im Chloroplasten eingreifen.

Die Untersuchung des Genoms der Chloroplasten offenbarte ein weiteres Phänomen, welches das Wechselspiel zwischen Zufall und Selektion in der Evolution belegt. Jeder Gärtner weiss, wie Obstbäume durch Pfropfen zu veredeln sind. Der Sinn einer solchen Kombination zweier Baumsorten besteht darin, eine robuste, gutwüchsige, gegen Schädlinge resistente Pfropf-Unterlage mit einem Pfropf-Reis zu versehen, das reichlichen und hochwertigen Ertrag verspricht. Gärtner haben nicht die Absicht, dabei DNA zu übertragen, aber sie tun es wohl nicht selten. Insbesondere Chloroplastengenome können zwischen den beiden Pfropf-Partnern ausgetauscht werden, wenn sich die Leitgefäße beider Pflanzen beim Pfropfen miteinander verbinden (Stegemann et al. 2012). Das wurde an verschiedenen, sexuell nicht kreuzbaren Tabakarten praktisch bewiesen. Die Chloroplastengenome konnten dabei nachweislich in beide Richtungen wandern und sich durch anschließende Selektion, weitgehend unabhängig vom Kerngenom, in nachfolgenden Generationen der Empfängerpflanze durchsetzen. Ohne Auslese zugunsten des eindringenden Genoms ist das fast unvorstellbar, da die betroffenen Pflanzen ja bereits eigene Chloroplastengenome besitzen. Erstaunlich ist nur, dass es keine generelle Inkompatibilität zwischen Kern- und Chloroplastengenom gibt. Bei bestimmten Pflanzen wie etwa bei Königskerzen lassen sich Kern- und Chloroplastengenome verschiedener Arten nur schlecht kombinieren. Offensichtlich ist dies keine Regel, denn in verschiedenen anderen, nahe verwandten Blütenpflanzenarten finden sich innerhalb bestimmter Gebiete die gleichen Chloroplastengenome, während in benachbarten Landstrichen eine andere, lokaltypische Chloroplasten-DNA in denselben Arten zu finden ist (Stegemann et al. 2012). Chloroplasten-DNA kann also ortstypisch statt arttypisch vorkommen, im Unterschied zur Kern-DNA, die grundsätzlich arttypisch ist. Das beweist nicht nur natürlichen Chloroplasten-DNA-Transfer, sondern könnte auch auf eine besondere Klima-Anpassung dieser DNA hinweisen – schließlich wird durch diese DNA ausschließlich die Fotosynthese reguliert. Auch bei der Übertragung von Chloroplasten mit ihren Genomen kombiniert sich also der Zufall des Kontakts zwischen zwei Arten mit der Notwendigkeit einer Auslese. Diese Selektion bestimmt nachträglich die Richtung der Wanderung der Chloroplasten-DNA. Denn Chloroplasten-DNA-Übernahmen sind im Erfolgsfall immer einseitig, obwohl der Austausch zunächst in beide Richtungen erfolgt.

7.4   Zufall und Notwendigkeit

Wir haben in den vorangegangenen Abschnitten gesehen, dass der Zufall der Mutation und die Notwendigkeit der Auslese zusammen erstaunliche Veränderungen erzeugen können. Eine Zielgerichtetheit, wie von Anhängern teleologischer Evolution wie Shapiro oder Bauer angenommen, kann daraus nicht abgeleitet werden. Dazu müssten Organismen die Konsequenzen ihrer Änderungen im Genom im Voraus zumindest ungefähr kennen und vor allem ihren Einfluss auf ihre eigene Reproduktionsfähigkeit abschätzen können. Erfahrene Molekularbiologen können das, aber erst, wenn sie das entsprechende Gen funktionell genauer untersucht, d. h. umfassend getestet haben. Diese Möglichkeit haben Organismen selbstverständlich nicht. Für sie ist Evolution ein ständiger Selbstversuch. Erst nach Mutationen stellt sich, mehr oder weniger schnell, heraus, welche Folgen diese Veränderungen für ihre Träger haben. Bevor allerdings die letzte Mutation vom Leben bewertet werden kann, ist schon die nächste passiert. Von Basenpaaraustauschen über Insertionen fremder DNA bis zur Verdopplung des gesamten Genoms gibt es dafür nahezu endlose Möglichkeiten. Doch es gilt: Vorwärts immer, rückwärts nimmer! Die Rücknahme gerade eingetretener Mutationen ist bereits sehr unwahrscheinlich, wenige Mutationsschritte später aber sinkt die Chance praktisch auf null, einmal eingetretene Veränderungen zurückzunehmen. Denn das Genom besitzt kein Gedächtnis für seine früheren Zustände, jede vollendete Mutation beseitigt die Spuren des vorangegangenen Zustandes restlos.

Ohne Gedächtnis und ohne zu experimentieren ist kein gezieltes Vorgehen möglich. Zufällige Mutationen machen alle Organismen zu Versuchsobjekten der Evolution, und zwar auf Gedeih und Verderb, ohne Netz und doppelten Boden. Doch das kann man auch positiv sehen. Eine Optimierung des Organismus ist in keiner Weise vorgeschrieben, es ist auch ohne Kenntnis der Umweltbedingungen ungewiss, welche phänotypische Veränderung denn eine Verbesserung darstellen würde. Nur eins *muss* passieren: Der Organismus muss sich fortpflanzen. Die Nachkommen sind der Erfolg, die Strafe für das Scheitern die Nicht-Existenz. Einen endgültigen Erfolg gibt es nicht, nur einen andauernden in Form beständiger Wiedergeburt, in mehr oder weniger veränderter Gestalt.

Zwei wesentliche Schlussfolgerungen sind aus diesem Kapitel zu ziehen. Erstens sind Mutationen nie völlig beliebig, sondern ereignen sich in bestimmten, statistisch beschreibbaren Mustern. Insofern sind sie nicht zufällig. Ein zu inserierendes Stück DNA muss zuvor existieren. Sie werden jedoch nicht gezielt gesetzt, natürliche Gentechnik (*natural genetic engineering*) gibt es demzufolge nicht. Zweitens gibt es keine Möglichkeit, Selektion zu umgehen. Das bedeutet nicht, dass Gene oder Merkmale von Organismen nur durch die Auslese entstanden sind, wohl aber, dass die natürliche Auslese zumindest über chromosomale Kopplung an der Entstehung jedes Merkmals und jedes Gens *beteiligt* war. Wenn also unter nichtdarwinistischer Evolution Veränderung ohne Beteiligung selektiver Vorgänge verstanden werden soll, dann gibt es keine nichtdarwinistische Evolution. Denn ganz gleich, ob die letzte Genom-veränderung durch Basenpaaraustausch, DNA-Insertion, Gen-Duplikation, Genom-Duplikation, Endosymbiose oder Hybridisierung mit fremden Arten erfolgt ist – das entstehende Individuum muss Nachkommen erzeugen, um Evolutionsgeschichte zu schreiben und so der Auslese zu widerstehen. Es wurde geschätzt, dass 10 bis 30 % aller Pflanzen- und Tierarten Hybride mit verwandten Arten bilden können. Die Zahl der Organismen jedoch, die bei vorhandener Gelegenheit erfolgreich Kuckuckskinder erzeugen, ist vergleichsweise gering: Nur 0,01 bis 1 % aller Individien zweier miteinander hybridisierender Arten sind in gemeinsamen Vorkommensgebieten tatsächlich Hybride (Abbott et al. 2013).

Literatur

Abbott R, Albach D, Ansell S, Arntzen JW, Baird SJE, Bierne N, Boughman J, Brelsford A, Buerkle CA, Buggs R, et al (2013) Hybridization and speciation. J Evol Biol, 26(2):229–246

Ahmadinejad N, Dagan T, Gruenheit N, Martin W, Gabaldon T (2010) Evolution of spliceosomal introns following endosymbiotic gene transfer. BMC Evol Biol, 10(1):57

Arlt MF, Wilson TE, Glover TW (2012) Replication stress and mechanisms of CNV formation. Curr Opin Genet Dev, 22(3):204–210

Bauer J (2010) Das kooperative Gen. Heyne, München

chs/dpa (2012) 1,2 Millionen Opfer pro Jahr: Malaria tötet viel mehr Menschen als angenommen. Spiegel Online

Consortium EP, Bernstein BE, Birney E, Dunham I, Green ED, Gunter C, Snyder M (2012) An integrated encyclopedia of DNA elements in the human genome. Nature, 489(7414):57–74

Dunning Hotopp JC (2011) Horizontal gene transfer between bacteria and animals. Trends Genet, 27(4):157–163

Eichinger L, Pachebat JA, Glöckner G, Rajandream MA, Sucgang R, Berriman M, Song J, Olsen R, Szafranski K, Xu Q, et al (2005) The genome of the social amoeba Dictyostelium discoideum. Nature, 435(7038):43–57

Emerson JJ, Cardoso-Moreira M, Borevitz JO, Long M (2008) Natural selection shapes genome-wide patterns of copy-number polymorphism in Drosophila melanogaster. Science, 320(5883):1629–1631

Gilbert C, Schaack S, Pace JK, Brindley PJ, Feschotte C (2010) A role for host-parasite interactions in the horizontal transfer of transposons across phyla. Nature, 464(7293):1347–1350

Gilson PR, McFadden GI (2002) Jam packed genomes – a preliminary, comparative analysis of nucleomorphs. Genetica, 115(1):13–28

Gladyshev EA, Meselson M, Arkhipova IR (2008) Massive horizontal gene transfer in bdelloid rotifers. Science, 320(5880):1210–1213

Hazkani-Covo E, Zeller RM, Martin W (2010) Molecular poltergeists: mitochondrial DNA copies (numts) in sequenced nuclear genomes. PLoS Genet, 6(2):e1000834

Hotopp JCD, Clark ME, Oliveira DCSG, Foster JM, Fischer P, Torres MCM, Giebel JD, Kumar N, Ishmael N, Wang S, et al (2007) Widespread lateral gene transfer from intracellular bacteria to multicellular eukaryotes. Science, 317(5845):1753–1756

Huang CY, Grünheit N, Ahmadinejad N, Timmis JN, Martin W (2005) Mutational decay and age of chloroplast and mitochondrial genomes transferred recently to angiosperm nuclear chromosomes. Plant Physiology, 138(3):1723–1733

Iskow RC, Gokcumen O, Lee C (2012) Exploring the role of copy number variants in human adaptation. Trends Genet, 28(6):245–257

Keeling PJ, Burger G, Durnford D, Lang B, Lee R, Pearlman RE, Roger AJ, Gray MW (2005) The tree of eukaryotes. Trends Ecol Evol, 20(12):670–676

Keeling PJ, Palmer JD (2008) Horizontal gene transfer in eukaryotic evolution. Nat Rev Genet, 9(8):605–618

Keightley PD, Trivedi U, Thomson M, Oliver F, Kumar S, Blaxter ML (2009) Analysis of the genome sequences of three Drosophila melanogaster spontaneous mutation accumulation lines. Genome Res, 19(7):1195–1201

Kenigsberg E, Tanay A (2013) Drosophila functional elements are embedded in structurally constrained sequences. PLoS Genet, 9(5):e1003512

Lynch M, Conery JS (2000) The evolutionary fate and consequences of duplicate genes. Science, 290(5494):1151–1155

Martin W (1999) Mosaic bacterial chromosomes: a challenge en route to a tree of genomes. Bioessays, 21(2):99–104

Mills RE, Walter K, Stewart C, Handsaker RE, Chen K, Alkan C, Abyzov A, Yoon SC, Ye K, Cheetham RK, et al (2011) Mapping copy number variation by population-scale genome sequencing. Nature, 470(7332):59–65

Perry GH, Dominy NJ, Claw KG, Lee AS, Fiegler H, Redon R, Werner J, Villanea FA, Mountain JL, Misra R, et al (2007) Diet and the evolution of human amylase gene copy number variation. Nat Genet, 39(10):1256–1260

Petrov DA, Hartl DL (1999) Patterns of nucleotide substitution in Drosophila and mammalian genomes. Proc Natl Acad Sci USA, 96(4):1475–1479

Popa O, Dagan T (2011) Trends and barriers to lateral gene transfer in prokaryotes. Curr Opin Microbiol, 14(5):615–623

Ryan F (2010) Virolution. Die Macht der Viren in der Evolution, Spektrum, Heidelberg

Schönknecht G, Chen WH, Ternes CM, Barbier GG, Shrestha RP, Stanke M, Bräutigam A, Baker BJ, Banfield JF, Garavito RM, et al (2013) Gene transfer from bacteria and archaea facilitated evolution of an extremophilic eukaryote. Science, 339(6124):1207–1210

Shapiro JA (2011) Evolution. A view from the 21st century, FT Press, Upper Saddle River

Stegemann S, Keuthe M, Greiner S, Bock R (2012) Horizontal transfer of chloroplast genomes between plant species. Proc Natl Acad Sci USA, 109(7):2434–2438

Surridge A (2003) Evolution and selection of trichromatic vision in primates. Trends Ecol Evol, 18(4):198–205

Wang J, Fan HC, Behr B, Quake SR (2012) Genome-wide single-cell analysis of recombination activity and de novo mutation rates in human sperm. Cell, 150(2):402–412

Wiedenbeck J, Cohan FM (2011) Origins of bacterial diversity through horizontal genetic transfer and adaptation to new ecological niches. FEMS Microbiol. Rev, 35(5):957–976

8

Eindringlinge im Genom

> *Die DNA-Sequenz lässt sich einfach in Zahlen*
> *ausdrücken: Sie ist zusammengesetzt aus drei Milliarden*
> *Basenpaaren. Diese Information ist ausreichend, um für*
> *etwa 100000 bis 300000 Gene zu kodieren, wobei jedes*
> *Gen eine Region der DNA darstellt, welche ein Protein*
> *oder eine andere funktionelle Struktur des Organismus*
> *produziert. Niemand weiss, wie viele Gene wirklich*
> *daran beteiligt sind, weil wir nicht die durchschnittliche*
> *Größe eines menschlichen Gens kennen. Unsere Schätzung*
> *von 100000 Genen nimmt an, dass etwa 30000*
> *Basenpaare auf ein Gen entfallen.*
>
> (Gilbert 1992, S. 83), übersetzt

Ganz wie Walter Gilbert nahmen auch andere Fürsprecher der Sequenzierung des menschlichen Genoms seinerzeit an, dass sich das Genom des Menschen ungefähr gleichmäßig und restlos auf schätzungsweise 100000 funktionell wichtige Gene des Menschen aufteilen lassen würde. 1995 wurde dann erstmals die vollständige DNA-Sequenz eines Organismus, des Bakteriums *Haemophilus influenzae*, bekannt. Nur wenige Jahre später konnten auch die wesentlich umfangreicheren Genomsequenzen des Fadenwurms *Caenorhabditis*, der Taufliege *Drosophila* und des Menschen bestimmt werden. Diese und weitere Totalsequenzierungen waren Quelle vieler unerwarteter Erkenntnisse. Eine der wichtigsten war die Tatsache, dass nur kleine Teile eines großen Genoms als Gedächtnis für Gestalt und Menge lebensnotwendiger Proteine und RNA-Moleküle dienen.

Der Umfang dieses Gedächtnisses hat zugleich nur einen geringen Anteil an der gewaltigen Größenzunahme des Genoms vom einfachen Bakterium zum Menschen (Abb. 8.1). Die Zahl menschlicher Gene wurde mehrfach nach unten korrigiert und wird heute auf etwa 22000 geschätzt (Pertea und Salzberg 2010). Eine genaue Angabe ist aus mehreren Gründen praktisch unmöglich,

V. Krauß, *Gene, Zufall, Selektion*, DOI 10.1007/978-3-642-41755-9_8,
© Springer-Verlag Berlin Heidelberg 2014

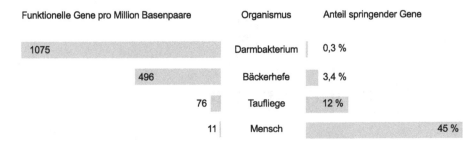

Funktionelle Gene pro Million Basenpaare	Organismus	Anteil springender Gene
1075	Darmbakterium	0,3 %
496	Bäckerhefe	3,4 %
76	Taufliege	12 %
11	Mensch	45 %

Abb. 8.1 Gendichte und Transposons. Grafik © Veiko Krauß. Je komplizierter ein Organismus, desto mehr DNA wird benötigt. Der Mensch hat etwa 1000-mal mehr DNA als das bekannte Darmbakterium *Escherichia coli*. Daran ist nicht die eher mäßig zunehmende Zahl der Gene schuld, sondern ein immer größerer Anteil scheinbar funktionsloser DNA. Schlimmer noch: Auch die Menge parasitischer DNA (springender Gene) nimmt mit der Komplexität des Genoms zu.

denn (1) werden die zahlreichen springende Gene als parasitische Elemente des Genoms üblicherweise nicht zu den körpereigenen Genen gezählt, können aber durch Mutationen zur Bildung neuer Gene beitragen (dieses Kapitel), (2) sind insbesondere viele kleine, nur für die Bildung funktioneller RNA zuständige Gene vermutlich noch nicht oder nicht sicher identifiziert worden, (3) ist die Abgrenzung einzelner Gene aufgrund der Schwierigkeiten mit der Gendefinition (vgl. Abschnitt 3.3) manchmal nicht eindeutig, (4) duplizieren sich Gene vergleichsweise häufig – deswegen unterscheiden sich vermutlich die meisten Menschen in ihrer absoluten Genzahl voneinander, ohne es zu wissen (Abschnitt 7.2) und (5) verlieren manche Gene durch Mutationen ihren Promotor, wodurch sie nicht mehr transkribiert werden können. Sie werden dann Pseudo-Gene genannt, weil sie Genen in ihrer DNA-Sequenz ähneln, aber nicht mehr funktionieren. Verantwortlich für die geradezu explosive Vermehrung der DNA-Menge sind dagegen Sequenzen, welche heute in Gestalt zahlreicher, einander sehr ähnlicher Einzelkopien in den vergleichsweise riesigen Genomen von Wirbeltieren und Gefäßpflanzen zu finden sind. Diese Wiederholungssequenzen nützen dem Organismus nur selten. Vor der Sequenzierung vollständiger Genome waren im Grunde gar keine Funktionen für sie bekannt. Man sprach deshalb von Abfall-DNA (*junk*-DNA).

Man wusste von vielen dieser sich wiederholenden (also repetitiven) Sequenzen, dass sie sich unter Nutzung von zellulären und von selbst kodierten Molekülen vervielfältigen können. Infolgedessen tauchen sie im Laufe der Generationen an immer neuen Orten des Genoms auf. Sie werden deshalb gern als „springende Gene" bezeichnet. In der Wissenschaft nennt man sie Transposons. Wir haben sie schon kennengelernt, als wir darüber nachdachten, ob auf Ebene einzelner Gene Auslese erfolgen kann (Abschnitt 4.1). Wir kamen zu dem Schluss, dass diese springenden Gene tatsächlich in Konkurrenz zueinander stehen, dass sie genomische Parasiten des Organismus darstellen und dass sie bei ihrer Vermehrung die Überlebensfähigkeit ihres Wirtsorganismus nicht wesentlich beeinträchtigen dürfen, solange sie nicht in der Lage sind, ihn oder seine direkten Nachkommen zu verlassen und andere Organismen zu befallen.

Für einen Teil dieser Sequenzen existiert diese Möglichkeit. Viele Transposons weisen virenähnliche DNA-Abschnitte auf. Sie unterscheiden sich von manchen Virentypen nur durch das Fehlen eines Gens, welches für ein Hüllprotein kodiert. Eine Nukleinsäure (DNA oder RNA), welche mit einer Proteinhülle ausgestattet ist, kann außerhalb eines Organismus lange genug intakt bleiben, um in andere Lebewesen einzudringen und sich dort wiederum zu vermehren. Der Schritt vom Transposon zum Virus oder umgekehrt – beides ist möglich – ist also verhältnismäßig klein. Genau dass könnte erklären, warum in fast allen Arten von Eukaryoten alle Formen von Transposons vorkommen. Transposons wechseln offenbar – wenn auch selten – ihre Wirtsorganismen. Denn würden sie von Generation zu Generation ausschließlich an die Nachkommen bisheriger Wirte weitergegeben, würde jede Art von Lebewesen nur für sie typische Formen von Transposons tragen.

8.1 Ein labiles Gleichgewicht

Die Masse der Transposons im menschlichen Genom sind Retrotransposons, d. h. springende Gene, welche sich über eine RNA-Kopie vermehren. Die DNA-Sequenz des Retrotransposons wird dazu transkribiert. Dieses Transkript wird wie eine Boten-RNA (mRNA) benutzt, um ein ganz spezielles Protein zu bilden. Dieses Protein ist eine Reverse Transkriptase , d. h. eine DNA-Polymerase, welche ein RNA-Molekül als Kopiervorlage (Matrize) benutzen kann. Diese Matrize ist ebenjenes Transkript des Retrotransposons, welches schon für die Bildung des Enzyms benutzt wurde und welches nun in eine neue DNA-Kopie umgeschrieben wird, welche dann an einer neuen, zufälligen Stelle in das Wirtsgenom integriert. Aus einer Transposonkopie im Genom werden auf diese Weise zwei, die eben transkribierte und die wenig später neu eingefügte. Durch diese von Zeit zu Zeit ablaufende Vermehrung der Retrotransposons wird abgesichert, dass zumindest einige Kopien sowohl transkribiert als auch in eine aktive Reverse Transkriptase übersetzt werden können, denn die einmal produzierten DNA-Sequenzen bleiben so lange im Genom des Wirtsorganismus zurück, bis sie durch eine große Zahl zufälliger Nukleotidaustausche unkenntlich geworden sind oder durch zufällige Deletionen des genetischen Materials ganz oder teilweise entfernt wurden. Im Falle der Retrotransposons wird das im Laufe von Jahrmillionen nur sehr langsam aber sicher passieren, da der Wirtsorganismus ein solches Retrotransposon nicht braucht und es demnach nicht erhalten werden muss. Lediglich immer wieder neu erstellte Kopien können deshalb die weitere Existenz des Retrotransposons im Organismus sichern.

Der beschriebene Kopiermechanismus ist außergewöhnlich erfolgreich. 34 % unseres Genoms bestehen zu mehr als 99 % aus bereits inaktiven, oft nur noch in Bruchstücken vorhandenen Kopien solcher Retrotransposons (Lander et al. 2001). Zudem hat man berechnet, dass bis zu ein Prozent anderer Genomsequenzen durch Retrotransposons mit kopiert und an neuer Stelle ins Genom eingefügt worden sind. Weitere acht Prozent unseres Genoms bestehen aus Kopien der Genome von Retroviren, welche sich von Retrotransposons nur dadurch unterscheiden, dass sie größer sind und auch noch Gene für Hüllproteine umfassen (Abb. 8.2). Diese Retroviren sind im Gegensatz zu den Retrotransposons infektiös, können also von einem Wirt zum anderen übertragen werden und mögen deshalb in den Verwandten unserer Vorfahren schwere Krankheiten ausgelöst haben – AIDS wird durch ein Retrovirus namens HIV ausgelöst – oder mehr oder weniger unbemerkt zwischen ihnen weitergegeben worden sein. Da auch die Mehrheit dieser endogenen Retrovirensequenzen (ERV) des menschlichen Genoms längst durch Mutationen inaktiviert wurden, also keine Viruspartikel mehr produzieren kann, ist es heute nicht mehr möglich, festzustellen, ob und welche Krankheitssymptome mit der ursprünglichen Infektion einhergingen. In unseren direkten Vorfahren können sie allerdings nicht schwerwiegend gewesen sein, da sie anderenfalls uns nicht die DNA-Kopien dieser Viren vererbt haben könnten.

Beinahe die Hälfte unseres Genoms besteht also aus Sequenzen, welche sich scheinbar eigenmächtig, völlig unabhängig von der Erhaltung des menschlichen Organismus, vermehrt haben. Wie ist das möglich?

Zunächst einmal ist offensichtlich, dass nicht nur im menschlichen Genom, sondern in allen großen, vielzelligen Lebewesen wie etwa Wirbeltieren und Samenpflanzen ein ähnlich hoher Anteil des Genoms aus parasitischen Sequenzen aufgebaut ist. Solange sie nicht mit der Fortpflanzung des Wirtes in Konflikt geraten, können sie sich weiter vermehren. Ihre gemeinsame Replikation mit den Wirtsgenom ist für das gastgebende Lebewesen so billig, dass eine Selektion gegen die Insertion von Transposons oder Retroviren meist nicht stattfindet. Die seltene Erstellung einer neuen Kopie in einer anderen Region des Genoms führt nur in der Minderheit der Fälle zu einer Auslese gegen dieses neue Ereignis, da sie wahrscheinlich in einem informationsarmen DNA-Abschnitt erfolgen wird, z. B. in eine andere, ältere Transposonsequenz hinein. Nur die Insertion in einen funktionell aktiven Abschnitt einer transkri-

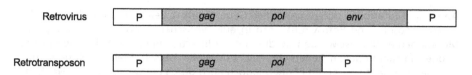

Abb. 8.2 Springende Gene. Grafik © Veiko Krauß. Retroviren und Retrotransposons sind wichtige Typen springender Gene. Retroviren sind aus den dargestellten vier Sequenzelementen aufgebaut: Genen für Hilfsproteine (*gag*), für die Reverse Transkriptase (*pol*) und für Viren-Hüllproteine (*env*) sowie aus dem Promotor zur Transkription der gesamten Länge der Virussequenz (P). Kopien des Promotors befinden sich an beiden Enden des Virus, weil er zugleich als Erkennungssequenz für die Integration neuer Virussequenzen ins Genom dient. Dadurch transkribiert ein Retrovirus nicht nur seine eigene Sequenz, sondern auch Wirtsgenomsequenzen, welche sich hinter seinem eigenen Integrationsort befinden. Auch das zählt zu den Nebenwirkungen einer Virus-Integration. Retrotransposons sind genauso aufgebaut wie Retroviren, nur fehlen ihnen die Gene für Hüllproteine (*env*), wodurch sie außerhalb der Zelle nicht stabil sind.

bierten Region (d. h. eines Gens), also in das Leseraster eines Proteins oder in die DNA-Matrize einer gewöhnlich funktionellen RNA, wird zu einer echten Belastung für den Wirt. Die Vermehrung des betroffenen Wirtes wird durch dieses Ereignis unwahrscheinlicher, was gleichbedeutend mit einer negativen Auslese ist. Bei einer nur geringen Aktivität eines Retrotransposons oder eines Retrovirus tritt dieser Fall nur sehr selten auf. Das ermöglicht sowohl dem Wirt als auch seinen DNA-Parasiten die Reproduktion. Zugleich verschwinden an anderen Stellen des Genoms alte Kopien der springenden Gene durch Deletionen und Nukleotidaustausche. Parallel dringen in Form von Retroviren von Zeit zu Zeit neue Parasiten ins Genom ein. Neue springende Gene können sich darüber hinaus auch aus Teilen ursprünglich funktioneller Gene des Organismus bilden. Daher vermindert sich durch das Aussterben alter, unkenntlich gewordener, schmarotzender DNA-Sequenzen die Parasitenlast des Genoms in der Regel nicht dauerhaft, es gibt so auch im „Ökosystem" des Wirbeltiergenoms ein, wenn auch nicht stabiles, Gleichgewicht.

Neuinsertionen werden also durch Selektion ausgemerzt oder verhalten sich nahezu neutral zum Überleben des Wirtsorganismus. Nur sehr selten bietet eine Transposon-Neuinsertion auch unmittelbare Vorteile für den betroffenen Wirt. So scheint der Verlust der sexuellen Fortpflanzung, verursacht durch die Insertion eines Transposons in ein Gen, für manche Wasserflöhe der Art *Daphnia pulex* derzeit vorteilhaft (Eads et al. 2012). Diese asexuellen, nur aus Weibchen bestehenden Wasserfloh-Linien vermehren sich gerade rasant in Nordamerika. Im Abschnitt 4.3 sahen wir jedoch, wie ein solcher Verzicht auf männliche Organe gewöhnlich endet. Es ist eine evolutionäre Sackgasse, denn nachteilige Mutationen werden sich in diesen lustlosen Nachkommen

Abb. 8.3 Mutationen durch springende Gene. Grafik © Veiko Krauß. Springende Gene (Transposons und Retroviren) lösen in eukaryotischen Genomen für sie typische Mutationen aus. Meist werden sie durch neue Insertionen dieser springenden Gene in oder an funktionellen Genen verursacht (Modelle 1 bis 4). Mehrere Kopien eines springenden Gens im Genom können jedoch auch durch die wechselseitige Neukombination der DNA bei der sexuellen Fortpflanzung zu Genomveränderungen führen (Modell 5). mRNA anderer, funktioneller Gene kann durch ein Enzym der springenden Gene – die Reverse Transkriptase – ebenfalls als neue DNA-Kopie an anderer Stelle ins Genom inseriert werden (Modell 6). Auch dadurch können nicht nur neue Gene entstehen, sondern auch vorhandene Gene verändert werden. Einer Veränderung der mRNA folgt auch eine entsprechende Veränderung des kodierten Proteins. An der DNA beginnende Pfeile bezeichnen in diesem Bild stets Ort und Intensität der Transkription.

wohl eines Tages in kritischer Menge anhäufen. Obwohl diese Insertion also aktuell einen Vorteil bietet, ist auf lange Sicht die Zerstörung eines Gens nicht zu empfehlen. Insertionen großer DNA-Abschnitte in sensible Bezirke von Wirtsgenen sind mit hoher Sicherheit schädlich für den Wirt. Sind daher Transposons und Retroviren die andere, dunkle Seite unseres Genoms, welche ständig in Schach gehalten werden muss, um ihr nicht zu unterliegen?

8.2 Verwendung springender Gensequenzen durch den Wirt

Ganz so schwarz müssen wir nicht sehen. Das bisher gezeichnete Bild von genetischen Schmarotzern wird der evolutionären Rolle springender Gene nicht völlig gerecht. Man darf nicht vergessen, das annähernd die Hälfte des humanen Genoms aus den Überresten von Transposon-Insertionen zusammengesetzt ist, welche teilweise älter als hundert Millionen Jahre sind, was wir aus dem Vergleich mit dem Mäusegenom wissen (Consortium et al. 2002). Das heisst, sie befanden sich z. T. schon dort, als unsere Vorfahren noch als kleine, nagerartige Säuger unter Dinosauriern lebten. Seit dieser Zeit wurden unsere Gene nicht nur an einzelnen Stellen mutiert. Sie gewannen und verloren nicht selten Abschnitte in einer Länge von bis zu Tausenden Nukleotiden durch eine einzige Punktmutation, welche einen neuen Promotor (Transkriptionsstartsequenz) schuf oder einen bisher genutzten Spleißort einer mRNA zerstörte (Abb. 8.3). Neue, kodierende Sequenzen wurden dabei aus bisher funktionslosem DNA-Material früherer Introns und aus bisher zwischen verschiedenen Genen liegenden Genombereichen gebildet (Feschotte und Pritham 2007). Deshalb enthalten sowohl die Leseraster als auch die Promotoren zahlreicher humaner Gene Sequenzen, welche von Transposons oder Retroviren abstammen. In den meisten Fällen wissen wir allerdings nicht, im welchen Umfang

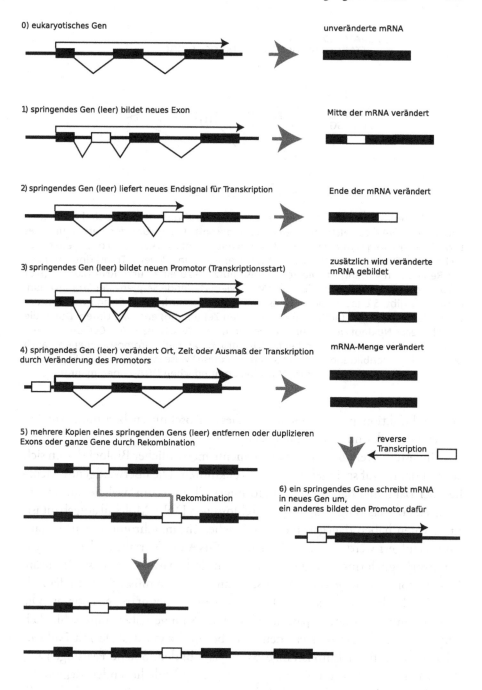

0) eukaryotisches Gen

unveränderte mRNA

1) springendes Gen (leer) bildet neues Exon

Mitte der mRNA verändert

2) springendes Gen (leer) liefert neues Endsignal für Transkription

Ende der mRNA verändert

3) springendes Gen (leer) bildet neuen Promotor (Transkriptionsstart)

zusätzlich wird veränderte mRNA gebildet

4) springendes Gen (leer) verändert Ort, Zeit oder Ausmaß der Transkription durch Veränderung des Promotors

mRNA-Menge verändert

5) mehrere Kopien eines springenden Gens (leer) entfernen oder duplizieren Exons oder ganze Gene durch Rekombination

reverse Transkription

Rekombination

6) ein springendes Gene schreibt mRNA in neues Gen um, ein anderes bildet den Promotor dafür

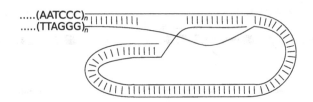

Abb. 8.4 Replikation der Telomere. Grafik © Veiko Krauß. Telomere sind die beiden Enden des DNA-Doppelstranges eines Chromosoms. Oben: Um der Verkürzung des DNA-Doppelstranges durch jede Replikation entgegenzuwirken, wird das überstehende Ende des Doppelstranges durch die Telomerase – eine Reverse Transkriptase – nach der Replikation verlängert. Die Telomerase nutzt dazu eine kurze RNA-Matrize (hier grau dargestellt), welche die sich viele Male wiederholende Sequenz der Strangverlängerung vorgibt. Sie lautet beim Menschen TTAGGG. Der kürzere Strang wird bei der folgenden Replikation (anlässlich der nächsten Zellteilung) ergänzt. Unten: Durch die sich alle sechs Nukleotide wiederholende Sequenz TTAGGG (bzw. AATCCC des paarenden zweiten Stranges) können beide DNA-Stränge an den Chromosomenenden auch bei einer Schleifenbildung perfekt paaren. Auf diese Weise stehen nach der Ergänzung der Stränge durch die Telomerase (A) keine empfindlichen DNA-Enden mehr über.

heutige Funktionen dieser Gene von diesen Abschnitten bestimmt werden. Bisher wurde das nur selten untersucht.

Mindestens drei unverzichtbare Elemente menschlicher Biologie lassen sich aber eindeutig auf springende Gene zurückführen. Die überwältigende Mehrheit der Bakterien hat nur ein ringförmiges Chromosom, welches aus einem einzigen doppelsträngigen, in sich geschlossenen DNA-Molekül aufgebaut ist. Eukaryoten haben dagegen meist zahlreiche, lineare Chromosomen. Daraus kann gefolgert werden, dass (1) auch die DNA der Vorfahren der Eukaryoten ursprünglich ringförmig war – also kein Ende hatte – und dass (2) lineare Chromosomen eine besondere Endstruktur aufweisen müssen, um in der Zelle nicht abgebaut zu werden. Diese Endstruktur nennt man Telomer. Die beiden komplementären (passfähigen) DNA-Stränge haben unterschiedlich lange Enden. Ein Strang steht deutlich über und kann deshalb mit Nukleotiden anderer, freier Einzelstränge Basenpaare bilden. Solche Paarungen bilden sich auch – aber mit einer deutlich vor dem Ende liegenden Region des Gegenstranges, wodurch eine örtliche Dreifach-Helix gebildet wird. Deshalb entsteht an den Telomeren eine DNA-Schleife. Sie ist die räumliche Struktur, welche das Chromosom abschließt (Abb. 8.4).

Die sich wiederholenden (repetitiven) Sequenzen an den Telomeren sind keine Transposon-Sequenzen. Sie werden aber wie Retrotransposons (1) von einer RNA-Matrize und (2) durch eine Reverse Transkriptase (die Telomerase) kopiert. Man geht heute davon aus, dass Telomer-RNA und Telomerase von Retrotransposons abstammen (de Lange 2004). Dies wird dadurch gestützt, dass bestimmte Eukaryotenarten (z. B. die Taufliege Drosophila) statt einer Telomerase und einer solchen RNA für die Verlängerung ihrer Telomeren unmittelbar verschiedene, nur dort zu findende Retrotransposons nutzen (de Lange 2004). Diese Arten scheinen die Telomerase verloren und dafür diese Retrotransposons gezähmt zu haben. Man könnte hier tatsächlich von einer Symbiose sprechen: Drosophila und diese Retrotransposons namens HeT-A, TART und TAHRE koexistieren schon viele Millionen Jahre auf diese Weise. Die Retrotransposons garantieren die Aufrechterhaltung der notwendigen Chromosomenenden, „enthalten" sich aus noch unbekannten Gründen einer Invasion des Chromosomeninneren, können dagegen regelmäßig neue Kopien ihrer selbst in den Telomeren erstellen und damit ihren eigenen Fortbestand sichern.

Um diesen Sachverhalt als Symbiose anzuerkennen, müssten die Retrotransposons eigentlich Organismen sein. Das sind sie nicht, da sie zur Reproduktion eine fremde Zelle benötigen, welche sie zudem nicht verlassen können. Da wir Transposons jedoch bereits als Parasiten definiert haben, spricht nichts gegen ihre Anerkennung als Symbiosepartner, auch wenn sie keine Lebewesen sind. Symbiose setzt weiterhin – entsprechend ihrer in Mitteleuropa üblichen Definition – einen gegenseitigen Nutzen voraus. Taufliegen als auch ihre telomeren Transposons überleben in gegenseitiger Abhängigkeit, auch wenn die Transposons schon aufgrund ihrer Vielfalt (es gibt die drei Grundtypen in verschiedenen Varianten) mit Sicherheit der entbehrlichere Teil der Partnerschaft sind. Interessanterweise argumentieren Smith und Szathmary, dass dies als Beleg für einen beiderseitigen Nutzen nicht ausreicht (Smith und Szathmáry 1996, S. 144). Ihre Argumentation bezieht sich zwar auf Mitochondrien und nicht auf Transposons, jedoch geht aus ihren Ausführungen klar hervor, dass sie die Abhängigkeit einer bestimmten Struktur (hier: die telomeren Retrotransposons) von einem Organismus grundsätzlich nicht als nutzbringend für diese Struktur ansehen.

Als Beleg ihrer Ansicht führen die Autoren an, das es freilebende Mitochondrien nicht gibt und dass man deshalb nicht messen kann, ob ihre Wachstums- und Überlebensrate oder ihre Fruchtbarkeit mit der Abhängigkeit von ihrem Wirt, der eukaryotischen Zelle, zugenommen hat (Smith und Szathmáry 1996, S. 144). Sie behaupten deshalb, das ein Nutzen der Partnerschaft für die Mitochondrien nicht nachweisbar ist. Sie behaupten gleichzeitig, das der Nutzen für den Wirt offensichtlich ist, und dass die in die Zelle eingeschlossenen

Mitochondrien so etwas wie Sklaven sind. Ist diese Sichtweise gerechtfertigt? Meiner Meinung nach nicht, denn Sklaven und Sklavenhalter sind beides Menschen, nur ihre Stellungen in der menschlichen Gesellschaft waren verschieden. Ihren heutigen Nachkommen sieht man ihre alten Positionen in der Gesellschaft nicht an, und sie blieben nicht dauerhaft voneinander abhängig. Eukaryotische Zellen und Mitochondrien dagegen sind sehr unterschiedlich, mehr noch, ihre heutige Gestalt wurde ganz wesentlich von ihrer Wechselwirkung bestimmt – *beide* sind ohne ihre gegenseitige Abhängigkeit voneinander nicht denkbar. Ihre obligatorische Abhängigkeit voneinander bedeutet, dass sie füreinander *nicht nur nützlich*, sondern sogar notwendig sind. Logisch betrachtet schließt Notwendigkeit Nützlichkeit nicht nur nicht aus, sondern ist sogar ein Fall von besonders großem Nutzen. Schläger sind nicht nur nützlich, sondern sogar notwendig für ein Tennisspiel. Ohne das Spiel gäbe es sie nicht, dennoch kam bisher wohl niemand auf den Gedanken, sie als Sklaven des Spiels zu bezeichnen.

Taufliege und Telomer-Transposons sind einander noch unähnlicher als eukaryotische Zelle und Mitochondrien. Sie nutzen einander, indem sie sich gegenseitig in ihrer weiteren Existenz unterstützen. Wachstums- oder Überlebensraten beziehungsweise Fruchtbarkeiten brauchen nicht verglichen werden; was zählt in der Evolution, ist allein die Weiterexistenz. Taufliegen ohne telomere Transposons sind nicht bekannt, genauso wenig wie funktionelle HeT-A-, TART- oder TAHRE-Transposons außerhalb von Taufliegen-Telomeren. Zusammen konnten sie also überleben, allein nicht. Demnach handelt es sich um eine echte Symbiose, wenn wir Beziehungen zwischen einem Lebewesen und einem innerhalb eines Lebewesens halbwegs selbstständig vermehrungsfähigen Nukleinsäure-Molekül als solche betrachten wollen. Sobald allerdings diese Transposons, wie bei der Evolution getrennter Gene für Telomerase und Telomer-RNA-Matrize tatsächlich geschehen, jegliche Eigenkontrolle über ihre Vermehrung verloren hatten, wurden sie zu gewöhnlichen Genen des Wirtes. Dieser hat damit die evolutionäre Auseinandersetzung gewonnen und nutzt zudem Sequenzelemente seines Gegners bzw. zeitweiligen Verbündeten für eigene Zwecke.

Die zweite Nutzunganwendung transponibler Sequenzen betrifft speziell die Wirbeltiere (Feschotte und Pritham 2007). Ihr adaptives Immunsystem ist in der Lage, eine sehr große Vielfalt unterschiedlicher Proteine als Antikörper gegen eindringende Parasiten (Viren, Bakterien, Pilze oder tierische Schmarotzer) herzustellen. Dazu ist die sogenannte V(D)J-Rekombination nötig, welche in der frühen Individualentwicklung der Wirbeltiere stattfindet und zahlreiche kodierende Abschnitte der DNA vielfältig miteinander kombiniert. Diese Abschnitte heißen V-, D- und J-Sequenzelemente. Sequenzen dieser drei Typen gibt es jeweils mehrere bis viele, sodass eine große Vielfalt an kodierender DNA entstehen kann. Dadurch kann später eine große Vielfalt weißer Blutkörperchen gebildet werden, welche Antikörper gegen praktisch jede denkbare Oberflächenstruktur (Antigen genannt) von Parasiten herstellen können. Diese Markierung der Eindringlinge durch Antikörper ermöglicht den Fresszellen der Wirbeltiere die Erkennung und Vernichtung von Parasiten.

Notwendig sind dazu zwei Rekombinase-Proteine namens Rag1 und Rag2, welche dieselben DNA-Schneide- und Verbindungseigenschaften haben wie das Transposase-Enzym, welches von Transposons kodiert wird, die sich über eine DNA-Kopie in der Zelle vermehren. Transposasen haben zwei Funktionen: Sie binden an die zwei identischen Endsequenzen ihres Transposons, schneiden diese in gleicher Weise auf, binden dann an eine neue Stelle des Genoms, schneiden dort die DNA auf und fügen die Transposon-DNA ein. Sie können also den DNA-Doppelstrang aufschneiden und auch wieder verbinden (ligieren). Auffälligerweise gleicht die Rekombinase Rag1 des Immunsystems der Transposase eines Transposons namens Transsib, zudem ähneln die Rekombinationssequenzen der V-, D- und J-Sequenzelemente den Endsequenzen des Transsib-Transposons. Wesentliche Teile unseres Immunsystems gehen also auf funktionell angepasste Sequenzen eines Transsib-ähnlichen Transposons zurück. Dieses Transposon gibt es schon seit mehr als 400 Millionen Jahren nicht mehr, aber es hat uns ein unschätzbares Erbe hinterlassen.

Auch Retroviren haben uns schon sehr nützliche Proteine vermittelt. Einige davon, genannt Syncytin-1 und Syncytin-2, dienen der Funktion der Gebärmutter (Plazenta), einem Organ, welches der evolutionär erfolgreichsten Gruppe der Säugetiere ihren Namen (Plazentatiere) gegeben hat. Diese Proteine sind an der Zellerkennung und -fusion in der Plazenta sowie an der Unterdrückung der mütterlichen Immunreaktion auf das embryonale Gewebe beteiligt (Zeh et al. 2009). Sie werden von relativ wenig veränderten retroviralen Sequenzen des humanen Genoms (humane endogene Retroviren, HERV) exprimiert. Es handelt sich um ehemalige Hüllproteine (Envelope-Proteine) dieser Viren, welche ursprünglich dieselben Funktionen zugunsten der Vermehrung des Virus ausführten. Die Maus hat ebenfalls zwei Syncytin-Proteine, welche aber von völlig anderen Retrovirensequenzen kodiert werden (Ryan 2010). Allgemein scheint es so, das jede Säugergruppe andere ihrer vielen Hüllproteingene retroviralen Ursprungs für diese Funktion rekrutiert hat. Eines muss dabei betont werden: Keine der bisher identifizierten HERV ist noch infektiös, d. h. in der Lage, Viruspartikel zu bilden, um auf andere Menschen überzugehen. Überall liegen zumindest einzelne Punktmutationen im Virengenom vor, die dies verhindern (Ryan 2010).

Es gibt noch viele andere Beispiele für die Einbeziehung ursprünglich parasitischer Sequenzen in genetische Funktionen des Wirtes. Insertionen zahlreicher mobiler Elemente – ein anderer Begriff für springende Gene – in das Wirtsgenom wurden oft Ausgangspunkt für vorteilhafte Veränderungen des genetischen Aufbaus der gastgebenden Zelle. Angesichts der außerordentlichen Anzahl und Vielfalt (Abb. 8.3) der durch solche Elemente erzeugten Mutationen wäre eine Ignoranz dieser Variation durch die Selektion auch nicht zu verstehen (Lynch 2007). Die Tatsache, dass Insertionen springender Gene Mutationen mit positiven Effekten auf den Wirtsorganismus erzeugen können, bedeutet jedoch nicht, dass springende Gene *deshalb durch den Wirt selbst* funktionsfähig gehalten werden. Mobile Elemente, ganz gleich welcher Natur und welchen Ursprungs, existieren, weil Zellen ihre Existenz nicht grundsätzlich verhindern können. Transposons und Retroviren nutzen, anders gesagt, unvermeidbare ökologische Nischen in der Architektur der Zelle. Sie sind und bleiben für diese Zellen in erster Linie eine Belastung (Lynch 2007). Da jedoch das Wesen der Evolution zutiefst opportunistisch ist, kann noch das aggressivste Retrovirus im Genom überlebender Wirtsorganismen nutzbringende DNA-Sequenzen hinterlassen.

8.3   Frank Ryan, das „kreative Genom" und die „aggressive Symbiose"

Es gibt eine Reihe von Wissenschaftlern, welche das nicht so sehen. Sie nehmen an, dass „springende Gene" grundsätzlich nützlich für die von ihnen bewohnten Organismen sind – wenn schon nicht für die mitunter fatal betroffenen Individuen, dann wenigstens für die Evolution der Wirtsarten insgesamt (Oliver und Greene 2009, Fablet und Vieira 2011). Bekannter als diese Biologen sind die beiden Mediziner Joachim Bauer und Frank Ryan, welche Bücher zu diesem Thema veröffentlicht haben. Obwohl diese Autoren eindeutig keine Evolutionsbiologen im engeren Sinne sind, sollte man sich mit ihren Ansichten auseinandersetzen, da sie seit einigen Jahren in der öffentlichen Diskussion evolutionärer Themen an Bedeutung gewinnen. An dieser Stelle wollen wir uns auf den britischen Arzt Frank Ryan konzentrieren, welcher vor wenigen Jahren ein Buch (Ryan 2010) über die Rolle von Retroviren in der Evolution veröffentlicht hat.

Ryan macht es dem Leser nicht leicht, sich objektiv mit seinen Vorstellungen über Evolution auseinanderzusetzen. Ist es denn überhaupt statthaft, ein Buch zu kritisieren, dessen Autor es selbst im Untertitel der englischen Ausgabe als das bedeutendste Werk bezeichnet, das seit 35 Jahren über Evolution erschienen sei? Rückhaltlose Bewunderung ist unter diesen Umständen wohl eher angebracht. Dennoch lassen sich zwei recht originelle Vorstellungen aus diesen Buch ableiten: Nach ihm ist (1) das Genom kreativ („genomische Kreativität"), und (2) sieht er eine Symbiose zwischen Eukaryoten und Retroviren. Ryan liefert im Glossar seines Buches folgende Definition genomischer Kreativität:

> Summe aller Kräfte, die in einem Lebewesen erbliche Veränderungen hervorrufen können und der natürlichen Selektion die Variationen liefern, auf die sie angewiesen ist.
> (Ryan 2010, S.332)

Erbliche Veränderungen sind Mutationen. Grundsätzlich benötigen Mutationen keine Kräfte, welche sie hervorrufen, denn sie treten ohne besondere Einwirkung, also spontan, auf (siehe Kapitel 2). Mitunter können sich jedoch wesentlich mehr Mutationen ereignen. Solche mutationsfördernden Bedingungen werden mutagene Agenzien genannt. Dazu zählen Radioaktivität, Röntgenstrahlen, UV-Strahlen, Nitritverbindungen (z. B. Pökelsalz), Stoffe, die Bausteinen der DNA ähneln, viele weitere chemische Verbindungen und natürlich springende Gene wie Transposons oder Retroviren. Meint Ryan mit dem Begriff „genomische Kreativität" also mutagene Agenzien? Offensichtlich nicht, da er folgende „Wirkkräfte" als verantwortlich für die genomische Kreativität ansieht: Mutationen, genetische Symbiogenese, Hybridisierung und Epigenetik (Ryan 2010, S. 325). Das sind Faktoren, die das Genom auf unterschiedliche Weise beeinflussen können. Verändert werden kann es nur durch Mutationen, wenn wir die Rekombination durch sexuelle Fortpflanzung hier einschließen (Abschnitt 4.3). Da Hybridisierung die gelegentliche Kreuzung unterschiedlicher Arten meint, ist sie ein Sonderfall dieser Rekombination. Ein genetischer Wandel, der durch Symbiose hervorgerufen wird (genetische Symbiogenese nach Ryan), erfolgt durch Mutationen, welche unter Einfluss einer stattfindenden Symbiose selektiert werden. Epigenetik dagegen verändert definitionsgemäß das Genom gar nicht, sondern modifiziert nur seine Lesart. Wir gehen in einen späteren Kapitel darauf ein.

Wir können also feststellen, das „genomische Kreativität" Mutationen, Rekombination mit anderen Genomen, Selektion und Epigenetik umfasst. Nichts davon war vor Ryan unbekannt. Im Ergebnis solcher Prozesse werden tatsächlich Genome verändert. Genomveränderungen sind also kreativ, problematisch ist allerdings, dass man mit Begriffen wie „genomische Kreativität" einen Schöpfer impliziert. Das ist offensichtlich nicht Ryans Absicht, dennoch provoziert er eine kreationistische Sichtweise gerade dadurch, dass er Mutationen als zufällig, die Entstehung von Symbiosen und Kreuzungen zwischen unterschiedlichen Arten aber als nicht zufällig ansieht. Das ist jedoch falsch. Bevor eine Symbiose oder eine Hybridisierung eintreten kann, müssen die nötigen Organismen erst einmal zusammenkommen und aufeinander einwirken. Diese Interaktionen sind immer konkrete, einzelne Ereignisse. Ihr Zustandekommen hat deshalb genauso eine zufällige Komponente wie die Veränderung eines Genoms durch eine bestimmte Mutation.

Zudem ändert sich die Ebene der Selektion nicht – wie Ryan vermutet – in Abhängigkeit von der Art und Weise der Genomveränderung. Es ist genau umgekehrt; die Art und Weise der Genomveränderungen sind auf die Formen der Selektion zurückzuführen. Bei einer Symbiose werden beide beteiligte Organismen selektiert. Wird die Symbiose, also die Zusammenarbeit zwischen beiden, dadurch enger, wird Selektion mehr und mehr auf der Ebene des Systems aus beiden Organismen erfolgen. Daraus erstehen dann *selektierte* Veränderungen beider Partnergenome. Das kann dazu führen, das beide Organismen schließlich unbedingt aufeinander angewiesen sind und in diesem Moment miteinander verschmelzen. So fand wahrscheinlich die Bildung der typischen eukaryotischen Zelle vor Jahrmilliarden durch die Verschmelzung der Vorläufer-Zelle mit den Vorfahren der Mitochondrien statt. Alle stattfindenden Genomveränderungen seitens der eukaryotischen Zelle und des Mitochondrium-Vorläufers fanden dabei stets zufällig statt und wurden auf der Ebene der Organismen, später des Gesamtorganismus, selektiert. Das Mitochondriengenom gab dabei die Mehrheit seiner Gene an das Kerngenom ab. Dadurch verlor die bakterienähnliche Zelle des Mitochondrium-Vorläufers ihre Fähigkeit zum selbstständigen Leben. Weil das Zusammenwirken von Zelle und Mitochondrien äußerst fruchtbar war, setzte es sich absolut durch. Eigenständige Nachkommen beider Vorläufer kennen wir nicht. Die Ebene der Selektion bestimmt hier also die Art und Weise der Genomveränderung und nicht umgekehrt. „Hybridgenome" oder „epigenetische Vererbungssysteme" weisen dagegen nicht die für Objekte der Selektion nötigen Eigenschaften auf, denn sie können sich nicht unabhängig vom Organismus fortpflanzen (Abschnitt 4.1). Auch hier bleibt der Organismus stets Selektionsebene.

Was bleibt also von Ryans kreativen Genom übrig? Zufällige Änderungen und die natürliche Selektion derselben. Im Übrigen erfahren wir in seinen Buch nicht, ob er eukaryotische Genome *selbst* kreativ findet. Dagegen hielt er fest, dass „Viren enorm kreativ bei der Herstellung neuer Gene sind" (Ryan 2004). Da es ihm erklärtermaßen um Kreativität *innerhalb* eukaryotischer Genome geht, kann er nur solche Viren meinen, welche *dort* Gene „erschaffen" können. Das sind in jedem Fall Retroviren wie die endogenen Retroviren (ERV), AIDS-Viren und Leukämie-Viren, nicht DNA-Viren wie Grippe- oder Schnupfen-Viren, denn letztere hinterlassen keine Spuren ihrer DNA-Sequenzen in unserem Genom. Wir sind also wieder bei der Aktivität von

Retroviren, welche ähnlich wie Transposons von Zeit zu Zeit neue Kopien ihrer selbst an beliebigen Stellen des Wirtsgenoms einfügen (inserieren). Das und nichts anderes umfasst ihre aktive Änderung unseres Genoms. Alles, was sich danach an diesen Insertionsmutationen im Genom verändert, wird nicht durch das Virus verursacht. Solche Veränderungen führen allerdings über kurz oder lang zur Einstellung der Aktivität der Viruskopien. Das ist dann das Ende seiner kreativen Phase.

„Genomische Kreativität" ist also alter Wein in neuen Schläuchen und geht auf Mutationen im weiten Sinne (einschließlich der Rekombination) und Selektion zurück. Ist dann die Beschreibung von Symbiosen zwischen Eukaryoten und Retroviren der originelle Beitrag Ryans zur Evolutionsbiologie?

Zunächst müssen wir dazu den Begriff der Symbiose klären. Im deutschsprachigen Raum verstehen wir darunter das Zusammenleben zweier Organismen zum beiderseitigen Vorteil. Ryan benutzt diesen Begriff allerdings im angelsächsischen Sinn, wie seine Definition im Glossar seines Buches (Ryan 2010) beweist: Hier bedeutet Symbiose nur das Zusammenleben unterschiedlicher Organismen, ganz gleich zu wessen Vorteil. Diese Definition schließt den Parasitismus ausdrücklich ein. Da wir schon festhielten, dass Retroviren Parasiten ihrer Wirte sind, sind sie in diesen Sinne zweifellos auch Symbiosepartner des Wirtes. Nur ist dies gar nicht originell. Der Witz seines Buches besteht ja gerade darin, dass eine Beziehung zum gegenseitigen Vorteil zwischen Wirt und Retrovirus behauptet wird. Das wird im Titel seines sechsten Kapitels („Viren als Geburtshelfer der Menschheit") besonders deutlich.

Kann Ryan also zeigen, das die Beziehung zwischen Wirt und Retrovirus eine Beziehung zum gegenteiligen Vorteil ist? Das setzt voraus, dass (1) das Virus den Wirt als solchen nutzt, dass (2) sich sowohl Wirt als auch Virus fortpflanzen können und (3) das das Virus dem Wirt etwas zur Verfügung stellt, was für diesen von Nutzen ist. Der erste Punkt kann als gesetzt gelten, da ansonsten kein aktives Retrovirus in einem Eukaryoten vorkommen würde. Die Punkte 2 und 3 sind ebenfalls oft erfüllt. Es konnte bisher aber noch nicht belegt werden, dass ein sich aktiv vermehrendes Retrovirus nützlich für den Wirt ist. Entweder ist das Retrovirus noch aktiv und vermehrt sich – dann infiziert er neue Wirtsorganismen mit mehr oder weniger fatalen Konsequenzen. Oder es werden Genstrukturen nicht mehr aktiver Retrovirenkopien zur Herstellung funktioneller Wirtsproteine genutzt. Ryan bespricht ausführlich das Beispiel der Syncytine, Proteine, welche zur Bildung plazentaler Gewebe bei weiblichen Säugern dienen (Abschnitt 8.2). Syncytine entstammen Sequenzen *inaktivierter* Retroviren, sind also keine Symbioseprodukte. Bisher konnte noch kein Beispiel für eine Symbiose zwischen Eukaryoten und Retroviren gefunden werden.

Ryans gegenteilige Behauptung wird noch unverständlicher, wenn man weiß, das Symbiosen zwischen anderen Viren und Lebewesen häufig vorkommen. Zwei Beispiele für Lebensgemeinschaften zwischen Organismen und Viren erwähnt Ryan selbst: Die Partnerschaft zwischen Brachwespen und Bracoviren und die offensichtliche Kooperation eines Pilzes und eines Virus, um eine Pflanze hitzeresistent zu machen (Ryan 2010). Tatsächlich arbeiten Brachwespen (*Braconidae*) und Bracoviren schon seit etwa hundert Millionen Jahren zusammen, um Schmetterlingslarven zu parasitieren (Thézé et al. 2011). Jede der mehr als 12000 Brachwespenarten weltweit hat vermutlich ihre eigenen Viren. Proteine der Bracoviren wirken gegen das Immunsystem der Raupen und unterstützen die Wespenlarve bei der Ausbeutung und schließlichen Tötung der Schmetterlingslarve (Webb et al. 2006). Im Gegenzug vermehrt das Brachwespenweibchen in spezialisierten Zellen die Viren. Viren und Wespen sind völlig voneinander abhängig.

Viel weniger ist über das *Curvularia thermal tolerance virus (CThTV)* bekannt, welches den Pilz *Curvularia protuberatan* befällt und ihm hilft, die Hitzetoleranz des tropischen Grases *Dichanthelium lanuginosum* zu erhöhen. Das Gras kann dann auch in unmittelbarer Nähe heißer Quellen wachsen, was im Versuch übrigens auch Tomaten mit Pilz und Virus möglich war (Márquez et al. 2007). Wie diese erstaunliche dreiseitige Partnerschaft genau funktioniert, ist noch nicht bekannt. Weder Bracoviren noch das CThT-Virus benötigen die Chromosomen des Wirtes, um sich zu vermehren, wie Retroviren das tun.

Ryan erwähnt auch nicht das sicher bekannteste Beispiel einer Symbiose zwischen Viren und Organismen: Die Partnerschaft zwischen Bakterien und lysogenen Viren. Hier bauen sich Viren – als Bakterienviren Phagen genannt – in das Genom ihres Wirtes ein. Sie sind jedoch keine Retroviren, weil sie dazu keine RNA in DNA umschreiben, sondern ihr eigenes DNA-Genom einfach in das des Bakterium integrieren. Im Ergebnis wird ihr Genom stets zusammen mit dem des Bakteriums verdoppelt, wenn sich das Bakterium teilt. Dieser Prozess wird Lysogenie genannt und ist die friedfertigere Alternative zum lytischen Prozess, wo die Infektion eines Bakteriums durch ein Virus zur bloßen Vervielfältigung des Virus und meist zur Zerstörung der Bakterienzelle führt.

Man könnte meinen, dass zur Lysogenie fähige Viren genauso wie ihre rein lytischen Vettern bloße Parasiten der Bakterien sind. Das ist jedoch häufig nicht zutreffend. Integrierte Phagengenome – dann Prophagen genannt – enthalten oft Gene, welche die Bakterien in die Lage versetzen, sich neue ökologische Nischen zu erschließen (Toft und Andersson 2010). Solche Nischen sind leider häufig neue Wirte, welche nun durch die genetisch ergänzten Bakterien befallen werden können, da die Virengenome für giftige Genprodukte kodieren oder Resistenz gegen Immunantworten vermitteln. Bakterielle Viren

(Phagen) sind daher einer der wichtigsten Wege, auf denen Bakterien für sie nützliche Gene untereinander austauschen können. Auch Phagen und Bakterien bevorteilen sich so gegenseitig, d. h., sie sind Symbiosepartner.

All das trifft nach heutiger Kenntnis nicht auf Retroviren zu. Sie sind reine Parasiten ihrer Wirte, soweit sie noch zur Vermehrung fähig sind. Wenn sie es nicht mehr sind, können ihre im Genom zurückbleibenden Reste – wie beim Menschen – durch weitere Mutationen für den Wirt nützlich werden, wie im Fall der Syncytine. Eine Symbiose zwischen Eukaryoten und Retroviren aber bliebe noch zu zeigen.

Ryan bewies wiederum Originalität, indem er dies zwar nicht bestritt, aber eine neue Form der Symbiose vorschlug: Die aggressive Symbiose (Ryan 2007). Nach Ryan etabliert sie sich zwischen einem Virus und seinem Wirt, indem das Virus letzteren infiziert und wesentlich dezimiert. Dies nennt Ryan die erste oder Ausmerzungsphase der Symbiose (Ryan 2010). Damit beginnt eine Ko-Evolution zwischen Virus und Wirt, in dessen Ergebnis das Virus weniger virulent (weniger aggressiv) und der Wirt zunehmend resistent wird. Beides basiert natürlich auf Selektion. Das Virus bleibt jedoch infektiös und im Wirt präsent, welcher dadurch zum Überträger (Vektor) des Virus wird. In einer zweiten Phase schützt das Virus dann den Wirt vor Nahrungskonkurrenten oder eventuell auch vor Feinden, indem er diese befällt und dezimiert.

Dieses theoretische Konzept einer aggressiven Symbiose muss wohl – wie leider viele Konzepte vermeintlicher evolutionärer Vorgänge – im Wesentlichen theoretisch bleiben. Ich kenne keinen Fall, auf den diese Vorstellung erwiesenermaßen zutrifft. Ryan scheint sich dieser Schwäche bewusst und nimmt u. a. die Brachwespen und ihre Bracoviren (siehe oben) als Beispiel für aggressive Symbiose in Anspruch. Das ist jedoch offensichtlich falsch, da die Schmetterlingslarven nicht Konkurrenten oder Feinde der Brachwespen sind, sondern ihre Wirte, d. h. ihre Existenzgrundlage. Jede Brachwespe muss also für ihre Entwicklung die echte (nicht aggressive) Symbiose mit den Bracoviren in Anspruch nehmen. Demzufolge hatte die Selektion viele Gelegenheiten, die Symbiose zwischen Wespen und Viren zu verbessern.

Nicht so beim von Ryan vorgeschlagenen Modell der aggressiven Symbiose. Hier kommt irgendein vireninfiziertes Tier mit einem Konkurrenten oder Feind in Kontakt und überträgt dabei das Virus. Diese Kontakte sind nicht nur zufällig, auch ihr Resultat ist *unvorhersehbar und unwiederholbar*. Unvorhersehbar deshalb, weil das Virus das andere Tier wahrscheinlich gar nicht erfolgreich infizieren, geschweige denn töten kann, da es ja in seinem bisherigen Wirt selektiert wurde und diese andere Tierart nicht „kennt". Unwiederholbar, weil beim Gelingen der Infektion der analoge Prozess gegenseitiger Anpassung von Virus und Wirt nun in der neuen Wirtstierart einsetzen wird. Das bedeutet, das ein späterer Kontakt eines der anderen Wirtsindividuen mit einem

anderen Individuum der neuen Wirtstierart nicht mehr die gleichen Folgen
haben muss. Mit anderen Worten, die „Waffe" des Virus ist, wenn überhaupt,
gegen Konkurrenten oder Fressfeinde nur wenige Male einsetzbar, denn sie
wird beständig stumpfer. Wenn sie wider Erwarten tödlich bleiben sollte, so
wäre nicht zu verstehen, wie sich die erste Wirtsart an das Virus anpassen
konnte, da es andere Arten scheinbar nicht können. Man kann es auch wie
folgt formulieren: Die Qualität des Virus als Waffe gegen andere Tiere sollte
der Höhe des zuvor entrichteten Blutzolls aus der eigenen Population entsprechen. Wer solche Freunde hat, braucht keine Feinde mehr. In Abschnitt 4.2
haben wir bereits dargelegt, das eine möglichst große Population das Fortbe-
stehen einer Art begünstigt. Umgekehrt gefährden starke Bestandseinbußen
das Überleben der Art. Besonders aggressive „Symbiosepartner" könnten ihr
so leicht ein Grab schaufeln.

Es fällt schwer, hier auch nur die Möglichkeit zur Entwicklung einer Symbiose zu sehen. Positive Effekte für die Wirtsart, wie sie Ryan erwartet, sind
sicher nicht ausgeschlossen, aber eher von marginaler Bedeutung, denn es gibt
keine realistische Möglichkeit, sie positiv zu selektieren. Ein Lerneffekt seitens
des Konkurrenten oder Feindes (etwa: „Von dieser Beute würde ich mir eine
Krankheit holen!") ist nicht zu erwarten, denn dieser kann unmöglich einen
Zusammenhang zwischen einer möglicherweise tödlichen Infektion und einer vorherigen, wie auch immer verlaufenen Begegnung mit dem Überträger
des Virus herstellen. Es bleibt nur die Möglichkeit einer zumindest lokalen,
völligen Vernichtung jenes Konkurrenten oder Räubers – ein sehr unwahr-
scheinliches Szenario. Das gilt im Übrigen nicht nur für Viren, sondern für
alle Parasiten.

Natürlich gibt es Organismen, welche in einer – wenn Sie so wollen –
aggressiven Symbiose andere Organismen vor Konkurrenz und Feinden schützen. Bekannt und verbreitet ist die Partnerschaft von Ameisen mit Blattläusen.
Ameisen schützen an Pflanzen saugende Blattläuse vor Feinden und Nahrungskonkurrenten und benutzen die Blattläuse dabei zugleich als Lockvögel
für ihren Proteinbedarf. Außerdem bekommen sie von den Blattläusen den
überschüssigen Zucker in Form des Honigtaus. Beide Parteien ziehen großen
Nutzen aus der Symbiose und müssen aus ihrer Sicht wenig dazu beitragen,
da Blattläuse auch ohne Ameisen Honigtau abgeben müssen und Ameisen
auch ohne Blattläuse jagen und sammeln. Sicher hat die Entstehung und Entwicklung dieser Symbiose seit Jahrmillionen schon sehr vielen Blattläusen das
Leben gekostet. Dafür erhielten sie aber in Gestalt der Ameisenkolonien eine
„Waffe", welche gegen Feinde und Konkurrenten von Insektengröße generell sehr wirksam war und ist. Da sie ständig zur Anwendung kommt und ihre
Wirksamkeit Einfluss auf den Honigtau-Ertrag der Ameisenkolonie hat, kann
die Schutzfunktion der Ameisen für die Blattläuse positiv selektiert werden.

Wir haben also eine echte Symbiose vor uns, da auf der Ebene der Partnerschaft beider Sozialverbände – auch Blattläuse gelten als sozial – ausgelesen wird. Aggressiv ist sie nur nach außen, weshalb sie nicht „aggressive Symbiose" genannt wird.

Demgegenüber mangelt es in Ryans Beispielen für aggressive Symbiosen dem Virus am partnerschaftlichen Verhalten (Ryan 2010). So hat das Myxoma-Virus die Kaninchenplage in Australien in den fünfziger Jahren des vergangenen Jahrhunderts vorübergehend beendet. Unter den jetzt in Australien erneut häufigen Wildkaninchen ist die Myxomatose zu einer weniger bedrohlichen Erkrankung geworden (CSIRO 2011). Jedoch konnte sich der Kaninchenbestand nie wieder völlig erholen, die Krankheit blieb bis heute lebensgefährlich. Die Kaninchen können durch das Virus auch nicht vor Konkurrenten oder Feinden geschützt werden, da sie in Australien nur selbst betroffen sind. Hasen z. B. erkranken zwar, sterben aber nur selten an Myxomatose.

Ein zweites Beispiel Ryans sind die Immunschwäche-Viren des Menschen (HIV-1 und HIV-2). Man weiß heute, dass sie von unterschiedlichen Affenarten auf den Menschen übergegangen sind (Eberle und Gürtler 2012). Was liegt näher, als diese Erkrankungen als Form der Verteidigung dieser Affen gegen die Inanspruchnahme ihres Lebensraums durch andere Primaten, in dem Fall durch den Menschen, anzusehen? Allerdings existieren keine empirischen Studien, die dies belegen. Zudem sind zahlreiche Menschen AIDS-resistent (etwa ein Prozent der Weltbevölkerung). Sie verdanken das einer Funktionsverlust-Mutation im *CCR5*-Gen. HI-Viren können sie wegen dieser Mutation nicht einmal infizieren. Dieselbe Mutation macht dieselben Menschen besonders empfindlich gegen das West-Nile-Virus. Zum einen könnte damit der Aufbau einer aggressiven Symbiose des HIV mit den Menschen von vornherein zum Scheitern verurteilt sein, denn das Virus sollte im schlimmsten Fall mit den virussensiblen Menschen aussterben, da es sich in resistenten Menschen gar nicht vermehren kann. Zum anderen wird deutlich, dass damit die genetische Variabilität des Menschen bereits deutlich eingeschränkt werden würde, mit möglicherweise katastrophalen Folgen für die überlebende Menschheit im Fall einer weiteren Pandemie, verursacht durch einen anderen Krankheitserreger.

Als ein weiteres Beispiel für aggressive Symbiose nennt Ryan die Invasion des amerikanischen Grauhörnchens (*Sciurus carolinensis*) in Großbritannien und Italien (Ryan 2010). Es verdrängt derzeit das einheimische rote Eichhörnchen (*Sciurus vulgaris*). Ein Pocken-Virus (SQPV) scheint dazu beizutragen. Grauhörnchen tragen und verbreiten es, jedoch ist es nur für rote Eichhörnchen oft tödlich. Es hat sich gezeigt, dass etwa 3 – 4 Jahre nach dem Auftreten von Grauhörnchen in einer Region dort Eichhörnchen an SQPV zugrunde gehen (Rushton et al. 2006). Dies beweist jedoch, dass die Grauhörnchen nicht direkt von der Krankheitsübertragung profitieren können, sondern lediglich als Gruppe begünstigt werden, da sie in freier Wildbahn nur etwa 3 – 5 Jahre alt werden. Inzwischen wurden auch immune Eichhörnchen gefunden (Sainsbury et al. 2008), sodass die Prognose für diese alteingesessenen Europäer nicht mehr so negativ ausfällt. Zudem ist bekannt, dass das Grauhörnchen das Eichhörnchen aus Laubwäldern, nicht aber aus Nadelwäldern verdrängen kann. Das kann nicht mit dem Virus zusammenhängen, sondern ist auf verschiedene Fähigkeiten oder Schwächen beider Hörnchen zurückzuführen. Es ist daher anzunehmen, dass ein ähnlicher, jedoch langsamerer Verdrängungsprozess auch ohne Virus stattgefunden hätte. Das Grauhörnchen braucht das Pockenvirus also nicht, zumal die Art wahrscheinlich zuvor in Amerika einen hohen Preis für die Immunität gezahlt hat.

Insgesamt ist das Konzept einer „aggressiven Symbiose" nicht überzeugend, ganz gleich, ob es auf Retroviren (HIV) oder andere Viren (Myxoma-Virus, SQPV) bezogen wird. Gute Belege fehlen und sind aus oben diskutierten Gründen auch nicht zu erwarten. Echte Symbiosen zwischen Viren und Organismen sind dagegen durchaus möglich, wie die Beispiele der Brachwespen, hitzetoleranten Gräser und zahlreiche Bakterien beweisen. Bisher wurde jedoch kein Retrovirus bekannt, das eine solche Symbiose mit einem Organismus eingehen kann. Retroviren agieren bzw. agierten nach gegenwärtiger Kenntnis stets als Parasiten, auch wenn sie oft nicht aggressiv erscheinen oder nur noch posthum als „fossilierte", inaktive Sequenz im Wirtsgenom gefunden werden. Ihrer Nutzung als Rohstoff zur Erzeugung funktioneller Genprodukte des Wirtsorganismus steht das jedoch nicht im Wege.

8.4   Kann Stress genetische Vielfalt erzeugen?

Das Wort „Stress" ist eindeutig negativ besetzt. Wir verbinden es mit einem Übermaß an zu lösenden Aufgaben oder auf uns einwirkenden Reizen, die wir nicht bewältigen können. Für Lebewesen wurde Stress so definiert: Stress ist jede Umweltveränderung, die die Fitness, also den Fortpflanzungserfolg, des Organismus wesentlich herabsetzt (Hoffman und Parsons 1997). Leider ist hier der problematische Begriff Fitness enthalten (vergleiche Kapitel 5), sodass auch der Begriff Stress schwierig einzugrenzen ist, zudem kann man ihn wie die Fitness auf ein Individuum als auch auf eine Population (eine Art) beziehen. Da Stress also definitionsgemäß den Fortpflanzungserfolg verringert, müsste er auch die genetische Vielfalt einer Population oder sogar ganzer Ökosysteme verringern, wenn der Stress alle Lebewesen eines Lebensraums betrifft.

Dennoch wird häufig angenommen, dass Stress die Evolution beschleunigt. Manche Biologen vermuten sogar, dass Stress die genetische Vielfalt innerhalb einer Art erhöht. Dabei soll insbesondere eine erhöhte Mobilität von Transposons oder Retroviren eine wichtige Rolle spielen (Capy et al. 2000). Andere vermuten darüber hinaus, dass unter Stress gezielt Mutationen erzeugt werden, welche die Lebewesen befähigen, mit der ursächlichen Umweltveränderung besser zurechtzukommen (Wright 2004). All diese Annahmen wurden in den letzten Jahren in erfolgreichen populärwissenschaftlichen Werken vertreten (Bauer 2010, Ryan 2010) und nahmen sogar Einfluss auf Romane der Sparte des Science-Fiction. Greg Bears Roman „Das Darwin-Virus" (Bear 2005), welcher eine plötzliche „Verbesserung" des menschlichen Phänotyps unter dem offenbar gezielten Einfluss eines durch weltweiten Stress aktivierten, endogenen Retrovirus beschreibt, wurde sehr positiv im einflussreichsten Publikationsorgan der Naturwissenschaften (der Zeitschrift *Nature*) besprochen. Wir können deshalb Stress nicht von vornherein als rein negativen Einfluss aus evolutionsbiologischen Betrachtungen ausschließen. Doch welche Rolle spielt er hier tatsächlich?

Häufig wird die Vorstellung einer stressgesteuerten Evolution mit dem Punktualismus verbunden, einer Theorie, welche die Paläontologen Eldredge und Gould in den siebziger Jahren entwickelten (Eldredge und Gould 1972). Sie besagt, das Merkmale von Lebewesen während der Evolution sich nicht kontinuierlich, sondern sprunghaft verändern. Diese Annahme leiteten sie aus der sehr ungleichmäßigen Veränderungsgeschwindigkeit fossil belegter Tierarten im Laufe der Erdgeschichte ab. An diesen Hinterlassenschaften der Lebewesen, die wenigstens ihre äußere Gestalt erkennen lassen, sind deutlich lange Phasen relativer Unveränderlichkeit zu erkennen, welche sich über Millionen von Jahren erstrecken können. Dann treten schnelle, markante Änderungen des Baus innerhalb weniger Tausend Jahre auf. Natürlich bedeutet das nicht, das diese Veränderungen tatsächlich plötzlich aufgetreten sind, aber offensichtlich verändert sich zumindest das äußere Aussehen der Lebewesen im Laufe der Zeit nicht mit gleichförmiger, sondern mit sehr unterschiedlicher Geschwindigkeit.

Der Punktualismus ist eine noch umstrittene Theorie. Untersuchungen der genetischen Evolution stützten ihn jedoch auch für die Evolution der DNA (Pagel et al. 2006). Demnach ist jede Bildung einer neuen Art mit einer vorübergehenden Beschleunigung der Sequenzveränderungen in Genom verbunden, sodass Verwandtschaftsgruppen mit anhaltend heftiger Artbildung eine schnellere Sequenzevolution erfahren als Gruppen, die mit wenigen Arten dieselben Zeiträume überdauern. Lebende Fossilien wie die Brückenechse, das Nautilus-Perlboot oder die Bärlapp-Gewächse müssten demnach auch in ihrer DNA-Sequenz ihren Vorfahren im Erdaltertum weit ähnlicher sein, als das

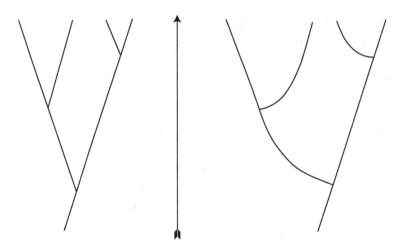

Abb. 8.5 Artbildung und Veränderung. Grafik © Veiko Krauß. Allmähliche Veränderung der DNA-Sequenz durch Mutationen während der Evolution vier nahverwandter Arten nach dem traditionellen Modell (Gradualismus, links) und nach dem punktualistischen Modell (rechts). Die Zweige des Baums entsprechen den Arten, die Gesamtlänge der Zweige entspricht der Zahl der Mutationen. Der zunächst fast horizontale Verlauf der Zweige nach der Entstehung einer neuen Art im rechten Modell (Punktualismus) entspricht der Selektion auf andere Eigenschaften und ist je nach Art unterschiedlich ausgeprägt. Der neue Zweig findet so eine neue Nische, die er besetzen kann, und steht dann nicht mehr in direkter Konkurrenz zur Ausgangsart. Jede Bildung einer neuen Art erhöht so die Gesamtlänge der Zweige, also das Ausmaß der Veränderung der DNA-Sequenz gegenüber einem Zweig ohne Artbildung (rechts).

etwa bei Käfern, Säugetieren oder Blütenpflanzen der Fall ist. Tatsächlich wies man kürzlich durch die Sequenzierung des Genoms des Quastenflossers (ein lebendes Fossil seit etwa 300 Millionen Jahren) nach, dass er – im Vergleich zu anderen Wirbeltieren – während der letzten 300 Millionen Jahre nur etwa halb so schnell die Sequenzen seiner Proteine verändert hatte (Amemiya et al. 2013). Zwischen der molekularen Evolution und der Evolution der äußeren Gestalt gibt es jedoch einen wesentlichen Unterschied, den auch Pagel et al. betonten: Bei der molekularen Evolution gibt es nicht einmal einen scheinbaren Stillstand, sie kann durch Artbildungen nur um etwa 28 % beschleunigt werden (Abb. 8.5).

Demnach wird Evolution durch Artbildungen beschleunigt, was im Phänotyp (Erscheinungsbild) deutlicher als im Genotyp (DNA-Sequenz) in Erscheinung tritt. Doch ist dies ein Hinweis auf Stress, welcher von Zeit zu Zeit massiv auf die Populationen der Lebewesen einwirkt?

Ich denke ja, und ich möchte ein wenig weiter ausholen, um das zu begründen. Die Geschichte des Lebens auf der Erde wurde früh in Zeitabschnitte eingeteilt. Begriffe wie Karbon (Steinkohlenzeit), Jura, Kreide, Tertiär (Braunkohlenzeit) und Pleistozän (Eiszeit) sind allgemein bekannt. Die Dauer dieser Abschnitte wurde nach Leitfossilien bestimmt, d. h. Fossilien, die nur innerhalb bestimmter Erdzeitalter, dort aber häufig und möglichst weit verbreitet zu finden waren. Sie dienten dazu, andere Fossilien der gleichen Erdschichten denselben Zeitaltern zuzuordnen. Die Grenzen zwischen den so definierten Erdzeitaltern waren demnach die Zeitpunkte des Aussterbens der alten und des Entstehens der neuen Leitfossilien. Der französische Paläontologe Cuvier (1769 – 1832) begründete darauf seine Katastrophentheorie (Cuvier 1830). Sie besagt, dass an jeder Zeitaltergrenze katastrophale Ereignisse eintraten, die zum Aussterben zahlreicher Arten führten. Zu Beginn des nächsten Zeitalters seien andere Arten an ihre Stelle getreten, welche nach Cuvier aus anderen Regionen eingewandert sein müssen.

Cuvier hatte bei Darwinisten einen schlechten Ruf. Er ging von der Unveränderlichkeit der Arten aus, und seine Katastrophentheorie war nicht geeignet, die Vorstellung einer allmählichen Veränderung der Organismen zu stützen. Heute ist jedoch bekannt, dass sich an den Grenzen der Erdzeitalter tatsächlich Katastrophen ereigneten. So ist weitgehend akzeptiert, dass das Aussterben vieler Dinosaurier (und vieler anderer Arten) am Ende der Kreide durch einen Meteoriteneinschlag bei Yukatan (Mexiko) ausgelöst wurde. Die wahrscheinliche Ursache des größten bekannten Aussterbens der Erdgeschichte vor 252 Millionen Jahren zwischen Perm und Trias waren heftige Serien von Vulkanausbrüchen in Sibirien (Benton und Twitchett 2003). In allen bisher studierten Fällen waren es letztlich einschneidende Klimaveränderungen, die das Aussterben bewirkten. Es trat also nicht plötzlich ein, setzte jedoch einen großen Teil der Lebewesen unter starken Stress. Dieser wurde unmittelbar durch die Temperaturveränderungen, die Verdunklung der Atmosphäre, die Veränderung der Atmosphärenzusammensetzung oder durch das Verschwinden anderer Arten bewirkt. Ganze Ökosysteme brachen weltweit zusammen.

Solche Prozesse vollzogen sich vermutlich in wenigen Jahrtausenden oder Jahrzehntausenden. Für höhere Tiere und Pflanzen ist das zu wenig Zeit, um ihren Phänotyp wesentlich zu verändern. Sie mussten eine neue ökologische Nische finden oder starben aus. Übrig blieben neu aus überlebenden Arten zusammengewürfelte, allgemein schlecht an die Nutzung der nun zur Verfügung stehenden Ressourcen angepasste Ökosysteme. Die Karten waren also neu gemischt. Arten und Individuen wurden nun nach Eignung für die neuen Bedingungen selektiert. Diese Eignung war zunächst eher mäßig, daher wandelte sich der Einfluss der Selektion von stabilisierend in verändernd (divergierend). Mikroorganismen, welche sich aufgrund ihrer kurzen Generationsdauer viel schneller verändern können als ihre großen Partner, trieben diesen Prozess voran. Die Veränderung der Beute oder des Wirtes veränderte den Räuber und den Parasiten. Diese Ko-Evolution der nun auf neue Weise voneinander Abhängigen veränderte alle Beteiligten viel stärker als der Fortbestand alter Beziehungen in den Millionen Jahren zuvor. Die Erde wurde von den Nachkommen der Überlebenden neu besiedelt. Dabei kam es vermehrt zur Bildung neuer Arten, welche neu aufgebaute ökologische Nischen besetzten. Der Stammbaum der Lebewesen verzweigte sich also intensiv und erzeugte eine neue Artenvielfalt. Wie lange dieser Prozess dauerte, hing sicher von der Intensität des vorangegangenen Aussterbens ab. Im Falle des einschneidenden Ereignisses zu Beginn des Trias dauerte es etwa acht bis neun Millionen Jahre, bis sich weltweit neue Ökosysteme weitgehend vervollständigt und stabilisiert hatten (Chen und Benton 2012). Andere, weniger tief greifende Veränderungen der Lebewelt beanspruchten wesentlich weniger Zeit als diese Umwälzung, die unter anderen die Trilobiten dahinraffte, aber die Dinosaurier schuf.

Im Gegensatz dazu sind die nur geringfügigen Veränderungen des Phänotyps von lebenden Fossilien wie Haien, Krokodilen oder den Urwelt-Mammutbaum in Einzelfällen sicher darauf zurückzuführen, dass ihr Phänotyp den Veränderungen ihrer Überlebensbedingungen von vornherein (und glücklicherweise) weitgehend gewachsen war. Häufiger jedoch lebten und leben sie in Ökosystemen, welche sich über lange Zeiträume kaum verändern. So ein Lebensraum ist namentlich die Tiefsee. Wegen der technischen Schwierigkeiten des Sammelns von Fossilien am Tiefseeboden wurde erst jüngst bekannt, dass sich dort vor mehr als hundert Millionen Jahren, also während der Unterkreide, im Wesentlichen die gleichen Gruppen von Tieren (vor allen Schlangensterne und spezielle Seeigel) aufhielten, wie sie auch heute noch dort zu finden sind (Thuy et al. 2012).

Halten wir fest: Stress wirkt von Zeit zu Zeit massiv auf die Populationen ein. Und das resultiert gerade bei starkem, anhaltendem Stress in schnellerer Evolution. Aber sind es die gestressten Lebewesen selbst, die diese Evolution erfahren?

Die Antwort ist nicht einfach. Nur weniger gestresste Arten können sich noch verändern, denn eine zu starke Absenkung der Fortpflanzung führt notwendig zum Aussterben. Dieses Aussterben hat auch in Zeiten ohne allgemeine ökologische Krisen Folgen für die verbleibenden Arten. Sie werden entweder zusätzlich gestresst durch den Verlust von Beute, Wirten oder Symbiosepartnern, oder ihre ökologische Nische erweitert sich durch das Verschwinden einer Art, welche eine Nachbarnische besetzt hielt. So wird heute allgemein angenommen, dass Kojoten von der Dezimierung des Wolfs in den östlichen Vereinigten Staaten profitiert haben und sich hier deshalb ausbreiten konnten. Wölfe fielen für sie sowohl als Nahrungskonkurrenten als auch als Fressfeinde aus. Es wird sogar vermutet, dass sich seither die Durchschnittsgröße der Kojoten in manchen Gebieten vergrößert habe. Tödlicher Stress für eine Art kann also zur Entfaltung anderer führen.

Doch was passiert mit Arten, deren Individuen so gestresst werden, das die Population allmählich abnimmt? Die gesamte Art steht demnach unter dem Druck genetischer Verarmung. Dieser wirkt auf einzelne Individuen sicher unterschiedlich stark ein. Gibt es nun ein bestimmtes Niveau des Stresses, welches optimal für die Entstehung von Mutationen ist, die diesen Stress überwinden helfen? Schließlich spricht man beim Menschen auch von negativem und positivem Stress. Negativer Stress repräsentiert dabei die Belastung des Organismus, während positiver Stress einen Trainingseffekt entfaltet, der ähnliche Belastungen in Zukunft besser bewältigen lässt. Als Stress wird also die Beanspruchung (negativ, Distress) wie auch die Befähigung zur Anpassung des Körpers an diese Beanspruchung (positiv, Eustress) bezeichnet.

Der Begriff Stress ist demnach hoch problematisch. Hier werden Ursache und Wirkung vermengt. Das könnte der Grund sein, warum auch in der Evolutionsbiologie positive Folgen des Stresses auf Organismen erwartet werden. Das ist nicht falsch, nur betrifft es nicht die gestressten Lebewesen, denn deren Reproduktion wird durch Stress definitionsgemäß behindert. Dennoch, kann es ein Optimum der Belastung geben? Was passiert überhaupt in den Zellen, wenn ein Organismus mehr beansprucht wird, als er dauerhaft ertragen kann?

Unter solchen Bedingungen steigt die Zahl der Mutationen, weil die DNA-Beschädigungen zunehmen und die fehlerfreien Formen der DNA-Reparatur wegen der durch Stress gestörten Proteinproduktion nicht mehr schnell genug durchgeführt werden können. Das führt zu einer Zunahme fehlerhafter Schnellreparaturen der DNA (Fonville et al. 2011). Die Mutationsrate unter den noch erzeugten Nachkommen nimmt also zu. Wie wir bereits wissen, ist die Masse der Mutationen praktisch neutral, zudem ist ein nennenswerter Anteil schädlich (Abschnitt 4.2). Nur ein geringer Anteil der für funktionelle Moleküle kodierenden DNA beeinflusst direkt die Interaktion mit der Umwelt – die Masse der Moleküle dient inneren Funktionen der Zelle bzw. hat zumindest mit dem aktuellen Umweltstress nichts zu tun. Die Veränderung dieser Moleküle (Proteine und RNA) kann kaum nützlich sein. Nur verhältnismäßig wenige Moleküle sind stressrelevant, doch selbst hier ist der Anteil möglicher nützlicher Veränderungen klein. Die Zahl der jetzt positiv wirkenden Mutationen ist also durch die für den Organismus negative Umweltveränderung angestiegen, aber ob dies die Abnahme der Nachkommenschaft durch den Umweltstress und durch die Zunahme der schädigenden Mutationen ausgleichen kann, ist zu bezweifeln. Dabei spielt es kaum eine Rolle, wie stark der Stress ist. Mit seiner Stärke steigen die negativen *und* die positiven Konsequenzen. Da die negativen Folgen die positiven eindeutig überwiegen, bleibt lediglich sicher, dass bei dauerhaften Stress die Art aussterben wird.

Andauernde Stresssituationen sind insbesondere für mehrzellige Organismen fatal. Bakterien dagegen weisen in der Regel eine optimierte Mutationsrate auf, d. h., eine Erhöhung der Mutationsrate unter veränderten Umweltbedingungen ist für sie nicht schädlich, sondern aufgrund ihrer großen Populationen eher nützlich (Baer et al. 2007). Gibt es bestimmte Mutationen, welche das Überleben und die Reproduktion der Bakterien unter den veränderten Umweltbedingungen deutlich verbessern, so werden diese in einzelnen Bakterien auftreten und können sich infolgedessen in der Population durchsetzen. Das ermöglicht das Gesetz der großen Zahl. Mehrzellige Organismen bringen solche nützlichen Mutationen sehr wahrscheinlich nicht hervor, weil sie zu wenige sind. Bei andauerndem Stress würde es zu lange dauern, auf die nützliche Mutation zu warten. Je kleiner die Population, desto wahrscheinlicher ist es, dass die Art ausstirbt.

Nur die bereits vorhandene, bisher annähernd selektiv neutrale Variation kann bei Organismen mit relativ kleinen Populationen genutzt werden. Hier wurde ein interessanter Effekt entdeckt: Unter Stressbedingungen scheint die vorhandene genotypische Variation stärker als zuvor in Erscheinung zu treten. Dieser Effekt besteht in der Überwindung der sogenannten Robustheit der Individualentwicklung. Diese Robustheit – auch als Kanalisierung bezeichnet – meint u. a. die Einhaltung bestimmter Abfolgen körperlicher Entwicklung auch unter nicht optimalen Umweltbedingungen (Siegal und Bergman 2002). Wenn jedoch die Umwelt für ein Individuum zu stark von jener abweicht, in der die Art sich bisher entwickeln konnte, bricht diese Kanalisierung der Abläufe der Individualentwicklung zusammen. Je nach Ausmaß der Abweichung resultiert ein neuer Phänotyp oder der Tod des Individuums. Ein neuer Phänotyp entspricht dann deutlicher der genetischen Verfassung des Organismus, als es ohne Umweltstress der Fall gewesen wäre. Dadurch wird sich der Einfluss der Selektion auf den Genotyp verstärken. Zudem ist es wahrscheinlich, dass ein Teil der bisher neutralen Merkmalsvariation unter veränderten Umweltbedingungen neu bewertet wird, also nicht mehr neutral ist. Beides führt zu einer erhöhten Evolutionsgeschwindigkeit auch innerhalb gestresster Arten, allerdings nicht durch Neumutationen.

Stress beschleunigt also die Evolution. Er tut dies in den nicht gestressten Arten, indem er ihnen durch die Beseitigung von Konkurrenten, Räubern oder Parasiten neue ökologische Nischen eröffnet. Er tut es in den gestressten Arten, indem er ihre genetische Ausstattung neu bewertet. Er erhöht die Mutationsrate der gestressten Arten, was sich aber nur bei Arten mit ausgesprochen großen Populationen (z. B. für Bakterien) günstig auswirken kann. Er kann nur in jenen Arten die genetische Vielfalt erhöhen, die vom Verschwinden der gestressten Arten profitieren. Die genetische Vielfalt der gestressten Arten wird dagegen verringert. Dies gilt selbst dann, wenn sie durch Veränderung die Krise überwinden können, weil viele genetische Varianten durch den Stress und die damit verbundene Populationsverkleinerung aussterben werden.

Stress verändert also Arten. Er trägt vermutlich entscheidend zum sprunghaften Charakter der Evolution bei, welcher in Form des Punktualismus durch Eldridge und Gould beschrieben wurde. Er tut dies aber eher selten durch Mutationen, welche *wegen* des Stresses auftreten. Auch Neumutationen durch Transposons oder Retroviren sind unter Stress nur bei großen Populationen von Nutzen. Sie unterliegen genauso der Zufälligkeit wie Nukleotidaustausche, Deletionen, Duplikationen oder Genomvervielfältigungen. Bestimmte Formen der DNA können genauso wie bestimmte Abfolgen von Nukleotiden (Kapitel 9) die Mutationsrate beeinflussen, sie haben aber nichts mit der Funktion der betroffenen DNA-Abschnitte zu tun. Es wurde nie gezeigt, dass Gene mit höheren Mutationsraten diejenigen sind, die stärker mit der Umwelt wechselwirken. Behauptet wurde das für Bakterien (Wright 2004), jedoch haben diese effektivere Möglichkeiten, mit Umweltstress umzugehen. Sie können ganze Stoffwechselwege in Form einer Kassette mit mehreren Genen untereinander austauschen – auch über Artgrenzen hinweg. Das bewirkt bei den betroffenen Bakterien Ähnliches wie bei uns ein unverhofftes Geschenk in Gestalt eines Kochrezeptes. Es erschließt neue Nahrungsquellen. Möglich wird diese Weitergabe genetischer Information durch Vermittlung von Plasmiden oder Viren. Dieser Prozess eines horizontalen Gentransfers kommt ohne gerichtete Mutationen aus.

Bei der Behandlung der merkwürdigen Gewohnheiten mancher Rädertierchen (Abschnitt 4.3) hatte ich schon darauf hingewiesen, dass horizontaler Gentransfer sexuelle Rekombination ersetzen kann, wenn er häufig genug stattfindet. Bakterien können zwar einen umfassenden Genaustausch mit verwandten Individuen durchführen. Dieser Genaustausch wird Konjugation genannt und stellt eine Form der Sexualität dar, bei der ein Bakterium einem anderen derselben Art einen wesentlichen Teil des eigenen Genoms spendet, ohne selbst etwas von diesem Partner zu übernehmen. Weil Konjugation jedoch nur selten und nur bei bestimmten Formen stattfindet, ist horizontaler Gentransfer bei Bakterien tatsächlich ein passabler Ersatz für sexuelle Aktivitäten (Koonin 2011). Aufgrund ihrer hohen Individuenzahl und ihres relativ kleinen Genoms brauchen sie keine regelmäßige Auffrischung ihrer genetischen Ausstattung. Ein gelegentlicher Empfang von etwas frischer DNA genügt.

Das Genom wird also nicht helfend einspringen, wenn die Umwelt ungastlicher wird. Es unterliegt der Selektion, es steuert nicht seinen eigenen Umbau. Doch Umweltkrisen bergen Überraschungen und bringen Neuerungen zum

Vorschein, die längst im Verborgenen gewachsen sind. Die Säugetiere konnten sich wesentlich freier entfalten, nachdem die großen Dinosauriern verschwanden. Doch auch die Dinosaurier erlebten eine neue Blüte – in Gestalt der Vögel.

Literatur

Amemiya CT, Alföldi J, Lee AP, Fan S, Philippe H, MacCallum I, Braasch I, Manousaki T, Schneider I, Rohner N, et al (2013) The African coelacanth genome provides insights into tetrapod evolution. Nature, 496(7445):311–316

Baer CF, Miyamoto MM, Denver DR (2007) Mutation rate variation in multicellular eukaryotes: causes and consequences. Nat Rev Genet, 8(8):619–631

Bauer J (2010) Das kooperative Gen. Heyne, München

Bear G (2005) Das Darwin-Virus. Heyne, München

Benton MJ, Twitchett RJ (2003) How to kill (almost) all life: the end-Permian extinction event. Trends Ecol. Evol. (Amst.), 18(7):358–365

Capy P, Gaspari G, Biemont C, Bazin C (2000) Stress and transposable elements: Co-evolution or useful parasites? Heredity, 85:101–106

Chen ZQ, Benton MJ (2012) The timing and pattern of biotic recovery following the end-Permian mass extinction. Nature Geoscience, 5(6):375–383

Consortium MGS, Waterston RH, Lindblad-Toh K, Birney E, Rogers J, Abril JF, Agarwal P, Agarwala R, Ainscough R, Alexandersson M, et al (2002) Initial sequencing and comparative analysis of the mouse genome. Nature, 420(6915):520–562

CSIRO (2011) The virus that stunned Australia's rabbits. http://www.csiro.au/science/Myxomatosis-History.html

Cuvier G (1830) Die Umwälzungen der Erdrinde in naturwissenschaftlicher und geschichtlicher Beziehung. Weber, Bonn

de Lange T (2004) T-loops and the origin of telomeres. Nat Rev Mol Cell Biol, 5(4):323–329

Eads BD, Tsuchiya D, Andrews J, Lynch M, Zolan ME (2012) The spread of a transposon insertion in Rec8 is associated with obligate asexuality in Daphnia. Proc Natl Acad Sci USA, 109(3):858–863

Eberle J, Gürtler LG (2012) Die Evolution von HIV, dem humanen Immunschwächevirus. Biospektrum, 18(7):710–713

Eldredge N, Gould SJ (1972) Punctuated equilibria: an alternative to phyletic gradualism, Aus: T. Schopf (eds.), Models in Paleobiology, Freeman, Cooper and Co., San Francisco. S. 82–115

Fablet M, Vieira C (2011) Evolvability, epigenetics and transposable elements. Bio-Molecular Concepts, 2(5):333–341

Feschotte C, Pritham EJ (2007) DNA transposons and the evolution of eukaryotic genomes. Annu Rev Genet, 41:331–368

Fonville NC, Vaksman Z, DeNapoli J, Hastings PJ, Rosenberg SM (2011) Pathways of resistance to thymineless death in Escherichia coli and the function of UvrD. Genetics, 189(1):23–36

Gilbert W (1992) A vision of the grail, Aus: Daniel Kevles and Leroy Hood (eds.), The code of codes, Harvard University Press, Cambridge. S. 83

Hoffman AA, Parsons PA (1997) Extreme environmental change and evolution. Cambridge University Press, Cambridge

Koonin EV (2011) The logic of chance. The nature and origin of biological evolution, Ft Press

Lander ES, Linton LM, Birren B, Nusbaum C, Zody MC, Baldwin J, Devon K, Dewar K, Doyle M, FitzHugh W, et al (2001) Initial sequencing and analysis of the human genome. Nature, 409(6822):860–921

Lynch M (2007) The origins of genome architecture. Sinauer Associates, Sunderland

Márquez LM, Redman RS, Rodriguez RJ, Roossinck MJ (2007) A virus in a fungus in a plant: three-way symbiosis required for thermal tolerance. Science, 315(5811):513–515

Oliver KR, Greene WK (2009) Transposable elements: Powerful facilitators of evolution. Bioessays, 31(7):703–714

Pagel M, Venditti C, Meade A (2006) Large punctuational contribution of speciation to evolutionary divergence at the molecular level. Science, 314(5796):119–121

Pertea M, Salzberg SL (2010) Between a chicken and a grape: estimating the number of human genes. Genome Biology, 11(5):206

Rushton SP, Lurz PWW, Gurnell J, Nettleton P, Bruemmer C, F SMD, Sainsbury AW (2006) Disease threats posed by alien species: the role of a poxvirus in the decline of the native red squirrel in Britain. Epidemiology and Infection, 134(6):521–533

Ryan F (2007) Viruses as symbionts. Symbiosis, 44:11–21

Ryan F (2010) Virolution. Die Macht der Viren in der Evolution, Spektrum, Heidelberg

Ryan FP (2004) Human endogenous retroviruses in health and disease: a symbiotic perspective. J R Soc Med, 97(12):560–565

Sainsbury AW, Deaville R, Lawson B, Cooley WA, Farelly SSJ, Stack MJ, Duff P, McInnes CJ, Gurnell J, Russell PH, et al (2008) Poxviral disease in red squirrels Sciurus vulgaris in the UK: Spatial and temporal trends of an emerging threat. EcoHealth, 5(3):305–316

Siegal ML, Bergman A (2002) Waddington's canalization revisited: developmental stability and evolution. Proc Natl Acad Sci USA, 99(16):10528–10532

Smith JM, Szathmáry E (1996) Evolution. Prozesse, Mechanismen, Modelle, Spektrum, Heidelberg

Thézé J, Bézier A, Periquet G, Drezen JM, Herniou EA (2011) Paleozoic origin of insect large dsDNA viruses. Proc Natl Acad Sci USA, 108(38):15931–15935

Thuy B, Gale AS, Kroh A, Kucera M, Numberger-Thuy LD, Reich M, Stöhr S (2012) Ancient origin of the modern deep-sea fauna. PLoS ONE, 7(10):e46913

Toft C, Andersson SGE (2010) Evolutionary microbial genomics: insights into bacterial host adaptation. Nat Rev Genet, 11(7):465–475

Webb BA, Strand MR, Dickey SE, Beck MH, Hilgarth RS, Barney WE, Kadash K, Kroemer JA, Lindstrom KG, Rattanadechakul W, et al (2006) Polydnavirus genomes reflect their dual roles as mutualists and pathogens. Virology, 347(1):160–174

Wright BE (2004) Stress-directed adaptive mutations and evolution. Mol Microbiol, 52(3):643–650

Zeh DW, Zeh JA, Ishida Y (2009) Transposable elements and an epigenetic basis for punctuated equilibria. Bioessays, 31(7):715–726

9

Epigenetik – der Zugriff aufs Genom

Erfahrungen vererben sich nicht – jeder muss sie allein machen.

Kurt Tucholsky

Spätestens seit der „heilige Gral" (Gilbert 1992) der Molekulargenetik, das menschliche Genom, 2001 zum ersten Mal als „entschlüsselt" betrachtet wurde, zeigte sich eine gewisse Enttäuschung unter den an Humangenetik interessierten Wissenschaftlern und Journalisten. Die Ermittlung der DNA-Sequenz des Genoms führte nicht zu den von Vielen erwarteten, revolutionären Fortschritten im Verständnis der menschlichen Biologie. Die Genom-Sequenzierung, obwohl Grundlage vieler neuer Erkenntnisse, gab keine Antwort darauf, wie „die Gene den Organismus steuern und kontrollieren". Das leuchtete nicht jedem ein, war doch das Genom häufig als *blueprint* – also als ein Bauplan – des Organismus betrachtet worden. Es wurde nun nach einer vermissten Institution der Kontrolle der Gene und damit der Zellen gesucht.

„Der Genius, der die Gene steuert" (Ryan 2010) wird nunmehr gerne in epigenetischen Strukturen verortet. Leider sind diese Strukturen noch schwerer zu verstehen als das Genom selbst, sodass wir dieses Kapitel zunächst mit einer Um- und Beschreibung epigenetischer Phänomene eröffnen müssen. Ich versuche dann zu zeigen, auf welche Weise epigenetische Mechanismen auf welche zellulären Vorgänge Einfluss nehmen. Dann werden wir uns mit der Funktion dieser Mechanismen für den Organismus auseinandersetzen. Es soll auch geschildert werden, in welchem Umfang Merkmale epigenetisch zwischen den Generationen vererbt werden können und ob es dabei zu evolutionären Anpassungen kommen kann. Am Schluss will ich versuchen, die zu vermutende Rolle epigenetischer Prozesse für die Evolution zu veranschaulichen. Diese Rolle verdeutlicht aufs Neue den Opportunismus evolutionärer Prozesse und das Fehlen von Einrichtungen hierarchischer Kontrolle.

V. Krauß, *Gene, Zufall, Selektion*, DOI 10.1007/978-3-642-41755-9_9,
© Springer-Verlag Berlin Heidelberg 2014

9.1   Was beschreibt die Epigenetik?

Ähnlich wie die Genetik ist die Epigenetik ein Zweig der biologischen Wissenschaften, dessen Abgrenzung gegenüber anderen Zweigen jedoch problematisch ist. Die Vorsilbe „epi" besagt, das Epigenetik etwas beschreibt, was die Genetik oberflächlich umgibt oder auch einschließt. So sieht man die Epigenetik als die *Lehre von den vererbbaren Veränderungen der Expression von Genen an, welche nicht in der DNA selbst kodiert werden.*

Wie ist diese Definition zu verstehen? Vererbbarkeit meint die Weitergabe über Zellteilungen hinweg und schließt die Entstehung von Körperzellen durch Mitose und die Entstehung neuer Keimzellen durch Meiose ein. Was erben die Tochterzellen von ihrer Mutterzelle? Alle Bestandteile dieser Mutterzelle, entweder gleichmäßig oder ungleichmäßig auf die Tochterzellen verteilt. Zur Epigenetik können laut dieser Definition allerdings nur Dinge gehören, welche nicht in der DNA kodiert werden. Obwohl nur Proteine durch die DNA kodiert werden, werden zweifellos alle Zellbestandteile durch die DNA der Zelle direkt oder indirekt beeinflusst. Allerdings sollen nur *Veränderungen* der Expression von Genen Gegenstand der Epigenetik sein. Eine Veränderung ist aber die Differenz zwischen zwei Zuständen und deswegen an den Zeitraum ihrer Messung gebunden. Sie kann deshalb gar nicht vererbt werden. Kurz gesagt, diese Definition umschließt – mathematisch formuliert – eine leere Menge. Sie ist inhaltslos.

Eine weitere Definition lautet so:

Im 21. Jahrhundert wird die Epigenetik meist definiert als „Studium der erblichen Veränderungen in der Genomfunktion, die ohne eine Änderung der DNA-Sequenz auftreten" (Epigenom-Exzellenznetzwerk 2012).

Auch hier ist leider wieder von erblichen Veränderungen die Rede, d. h., die Definition ist durch einen logischen Widerspruch belastet. Wir können diesen jedoch auflösen, indem wir uns die Forschungsthemen anschauen, mit denen sich erklärte Epigenetiker auseinandersetzen. Dann erkennen wir, dass sich die Epigenetik mit der Struktur und Funktion des sogenannten Chromatins beschäftigt. Chromatin ist das recht komplizierte chemische Aggregat, aus dem die Chromosomen bestehen. Bei allen Lebewesen sind Chromosomen nicht nur aus einer DNA-Doppelhelix aufgebaut. Sie bestehen außerdem aus Proteinen und RNA-Molekülen. Diese Proteine und RNA verbinden sich – direkt oder vermittelt durch andere Moleküle – nicht zufällig mit der DNA. Sie werden in der Zelle speziell für diese enge Interaktion hergestellt. Es sind Chromatinbestandteile, welche nur selten getrennt vom Erbmaterial in der Zelle beobachtbar sind. Diese sowie bestimmte Modifikationen der DNA sind

Gegenstand der Epigenetik, bilden epigenetische Strukturen und lassen epigenetische Prozesse ablaufen.

Da die vorgefundenen Definitionen der Epigenetik offensichtlich nicht zufriedenstellend sind, präsentiere ich hier einen eigenen Vorschlag:

> Epigenetik ist ein Zweig der Molekularbiologie, der sich mit allen Chromosomenbestandteilen, den Prozessen ihrer Veränderung während des Zellzyklus und der Zelldifferenzierung sowie mit den Auswirkungen dieser Prozesse auf den Phänotyp befasst.

In dieser Definition der Epigenetik ist von Vererbung nicht die Rede. Da jedoch alle Bestandteile einer sich teilenden Zelle an ihre Tochterzellen vererbt werden müssen, wird selbstverständlich auch das Chromatin und nicht nur die DNA weitergegeben. Da das die DNA umgebende Chromatin den Zugang zur DNA entscheidend beeinflusst, wird diese Art der Zugangsverwaltung auch über Zellteilungen hinweg auf eine komplexe, noch nicht völlig verstandene Art kopiert. Darin besteht die Ähnlichkeit zwischen genetischen und epigenetischen Prozessen.

Welche epigenetischen Strukturen bestimmen nun konkret den Zugang zur DNA? Zunächst ist da die DNA-Methylierung. Bestimmte Wasserstoffatome der DNA-Basen Adenin, Cytosin oder Guanin können durch eine Methylgruppe (bestehend aus einen Kohlenstoffatom und drei Wasserstoffatomen) ersetzt werden. Die einzige Methylierung, welche in Eukaryoten regelmäßig vorkommt, ist die am fünften Kohlenstoffatom des Cytosin-Rings. Die modifizierte Base wird deshalb 5-Methylcytosin genannt und paart unverändert mit Guanin im Gegenstrang. In tierischen Zellen sind bis zu zwölf Prozent aller Cytosinpositionen in der DNA methyliert. Das erschwert die Trennung beider Stränge für die Transkription (Thalhammer et al. 2011). Zudem binden an methylierte DNA-Sequenzen andere Proteine als an unmethylierte, was sich ebenfalls hemmend auf die Genaktivität auswirkt.

Weitere epigenetische Strukturen sind Histon-Modifikationen. Histone sind Chromatinproteine, welche zusammen mit DNA die Grundeinheit des Chromatins bilden – das Nukleosom. Ein Nukleosom besteht aus acht Histon-Molekülen und 147 Basenpaaren DNA. Da die DNA als Säure negativ und die Histone positiv geladen sind, wickelt sich die DNA sehr stabil um den Komplex aus acht Histonmolekülen. Die Zugänglichkeit dieser DNA für andere Proteine wird so wesentlich eingeschränkt. Zwar liegt die gesamte DNA der Eukaryoten auf diese Weise aufgewickelt vor, jedoch bleibt zwischen zwei Nukleosomen immer ein mehr oder weniger langer DNA-Abschnitt frei. Das Ergebnis sieht aus wie eine Perlenschnur. Promotoren von ständig aktiven Genen liegen stets in nukleosomenfreien DNA-Abschnitten. Promotoren von anderen Genen, welche nur von Zeit zu Zeit oder nur in bestimmten Zellen aktiv sein müssen, sind oft im Inneren von Nukleosomen zu finden und müssen in Bedarfsfall freigelegt werden. Histon-Modifikationen können das erleichtern. Zum Beispiel können ursprünglich positiv geladene Lysinreste der Histonproteine acetyliert, d. h. mit einen Essigsäurerest versehen werden. Sie verlieren damit ihre positive Ladung und schwächen so die Wechselwirkung zwischen den Histonen und der DNA. An anderen Lysinresten können Histone auch methyliert werden. Es ist von der Position der Methylierung abhängig, ob die Genaktivität durch diesen Vorgang erleichtert oder erschwert wird.

Innerhalb der Histone eines einzigen Nukleosoms kennt man dreißig acetylierbare und zwölf methylierbare Lysinpositionen. Zudem kann ein Lysin gar nicht, einfach, zweifach oder dreifach methyliert sein. Es können noch andersartige Modifikationen an anderen Aminosäureresten der Histone hinzukommen. Wenn all diese Modifikationen frei miteinander kombiniert werden könnten, wäre die Vielfalt entstehender Signale gewaltig. Man sprach deshalb auch vom „Histon-Code" (Jenuwein und Allis 2001) oder vom „zweiten Code" (Spork 2009). Histon-Modifikationen innerhalb eines Nukleosomes sind jedoch in starkem Maße voneinander abhängig. Obwohl manche von ihnen speziell Orte nötiger DNA-Reparaturen markieren, dient die große Mehrheit nur einer Funktion, dem Management des DNA-Zugangs zur Transkription. Histon-Modifikationen erleichtern dazu entweder direkt den Zugang zur DNA (Histon-Acetylierung), oder sie bieten anderen Chromatinproteinen durch ihre Modifikation neue Bindestellen an (alle Histon-Modifikationen einschliesslich der Acetylierung).

Diese anderen Chromatinproteine, auch als *reader*, also Leser des Signals bezeichnet (Prohaska et al. 2010), können Nukleosomen auf der DNA fester verankern, aber auch verschieben, ganz ablösen oder Proteine rekrutieren, welche wiederum neue Modifikationen auf den Histonen oder Methylierungen auf der DNA setzen. Sie können auf diese Weise den Weg für die Transkription eines Gens freimachen oder eine Transkription auf längere Zeit verhindern. Histon-Modifikationen und DNA-Methylierungen wirken also kooperativ auf eine einzige Entscheidung hin: Ja oder Nein zur Aktivität eines Gens. (In seltenen Fällen geht es um eine ebenfalls bipolare Entscheidung zwischen zwei Genaktivitätshöhen.) Aktuelle, genomweite Studien an Tieren und Pflanzen (Taufliege und Ackersenf) bestätigten, dass die Setzung dieser Signale in starker Abhängigkeit voneinander, also kooperativ, erfolgt (Filion et al. 2010, Roudier et al. 2011). Man fand im Wesentlichen nur fünf verschiedene Nukleosomenvarianten im Chromatin der Taufliege und nur vier verschiedene im Ackersenf. Mehr noch, diese wenigen, aber typischen Kombinationen von Modifikationen glichen sich zwischen Tier und Pflanze. Während jeweils drei

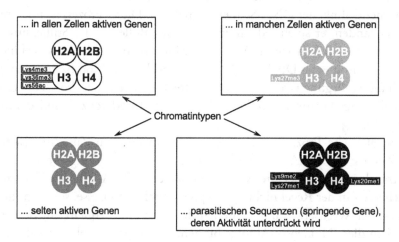

Abb. 9.1 Histon-Code. Grafik © Veiko Krauß. Die vier verschiedenen Nukleosomen-varianten des Ackersenfs wurden hier schematisch mit ihren wichtigsten Histonmodifikationen dargestellt (Roudier et al. 2011). Sie stehen für vier verschiedene Formen transkriptioneller Aktivität. Die acht Histone eines Nukleosomes sind bei jeder Variante gleich. Jedes Nukleosom besteht aus je zwei Molekülen Histon 2A (H2A), Histon 2B (H2B), Histon 3 (H3) und Histon 4 (H4). Die dargestellten Modifikationen bestimmter Histone sind die dreifache Methylierung des Histons 3 an Lysin4 (Lys4me3), die doppelte Methylierung des Histons 3 an Lysin9 (Lys9me2), die einfache Methylierung des Histons 3 an Lysin27 (Lys27me1), die dreifache Methylierung des Histons 3 an Lysin27 (Lys27me3), die dreifache Methylierung des Histons 3 an Lysin36 (Lys36me3), die Acetylierung des Histons 3 an Lysin56 (Lys56ac) und die einfache Methylierung des Histons 4 an Lysin20 (Lys20me1). In selten aktiven Genen liegen die Nukleosomen bzw. Histone tatsächlich im Wesentlichen unmodifiziert vor.

verschieden modifizierte Nukleosomentypen die Genaktivität unterdrückten, förderten zwei Nukleosomentypen der Fliege und eine Variante dieses Typs im Ackersenf die Transkription (Abb. 9.1). Der „Histon-Code" ist also entgegen seines Namens kein Verschlüsselungsmechanismus, sondern eine bloße Entscheidungshilfe. Allerdings ist die Wichtigkeit der durch sie erleichterten Entscheidung schwer zu überschätzen.

Eine dritte epigenetische Struktur stellen RNA-Moleküle des Zellkerns dar. RNA wird durch Transkription von DNA-Abschnitten (Genen) im Kern produziert und meist aus dem Kern exportiert, um in Proteine übersetzt zu werden oder direkt Funktionen in der Zelle zu erfüllen. Ein Teil der RNA bleibt jedoch im Kern. Sie wird meist in kleine Stücke zerlegt und bindet dann an komplementäre Abschnitte anderer RNA-Moleküle oder der DNA. Ihre Bindung hat die Stilllegung der Zielmoleküle zur Folge. Durch diesen RNA-Interferenz oder RNAi genannten Vorgang können RNA-Moleküle direkt oder indirekt (durch die Inaktivierung komplementärer RNA) auf die Genaktivität am Ort ihrer Transkription und an anderen Orten des Genoms mit ausreichend ähnlicher DNA-Sequenz einwirken. Dieser Prozess ist noch nicht voll verstanden, er spielt jedoch eine wichtige Rolle bei der Stilllegung von Transposons und Retroviren. Am Interaktionsort solcher RNA-Moleküle im Genom kommt es zu DNA-Methylierung und Histon-Modifizierungen, wodurch die Stilllegung erreicht wird. Alle drei epigenetischen Prozesse – DNA-Methylierung, Histon-Modifikation und RNA-Interferenz – sind demnach gekoppelt.

Epigenetische Prozesse beeinflussen, einzeln oder im Zusammenwirken, den Zugang zur DNA. Es ist eine qualitative Entscheidung pro oder kontra Transkription. Über die Menge produzierter RNA in einer Zeiteinheit entscheiden in der Regel nicht diese epigenetischen Prozesse, sondern die Intensität der Wechselwirkung zwischen der Promotor-Sequenz auf der DNA und dem diese Nukleotid-Abfolge bindenden Proteinkomplex, der die Transkription startet. Die „Stärke" dieser Wechselwirkung beeinflusst auch die Wirksamkeit des epigenetischen „Pförtners": Sehr effektive Promotoren, d. h. Bindesequenzen für Transkriptionsfaktoren, können die Blockade des Nukleosoms überwinden.

9.2 Die Entstehung epigenetischer Vorgänge

An dieser Stelle drängt sich eine Frage auf: Warum gibt es epigenetische Prozesse überhaupt? Hunderte spezialisierte Proteine (DNA-Methylasen, DNA-Demethylasen, Histon-Modifikatoren, Histon-Demodifikatoren, Reader-Proteine, Nukleosomen-Mobilisatoren, RNA-Zerhacker) werden von der eukaryotischen Zelle produziert, nur um ja oder nein zur Aktivität von Genen sagen zu können? Und das, wo der Zelle ein noch umfangreicherer Satz an Proteinen zur Verfügung steht, welche als Transkriptionsfaktoren in ebenfalls kooperativer Weise jeden Promotor der Zelle spezifisch binden und, in Abhängigkeit von Art und Zahl der beteiligten Proteine, den Grad der Transkription des Gens steuern können? Auch die Integration von Umweltsignalen in die Genregulation erfolgt sehr effektiv mithilfe von modifizierten Transkriptionsfaktoren. Epigenetische Prozesse scheinen dafür nicht notwendig zu sein.

Bei der Lösung dieses Rätsels hilft ein Blick auf die Bakterien. Bakterien kommen ohne epigenetische Mechanismen aus. Ihre DNA methylieren sie zwar auf wesentlich vielfältigere Art als eukaryotische Organismen, sie nutzen diese Methylierung aber nicht zur Einflussnahme auf die Transkription, sondern zur Abwehr von Viren. Histone können sie nicht modifizieren, denn sie haben keine. Ähnliche, ebenfalls positiv geladene Proteine finden sich an ihrer DNA, sie können von den Bakterien aber nicht modifiziert werden (Prohaska et al. 2010). Über RNA-Interferenz in Bakterien ist nichts bekannt. RNA unterliegt in Bakterienzellen generell einem schnellen Abbau, sie muss sich rasch in Proteine übersetzen lassen oder eine hochgradig unempfindliche Struktur annehmen. Das ist auch der Grund, warum es keine Retrotransposons oder Retroviren in Bakterien gibt (Boeke 2003). Ihre RNA-Zwischenstufe wäre in bakteriellen Zellen nicht lang genug stabil, um eine DNA-Kopie fürs Genom zu erzeugen.

Die relative Langlebigkeit von RNA in Eukaryoten dagegen ermöglicht die Replikation von Retrotransposons und Retroviren und macht die RNA-Interferenz zur Unterdrückung dieser Vermehrung sinnvoll. Funktionelle Gene liegen hier nur in einer oder zwei Kopien pro Genom vor. Parasitische Sequenzen dagegen können sich nur dann dauerhaft im Genom halten, wenn sie in mehreren aktiven Kopien vorliegen (Kapitel 8). Diese Vielzahl von Kopien löst RNA-Interferenz und damit DNA-Methylierung und Histon-Modifizierung aus, wie man aus vielen Experimenten weiß. Die Grundlage für das Entstehen epigenetischer Prozesse war deshalb wahrscheinlich die Zunahme von Menge und Vielfalt parasitischer Elemente im Genom. Dafür spricht, dass Zunahme und Abnahme der Größen tierischer Genome während der Evolution mit einer Zunahme oder Abnahme des Umfangs der DNA-Methylierung verbunden war (Lechner et al. 2013).

Die evolutionäre Durchsetzung epigenetischer Modifizierungen wurde sicher zusätzlich begünstigt durch die Tatsache, dass DNA-Methylierung Mutationen unterdrücken kann. Man hat festgestellt, das die Häufigkeit von Chromosomenmutationen, also von Deletionen, Duplikationen oder Insertionen ganzer DNA-Abschnitte (Abschnitt 7.2), in menschlichen Spermien bis auf das Zehnfache ansteigen kann, wenn die DNA zu wenig methyliert vorliegt (Li et al. 2012). Mit anderen Worten, Epigenetik *veringert* normalerweise das Ausmaß genetischer Variation, an der Selektion ansetzen kann. Das steht im direkten Gegensatz zur nicht selten erhobenen Behauptung, dass epigenetische Variation die genetische Variation ergänzen könnte (Jablonka und Lamb 1995).

Nachdem epigenetische Strukturen sich einmal in der Zelle etabliert hatten, konnte ihre Einflussnahme nicht dauerhaft von den funktionellen Genen ferngehalten werden. Aus Sicht zellulärer Mechanismen unterscheidet sich die DNA der schmarotzenden Retrogene nicht prinzipiell von der kodierenden DNA des Organismus selbst. Die zunächst rein repressiven epigenetischen Mechanismen begünstigten vermutlich die Entstehung eines funktionellen Gegengewichtes in Gestalt einer die Transkription unterstützenden epigenetischen Struktur. Deshalb gewannen Histon-Acetylierungen und bestimmte Histon-Methylierungen an Bedeutung. Gene konnten auf diese Weise expressionsbereit präsentiert werden.

Mehrmals im Laufe der Evolution der Eukaryoten entwickelten sich mehrzellige Organismen. Das geschah beispielsweise unabhängig voneinander bei Pflanzen, Tieren und Pilzen. Mehrzelligkeit kann nur dann von Vorteil sein, wenn sich die Zellen spezialisieren. Dabei müssen die entstehenden, unterschiedlichen Zelltypen alle mit dem gleichen Genom auskommen. Eine einmal spezialisierte Zelle eines Mehrzellers hat fast immer nur noch Nachkommen mit der gleichen oder einer noch gesteigerten Spezialisierung. Dazu müssen nicht nur bestimmte Gene ab- und andere angeschalten werden, es ist von Vorteil, diese neue „Genverschaltung" auch an die Nachkommen der Zelle weitergeben zu können.

Hier können die epigenetischen Strukturen punkten, denn sie vermitteln ja den Zugang zur DNA. Am einfachsten von allen epigenetischen Prägungen kann das Muster der DNA-Methylierung über die Zellgenerationen hinweg weitergegeben werden (Abb. 9.2). Neben der hier wirksamen, sogenannten Erhaltungsmethylase (DNA-Methylase 1) gibt es auch eine *De-novo*-Methylase (DNA-Methylase 3), die Cytosin ohne eine Vorlage des Gegenstranges methylieren kann. Solche neuen Methylierungsmuster sind immer dann nötig, wenn Zellen im Laufe der Entwicklung eines Individuums eine neue Rolle übernehmen müssen. Obwohl der dargestellte Mechanismus eine exakte Reproduktion des Methylierungsmusters der Mutterzelle in den Tochterzellen erlaubt, treten nach zahlreichen Zellteilungen doch wesentliche Abweichungen zwischen den Zell-Nachkommen auf. Das beweisen z. B. die zunehmenden Unterschiede, welche sich zwischen genetisch identischen, eineiigen menschlichen Zwillingen, beginnend bereits im Mutterleib, im Laufe ihres Lebens entwickeln (Fraga et al. 2005, Ollikainen et al. 2010). Hier wird deutlich, dass die Vererbung epigenetischer Markierungen bei weitem nicht so exakt erfolgt wie die Weitergabe genetischer Information.

Umständlicher gestaltet sich eine mögliche Übernahme modifizierter Nukleosomen durch die Tochterzellen nach einer Zellteilung. Wenn die Replikation der DNA einsetzt, werden die Nukleosomen notwendig aufgelöst und die Histone mit ihren Modifikationen freigesetzt. Da jetzt in kurzer Zeit eine Verdopplung der Histonmenge zur Herstellung eines vollständigen Nukleosomensatzes für zwei Tochterzellen nötig ist, werden zugleich große Mengen von neuen Histonen hergestellt. Diese neuen Histone zeigen keine Modifikationen, welche später auf die Transkription einwirken könnten. Sie werden nach Herstellung der neuen DNA-Doppelstränge in einer 1:1-Mischung mit alten Histonen zum Aufbau der neuen Nukleosomen herangezogen. Da der Aufbau neuer Nukleosomen jeweils am Ort des Zerfalls der alten erfolgt, werden die neuen Nukleosomen etwa zur Hälfte die alten Modifikationen tragen. Man kennt Mechanismen, welche dann diese vorhandenen Modifikationen auf die neuen Histone kopieren können (Hodges und Crabtree 2012). Wie zuver-

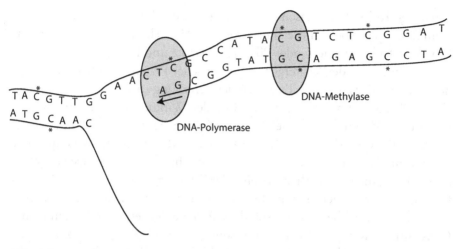

Abb. 9.2 Vererbung der DNA-Methylierung. Grafik © Veiko Krauß. DNA-Methylierung kann auf eine einfache Weise nach der DNA-Replikation in den Tochterzellen wiederhergestellt werden. DNA-Methylierung ist bei Eukaryoten auf Cytosine (C) begrenzt, auf welche ein Guanin (G) folgt. Da der paarende, also komplementäre DNA-Strang umgekehrt orientiert ist, liest sich dieses Motiv dort als GC. Links ist der alte Doppelstrang vor der Replikation zu sehen, wo beide Stränge an den immer gepaarten CG-Motiven methyliert sind. Gekennzeichnet ist das durch den Stern am Cytosin. Rechts oben ist die Neubildung eines Tochterstrangs durch die DNA-Polymerase dargestellt, aus Gründen der Vereinfachung wurde die Bildung des Tochterstranges am unteren Elternstrang weggelassen. Die DNA-Polymerase baut gegenüber den Guaninen des alten Stranges nur einfache Cytosine ein. Eine DNA-Methylase der Zelle (DNA-Methylase 1) erkennt jedoch die so entstehenden, nur einseitig methylierten CG-Motive und verwandelt sie in beidseitig methylierte CG-Motive.

lässig diese Mechanismen die Information übertragen, ist allerdings schwer einzuschätzen. Auf jeden Fall kann diese Wiederherstellung der Histon-Modifikationen längst nicht so ortsspezifisch sein wie die der DNA-Methylierung, da sie sich nicht wie diese auf einzelne DNA-Nukleotide, sondern auf Nukleosomen bezieht, von denen jeweils eines auf ca. 160 – 180 Basenpaare DNA entfällt. Zudem wird die Reproduktion des alten Modifikationsmusters durch die zufällige Verteilung der Alt-Histone zwischen Zerfall und Neuaufbau der Nukleosomen erschwert. Insgesamt kann so nur eine recht unscharfe Wiederherstellung der alten Nukleosomentypen erfolgen.

Auch die RNA-Interferenz (RNAi) kann über Zellteilungen hinweg wirken. Wie schon geschildert, wird RNAi durch spezialisierte Proteinkomplexe bewirkt, welche mit kurzen RNA-Molekülen beladen sind. Wenn die Komplexe durch Interaktion dieser RNA-Schnipsel mit Transkripten ähnlicher Sequenz zur Wirkung kommen, wird die transkribierte RNA nicht nur abgebaut, sondern selbst zum Aufbau neuer RNAi-Komplexe verarbeitet. In vielen Organismen werden die stilllegenden RNA-Moleküle sogar durch RNAabhängige RNA-Polymerasen unabhängig von der DNA vermehrt. Deshalb kann RNAi gegen bestimmte Transkripte stabil in vielen Zellgenerationen wirken, so in Fadenwürmern oder Pflanzen (Matzke und Birchler 2005).

Gemeinsam ist der Weitergabe epigenetischer Prägungen über die Zellgenerationen jedoch, dass die Exaktheit der Vererbung zu wünschen übrig lässt. Dies trifft sowohl auf den genauen Ort der Wirkung als auch auf die Intensität der Wirkung zu. Eine effektive Weitergabe der Stilllegung oder der Aufrechterhaltung der Aktivität von Genen wird erst durch die kooperative Interaktion zwischen verschiedenen epigenetischen Strukturen erreicht (Zaidi et al. 2011). Auch das Vorhandensein oder Fehlen spezifischer Transkriptionsfaktoren – welche nicht selten über die Zellteilungen hinweg am regulierten Gen gebunden bleiben – wirkt ständig auf den epigenetischen Zustand eines Gens zurück. Kein einzelner Faktor, sondern nur viele Faktoren zusammen bestimmen so die Aktivität eines Gens. Epigenetische Prozesse helfen also, einmal gewählte Genaktivitätsmuster aufrechtzuerhalten bzw. sie entsprechend der Veränderung der Zelle zu verändern, aber sie können Gene nicht selbständig steuern. Es ist dennoch anzunehmen, dass erst epigenetische Vorgänge die stabile Prägung einer Zelle als Hautzelle, Muskelzelle, Nervenzelle oder Leberzelle ermöglichen. Einen Beweis dafür haben wir nicht. Sicher ist jedoch, dass keine mehrzelligen Organismen ohne ausgeprägte epigenetische Strukturen existieren.

9.3 Epigenetische Vererbung zwischen den Generationen

Epigenetische Vorgänge können also gemeinsam ein Zellgedächtnis aufbauen. Es interpretiert die genetische Information in einer Weise, die für den Zelltyp beziehungsweise für den Zeitpunkt der Entwicklung typisch ist. Es kanalisiert damit den Phänotyp der Zelle in gewebespezifischer Art und Weise. Wenn damit die Rolle epigenetischer Vererbung ausreichend beschrieben ist, dürfte es eine Weitergabe bestimmter, vom Genotyp unabhängiger Muster aus DNA-Methylierung, Histon-Modifikationen und interferierender RNA zwischen den Generationen – wie in dieser Überschrift behauptet – nicht geben. Denn wieso sollten wir unseren Kindern speziell das Entwicklungsprogramm einer Muskelzelle vererben und ihnen nicht die Freiheit lassen, auch ein Gehirn zu entwickeln?

Nun, niemand behauptet, dass epigenetische Prägungen spezieller Gewebe über die Generationen vererbt werden. Vielmehr wird auf meist sehr unbestimmte Art vermutet, dass Erfahrungen mit der Umwelt über epigenetische Signalwege an folgende Generationen weitergegeben werden können (Jablonka und Lamb 1995, Bauer 2010, Ryan 2010). Wir wollen uns in diesen Abschnitt mit dieser Meinung auseinandersetzen und feststellen, inwiefern diese Behauptung zutrifft oder zutreffen könnte. Ich stütze mich dabei besonders auf eine umfassende und aktuelle Zusammenstellung von behaupteten Fällen epigenetischer Vererbung über mehrere Generationen (Jablonka und Raz 2009), welche von zwei eifrigen Fürsprechern einer wesentlichen Rolle epigenetischer Prozesse in der Evolution stammt.

Bei jeder Entwicklung eines mehrzelligen Individuums muss sich die Zelldifferenzierung in gleicher oder zumindest sehr ähnlicher Weise wiederholen. Die epigenetische Prägungen spezialisierter Zellen des Organismus sollten daher nicht überdauern, sondern sich in jedem Individuum aufs Neue bilden. Dazu müssen die epigenetischen Marker für die Zelldifferenzierung bei der Bildung von Geschlechtszellen zur Fortpflanzung entweder „zurück auf null gesetzt" werden oder ein Teil der Zellen darf an der Differenzierung dieser Marker während der Individualentwicklung nicht teilnehmen. Beide Möglichkeiten wurden interessanterweise in der Evolution verwirklicht. Tierische Embryonen sondern frühzeitig in ihrer Entwicklung eine Zelllinie ab, welche zunächst ruht und später allein zur Herstellung der Gameten (Ei- bzw. Spermazellen) dient. Sie nimmt an der Zelldifferenzierung nicht teil. Bei Pflanzen dagegen kann die Differenzierung zurückgenommen und geändert werden. Das sehen wir im Garten. Viele Sprosse können schließlich eine Blüte und später eine Frucht tragen, nachdem sie lange nur vegetativ gewachsen sind.

Bei Pflanzen wurden zugleich zahlreiche Phänomene gefunden, welche zumindest auf den ersten Blick für eine epigenetische Vererbung über die Generationen hinweg sprechen. Im Grunde genommen ist daran nichts Erstaunliches. Schließlich wird auch hier nicht nur die DNA vererbt, sondern ganze Zellinhalte mit RNA, zahlreichen Proteinen und anderen Stoffen, nicht zu vergessen die Zellorganellen mit eigener DNA. In pflanzlichen Zellen sind das nicht nur die Mitochondrien (Orte der Zellatmung, die „Kraftwerke der Zelle") wie in tierischen Zellen auch, sondern außerdem die Chloroplasten (Orte der Fotosynthese). Oft wird eine epigenetische Vererbung dann vermutet, wenn alle Nachkommen, unabhängig vom Genotyp des Vaters, denselben Phänotyp wie die Mutter haben. Dies ist jedoch bei den meisten Pflanzen völlig normal, wenn die Vererbung über die DNA der Mitochondrien bzw. der Chloroplasten erfolgt. Denn diese DNA wird mit den Zellorganellen selbst bei den meisten Arten ausschließlich über die Mutter vererbt, manchmal jedoch gemischt und nur selten ausschließlich über den Vater weitergegeben (Hagemann 1964). Bei Tieren ist diese einseitige Vererbung seltener, da sie nur über Mitochondrien, nicht aber über Chloroplasten verfügen. Ohne Kenntnis des molekularen Pfades der Vererbung kann man also die genetische Weitergabe eines Merkmals insbesondere bei Pflanzen nicht ausschließen.

Auch eine gänzlich nichtgenetische Weitergabe, z. B. über Hormone in den Samen, erscheint möglich. So wurde bei verschiedenen Pflanzen eine verstärkte Resistenz gegen Raupenfraß, Viren oder versalzte Böden nachgewiesen, wenn schon Elterngenerationen dasselbe Problem hatten (Holeski et al. 2012). Oft ist der Mechanismus der Weitergabe solcher nützlichen, erworbenen Eigenschaften über die Generationen hinweg jedoch nicht bekannt. Außerdem wird der Umweltreiz in jeder Generation benötigt, sonst erlischt die Resistenz gegen ihn schnell.

Ungeachtet dessen wurden 36 Fälle vermuteter epigenetischer Weitergabe über viele Generationen hinweg bei 15 verschiedenen Blütenpflanzenarten dokumentiert (Jablonka und Raz 2009). Bei näherer Betrachtung bleiben jedoch nur 18 Fälle übrig, welche tatsächlich eine epigenetisch vermittelte Vererbung, hier über DNA-Methylierung oder RNAi, betreffen. Doch auch diese Beispiele sind für natürliche evolutionäre Prozesse nicht immer relevant. So liegen in sechs der 18 Fälle Phänotypen vor, welche entweder die Stilllegung gerade künstlich eingebrachter Gene, die Aktivierung von Transposons bzw. nur die Veränderung der DNA-Methylierung betreffen. Solche Veränderungen sind nicht als Anpassungen an natürliche Umwelten zu verstehen, also fast notwendig nachteilig, da sie das aufeinander abgestimmte Genaktivitätsmuster gefährden. Die restlichen zwölf Phänotypen sind dagegen tatsächlich umweltbezogen. Sie betreffen z. B. die Färbung, die Zahl und die Gestalt der Blüten.

Häufig wird unterstellt, epigenetische Vererbung sei eine Vererbung erworbener Eigenschaften im Sinne des französischen Biologen Jean-Baptiste de Lamarck (1744 – 1829). Sie erinnern sich sicher an das oft strapazierte Beispiel der Giraffen, welche ihre Hälse ständig strecken müssen, um das Laub der Akazien zu erreichen. Dadurch sollten nicht nur ihre Hälse allmählich länger werden, auch ihre Nachkommen sollten von Geburt an längere Hälse als beide Eltern haben. Obwohl transgenerative epigenetische Vererbung gern als lamarckistisch bezeichnet wird, trifft das auf keinen einzigen der zwölf oben genannten Fälle zu. In keinem dieser Beispiele entstand durch Umweltstress ein Phänotyp, der diesen Stress reduziert. Dagegen erscheint die Stabilität der Vererbung in den meisten Fällen hoch. Mehrheitlich entstand in den genannten Fällen phänotypische Variabilität in den Tochtergenerationen, obwohl die Elterngeneration phänotypisch und genotypisch einheitlich war. Die Merkmalsunterschiede wurden dann über mehrere Generationen vererbt, obwohl weiterhin keine genotypischen Differenzen zwischen den den Trägern dieser Unterschiede bestehen. Die unterschiedlichen Phänotypen der Elterngeneration können hier durch Stress entstanden sein, sind aber nicht gegen diesen gerichtet, sondern stellen ungerichtete, zufällige Veränderungen dar. Da die Veränderungen nicht nur ungerichtet, sondern auch relativ stabil sind, können sie zwar nicht im lamarckistischen Sinn erworbene Eigenschaften weitergeben, aber prinzipiell im darwinistischen Sinn selektiert werden.

Die beschriebenen, epigenetischen Varianten wurden jedoch in der Regel im Labor erzeugt und vermehrt. In keinem Fall wurde gezeigt, dass sich bestimmte dieser Phänotypen in natürlichen Umwelten mehr oder weniger bewähren würden. Eine natürliche Selektion epigenetischer Varianten wurde demnach ebenso wenig gezeigt wie eine lamarckistische Optimierung von Merkmalen je nach augenblicklichem Bedarf.

Aber kann es nicht dennoch sein, dass epigenetische Vererbung im Pflanzenreich funktioniert?

Studien an natürlichen Populationen des Ackersenfs *Arabidopsis thaliana* lassen wenig Hoffnung (Vaughn et al. 2007, Becker et al. 2011). Dabei wurden Pflanzen aus zehn weit voneinander entfernten Herkunftsgebieten je 30 Generationen lang gezüchtet. Alle Generationen der Nachkommen dieser zehn Linien wurden hinsichtlich ihrer DNA-Methylierung verglichen. Wie im älteren Vergleich zwischen nur zwei verschiedenen Linien (Vaughn et al. 2007) zeigte es sich dass die Methylierung der Transposons weit stabiler als die der merkmalsbestimmenden Gene war. Lange Abfolgen methylierter Cytosine wurden viel zuverlässiger vererbt als abwechslungsreiche Muster aus methylierten und unmethylierten Cytosinen. Insgesamt kamen die Autoren zu dem Schluss, dass DNA-Methylierung wahrscheinlich nicht effektiv selektiert werden kann. Dabei ist weniger von Bedeutung, dass nur lange Abschnitte von methylierten CG-Positionen hinreichend stabil weitergegeben werden. Wichtiger ist die Tatsache, dass Rückmutationen viel wahrscheinlicher sind als im Fall der Weitergabe einer DNA-Sequenz. Denn jedes Nukleotid der DNA – Adenin (A), Cytosin (C), Guanin (G) und Thymin (T) – kann bei einer Mutation gegen drei andere Nukleotide ausgetauscht werden. Wenn z. B. A gegen G ausgetauscht wird, kann dieses G sich beim nächsten Austauschereignis in drei verschiedene andere Nukleotide verwandeln. Nur der Austausch gegen ein A stellt hier eine Rückmutation dar. Hinzu kommen noch mögliche Deletionen bzw. Insertionen von Nukleotiden. Ein einmal methyliertes CG kann dagegen lediglich demethyliert werden. Eine zweite Veränderung des Methylierungsmusters am gleichen Ort stellt deshalb *immer* eine Rückmutation dar. Mit anderen Worten: Durch bloßes Ein- oder Ausschalten kann keine Veränderung eines Schaltkreises erreicht werden, nur ein fortwährender Wechsel von Aktivierung und Inaktivierung.

Da es sich bei epigenetischen Prozessen stets um eine Ja-Nein-Entscheidung handelt, kann diese Schlussfolgerung auch auf Histon-Modifikationen und RNAi erweitert werden. Solange dieses Umlegen epigenetischer Schalter nicht direkt auf die Bewältigung von Umweltanforderungen gerichtet ist, sondern ungerichtet erfolgt, ist seine evolutionäre Bedeutung vermutlich nur gering. Ein Pluspunkt gegenüber einer DNA-Veränderung bleibt allerdings und hängt gerade mit der großen Wahrscheinlichkeit von Rückmutationen zusammen: Wenn ein Gen lediglich epigenetisch inaktiviert wurde, ist die Wahrscheinlichkeit, es wieder reaktivieren zu können, deutlich größer als im Falle einer Inaktivierung durch eine (DNA-)Mutation.

Bei Tieren wurden 29 Fälle vermuteter epigenetischer Merkmalsweitergabe dokumentiert (Jablonka und Raz 2009). Sie betreffen neun Tierarten und den Menschen. Davon haben 18 eine – mehr oder weniger gut – nachgewiesene epigenetische Ursache. Da es sich auch hier mehrheitlich um Experimente mit länger im Labor gezüchteten Lebewesen handelte, verwundert es nicht, dass in zehn dieser Fälle nicht spontan auftretende Mutationen, sondern die Einführung von Transgenen, die Verabreichung stilllegender RNA-Moleküle oder das Vorliegen mehrerer, stark fitnessreduzierender Mutationen die Ursachen epigenetischer Effekte waren. Da solche Einflüsse unter natürlichen Bedingungen zu vernachlässigen sind, bleiben nur noch acht Fälle übrig, welche auch im Freiland auftreten können. Unter diesen Beispielen finden sich vier Fälle mit sehr instabiler Vererbung. Konkret treten bereits in der ersten Tochtergeneration mindestens ein Prozent Abweichler vom zu vererbenden, epigenetisch determinierten Phänotyp auf, eine Rate, welche Selektion stark erschwert. Übrig bleiben vier Phänomene. Dazu gehört die Weitergabe des *kit*-Phänotyps (weiße Punkte auf Schwanz und Pfoten) in der Maus auch nach der Entfernung einer entsprechenden Mutation durch Auskreuzung mit nicht mutierten Mäusen. Das funktioniert allerdings nur über zwei Generationen. Ein zweiter Fall ist die Vermehrung von Genen für Insektizid-Resistenz in der Pfirsich-Blattlaus *Myzus persicae*. Diese Genvermehrung ermöglicht paradoxerweise die Inaktivität aller Resistenzgene durch einen noch unbekannten epigenetischen Effekt (Field und Blackman 2003). Das heißt, bei gleicher genetischer Ausstattung können die Blattläuse resistent oder nicht resistent gegen Insektizide sein, und zwar als Nachkommen derselben Mutter. Das heißt zwar, dass auch hier die epigenetische Vererbung nicht zuverlässig funktioniert, kann aber insgesamt einen Vorteil für die Überlebensfähigkeit der Blattlauspopulation bedeuten. Wenn Insektizide nicht angewandt werden, überleben Blattläuse, auch ohne die möglicherweise dann eher störenden Resistenzproteine zu produzieren. Dennoch behalten sie diese Resistenzgene, ein Teil ihrer Nachkommen wird deshalb unempfindlich gegen eventuell wieder angewandte Insektizide sein. Bei der hohen Fruchtbarkeit von Blattläusen garantiert dies hohe Überlebensraten der Population unter Bedingungen mit *und* ohne Insektizid. Eine Aktivierung der Resistenzgene nur im Falle des Auftretens von Insektiziden wäre allerdings praktischer, aber die Evolution produziert bekanntlich keine optimalen Lösungen. Halten wir also fest, dass hier der Vorteil einer epigenetischen Inaktivierung verwirklicht wurde – das

Gen ist schon in der nächsten Generation wieder in vielen Individuen verfügbar. Geplagte Gärtner werden das nicht zu schätzen wissen.

Die verbleibenden zwei Fälle epigenetischer Vererbung wurden beim Menschen gefunden. Einer davon betrifft das Angelman- und das Prader-Willi-Syndrom. Beide Erbkrankheiten sind mit derselben Region des Chromosoms 15 verbunden. Sie werden durch Mutationen in mehreren benachbarten Genen ausgelöst, welche zu den über hundert Genen der genetischen Ausstattung des Menschen gehören, welche entweder nur in der von der Mutter kommenden Kopie oder nur in der vom Vater kommenden Kopie aktiv sind. Man nennt dieses Phänomen elterliche Prägung (paternales Imprinting). Fehlen alle Gene der Angelman-Prader-Willi-Region in einem der beiden homologen Chromosomen, prägt sich das Prader-Willi-Syndrom nur dann aus, wenn das defekte Chromosom vom Vater kommt. Symptome sind geistige Behinderung, eine starke Neigung zur Fettleibigkeit und Wachstumsstörungen. Kommt dieselbe Deletion allerdings von der Mutter, entwickelt sich das Angelman-Syndrom, welches u. a. mit geistiger Behinderung und motorischen Störungen verbunden ist. Eine solche Deletion ist die häufigste Ursache beider Erbkrankheiten, daneben treten noch Mutationen als Ursachen auf, welche nur einzelne Gene betreffen. Prader-Willi- und Angelman-Syndrom kommen leider überraschend häufig auch bei Kindern nicht kranker Eltern vor. Ursache ist meist keine Neumutation, sondern eine fehlerhafte Prägung. Die kritischen Gene lagen in diesem Fall „versehentlich" auch noch in der Eizelle männlich (Angelman-Syndrom) bzw. im Spermium weiblich (Prader-Willi-Syndrom) geprägt vor. Sie sind dann zwar im heranwachsenden Kind in genetisch intakter Form zweimal vorhanden, werden aber nicht aktiv, da beide Kopien männlich oder beide Kopien weiblich geprägt sind. Nur je eine weibliche Prägung (von der Mutter) *und* eine männliche Prägung (vom Vater) garantieren einen unauffälligen Phänotyp, unabhängig vom Geschlecht des Kindes selbst. Nur die Keimzellen (Gameten) werden aufs eigene Geschlecht umgeprägt, die Nachkommen der nur durch falsche Prägung Geschädigten sollten also nicht krank werden. Molekular beruht die Prägung meist auf DNA-Methylierung, zum Teil auch auf Histon-Modifikationen, welche ein eizellen- oder sperma-spezifisches Muster an den betroffenen Genen aufbauen, welches erst bei der Bildung der Gameten der nächsten Generation gelöscht werden kann.

Über die Funktion der elterlichen Prägung, welche vor allen bei Säugetieren und Blütenpflanzen gefunden wird, gibt es konkurrierende Theorien. Es würde zu weit führen, sie hier zu erläutern. Uns interessiert hier lediglich, ob Prägungsdefekte eine Bedeutung für die Evolution haben können. Der stark nachteilige Phänotyp einer falschen Prägung im Beispiel spricht zwar dagegen, aber es kann durchaus Fälle geben, wo ein solcher Fehler keine schwerwiegenden Konsequenzen hat. Ein weit stärkeres Argument gegen evolutionäre Bedeutung ist die mangelnde Erblichkeit: In der zweiten Generation ist Schluss. Und auch hier geht es nur um die An- oder Abschaltung von Genen, nicht um die Modulierung ihrer Aktivität oder Struktur.

Das letzte zu diskutierende Beispiel ist noch vielschichtiger. Es gab in den letzten Jahren eine Reihe von schwedischen Studien, die einen Zusammenhang zwischen den Ernährungszustand von Großeltern und der Gesundheit ihrer Enkel herstellten. So sollte Hunger bei 9-12jährigen Jungen zu Langlebigkeit bei Söhnen ihrer Söhne führen, während Hunger bei 8-11jährigen Mädchen zu Langlebigkeit bei den Töchtern ihrer Söhne führen sollte (Kaati et al. 2007). Eine Ursache könnte in einer viermal erhöhten Empfänglichkeit für Diabetes liegen, wenn es dem Großvater im Schulkindalter recht gut ging. Interessanterweise tendierten aber die Söhne von in jungem Alter gut ernährten Vätern eher unterdurchschnittlich zu Diabetes (Pembrey 2002). Demnach handelt es sich bei dem hier studierten Phänomen (1) nicht um gewöhnliche Vererbung, (2) ist es offensichtlich keine Anpassung an Umweltbedingungen. Die Autoren suggerierten einen Effekt der Ernährung auf die elterliche Prägung, konnten ihn aber in keiner Weise belegen. Zudem kann ein solcher Effekt sich nicht über zwei Generationen hinziehen und dabei die Zwischengeneration nicht beeinflussen. Ohne plausiblen Übertragungsmechanismus bleiben die Zusammenhänge bloße Korrelationen und können auch auf fehlerhafter Statistik beruhen, was bei nur 271 untersuchten Enkeln und der großen Zahl von störenden Einflussfaktoren außerhalb eines Labors nicht unwahrscheinlich ist (Kaati et al. 2007). Selbst wenn sie real *und* epigenetisch verursacht wären, repräsentieren sie weder Vererbung im wörtlichen Sinne noch eine direkte Anpassung an Umweltbedingungen. Solche Studien bilden sicher eine solide Grundlage für sehr schwarzen Humor („Wollen wir für die Gesundheit unserer Enkel hungern?"), über Evolution auf dieser Grundlage verbietet sich selbst eine Spekulation. Leider sind nicht alle Interpreten der erwähnten Arbeiten dieser Ansicht.

Es soll nicht verschwiegen werden, dass unter der Überschrift „Transgenerative, epigenetische Vererbung bei Tieren" auch Phänomene beobachtet und beschrieben wurden, welche über viele Generationen stabil durch Kooperation zwischen kleinen RNA-Molekülen und Histon-Methylierungen vererbt werden können. So wurde vom Fadenwurm *Caenorhabditis elegans* über die stabile Stilllegung künstlich (gentechnisch) in das Genom eingeführter Gene berichtet (Ashe et al. 2012, Buckley et al. 2012). Außer auf den Geschlechtschromosomen sind eigene Gene bei Tieren jedoch immer doppelt vorhanden. Deswegen handelt es sich bei diesem Mechanismus nicht um vererbbare epigenetische Variation, sondern um die bereits beschriebene Abwehr parasitischer springender Gene durch epigenetische Prozesse, welche über die Generationen hinweg reproduziert wird, weil die eingeführten künstlichen Gene genau wie neu eingefügte Kopien springender Gene zunächst nur auf einem der beiden homologen Chromosomen vorliegen können und deshalb durch die RNA als fremd erkannt werden.

Andere Beispiele für transgenerative Vererbung betreffen – in geringerer Zahl – Bakterien, Pilze, oder andere einzellige Eukaryoten (Jablonka und Raz 2009). Auch in diesen Fällen lassen sich keine Argumente für einen wesentlichen Beitrag epigenetischer Prozesse zur Evolution finden. Die Möglichkeit epigenetischer Vorgänge ist mit Sicherheit eine große Errungenschaft der Evolution, aber sie bilden keine alternative oder zusätzliche Option zur Vererbung. Epigenetische Strukturen sind dafür denkbar ungeeignet, denn

1. Jede epigenetische Struktur bezieht sich auf eine bestimmte DNA-Sequenz.
2. Ihre Funktion besteht in einer annähernd digitalen Entscheidung, in der Regel darin, ob die DNA-Sequenz abgelesen (transkribiert) wird oder nicht.

Aus Punkt 1 folgt, das ein epigenetisches Signal immer höchstens so stabil sein kann wie die zugrundeliegende DNA-Sequenz. Fast immer ist dieses Signal jedoch wesentlich labiler, weil es durch die Zelle selbst gezielt entfernt werden kann und häufig auch entfernt wird. Dagegen sind genetische Mutationen immer sehr selten und stets zufällig. Sie können nicht gezielt gesetzt werden. Punkt 2 sagt aus, dass über epigenetische Mechanismen nur eine Grobeinstellung auf Umweltverhältnisse zu erreichen ist. Die Feineinstellung erfolgt über Interaktionen der Transkriptionsfaktoren mit der DNA sowie über die Modifizierung von Proteinen und funktioneller RNA durch andere Proteine oder RNA, nicht über DNA-Methylierung, Histon-Modifizierungen und RNAi. Zusammengenommen sagen beide Punkte, das epigenetische Prozesse der Evolution keine neue Qualität verleihen können. Diese Schlussfolgerung ist in keiner Weise überraschend, denn der wesentliche Vorzug der Vererbung epigenetischer Muster gegenüber der Vererbung genetischer Information wird gern in der Empfänglichkeit der Epigenetik für Umwelteinflüsse gesehen (Ryan 2010). Die Genetik dagegen ist relativ robust gegenüber Umwelteinflüssen. Und nur so kann sie ihre zentrale Rolle als evolutionäres Gedächtnis spielen. Denn es ist aussichtslos, von derselben Struktur sowohl eine Stabilität über Generationen *als auch* eine Sensibilität gegenüber Veränderungen zu erwarten.

9.4 Erinnerung und Verdrängung

Epigenetische Strukturen haben für Lebewesen eine doppelte Funktion, denn sie dienen der Erinnerung *und* der Verdrängung. Erinnern sollen sie innerhalb eines Lebewesens, welche Spezialisierung eine Zelle im Rahmen der Induvidualentwicklung erfahren hat bzw. ob ein Gen bisher aktiv oder inaktiv war. Diese Erinnerung kann durch Kooperation zwischen den epigenetischen Prozessen der DNA-Methylierung, Histon-Modifikation und RNA-Interferenz über viele Zellteilungen (Mitosen) hinweg vererbt werden. Bei Einzellern wie z. B. der Bäckerhefe könnte das bedeuten, dass sie auch über mehrere Generationen weitergegeben wird. Es ist dann eine epigenetische Markierung, die gegenwärtig anhaltenden Umweltbedingungen entspricht; Bedingungen, welche auch über mehrere Einzellergenerationen hinweg stabil bleiben können. Allerdings ist mir keine Studie bekannt, die bei Einzellern eine Vererbung epigenetischer Anpassungen an bestimmte Umwelten tatsächlich festgestellt hätte. Häufig wurde dagegen (siehe oben) über solche Vorgänge bei Pflanzen und Tieren spekuliert. Es ist scheinbar nicht verlockend, dasselbe Problem bei einzelligen Eukaryoten wie etwa der Hefe eingehend zu untersuchen, obwohl die Chancen einer direkten Weitergabe epigenetischer Modifikationen hier sehr viel höher als bei Mehrzellern sind.

Denn epigenetische Erinnerungen werden in der Regel gelöscht, sobald durch Meiose Geschlechtszellen (Gameten) hergestellt werden. Das hat verschiedene Ursachen. Zunächst einmal wird nur eine zufällige Hälfte des Genoms in die nächste Generation übernommen. Mehr noch, diese Hälfte soll mit einen Halbgenom eines anderen Individuums verschmelzen. Im Ergebnis liegt völlig neu zusammengestellte genetische Information vor. Epigenetische Markierungen müssen diesem neuen Genom angepasst sein, vor allen, weil auch eine neue Zusammenstellung potenziell aktiver Transposons und Retroviren (springender Gene) stattgefunden hat. Die Unterdrückung ihrer Aktivität muss gewährleistet werden, was durch eine kurze Aktivitätsphase dieser springenden Gene ermöglicht wird (Feng et al. 2010). Diese kurzzeitige Herstellung noch funktionsfähiger genomischer Parasiten verrät dem RNA-Interferenz-Mechanismus die DNA-Sequenz und damit auch den genomischen Ursprungsort dieser potenziell gefährlichen RNA-Moleküle. Die Anschaltung der RNA-Interferenz legt die springenden Gene dann im neuen Organismus still.

Eben beschrieben wurden Vorgänge, welche man insgesamt als Verdrängung bezeichnen kann. Erstens muss die alte, inaktivierende epigenetische Markierung der springenden Gene entfernt werden. Zweitens muss diese durch eine neue, für die nunmehr geänderte Zusammensetzung transponibler

Sequenzen besser geeignete, inaktivierende Markierung ersetzt werden. Funktionell gesehen werden damit die springenden Gene aufs Neue unterdrückt.

Die parasitischen Sequenzen der springenden Gene haben die Genome vieler Eukaryoten aufgebläht. Das war nur möglich durch die Pufferwirkung epigenetischer Strukturen: Sie haben die Masse dieser den Organismus belastenden Sequenzen aus seiner funktionellen genetischen Architektur durch Stilllegung ausgeschlossen (Rollins et al. 2006). Dieser Ausschluss ist jedoch nur vorübergehend und muss nach jeder sexuellen Fortpflanzung wieder neu aufgebaut werden. Im Zusammenhang mit Neumutationen des Genoms – auch, aber nicht nur durch die Aktivität der parasitischen Sequenzen – kann es dabei zu Fehlern kommen, welche die genetische Aktivität des neuen Organismus verändern. So kommt es häufig zur Stilllegung zuvor duplizierter Gene (Kapitel 8). Bei Samenpflanzen wurde gezeigt, dass solche Duplikate zunächst epigenetisch und erst später durch Punktmutationen und Deletionen dauerhaft inaktiviert werden. In den so entstandenen Pseudo-Genen kann es durch weitere Punktmutationen zur zufälligen Entstehung von Bindesequenzen für Transkriptionsfaktoren (sogenannten Enhancern, d. h. Verstärkern) kommen, welche einen Einfluss auf benachbarte Gene haben. Tatsächlich wurden in vier ehemaligen Genen des Medaka (Japanischer Reisfisch, *Oryzias latipes*) solche Enhancer gefunden (Eichenlaub und Ettwiller 2011). Diese vier Bindesequenzen haben in diesen Fischen eine nützliche Funktion für den Organismus, sind also funktionelle Regulationssequenzen. In der überwiegenden Zahl der Fälle sind jedoch solche zufällig entstandenen Strukturen gefährlich für den Organismus, weil sie die existierende Verzahnung der Genregulation stören statt unterstützen. Die epigenetische Markierung kann auch solche Signale unterdrücken und damit das Individuum vor den schädlichen Folgen mancher Mutationen bewahren (Xiao et al. 2012).

Die Gewährung oder die Verwehrung des Zugangs zur DNA durch epigenetische Strukturen bleibt also nicht auf parasitische Sequenzen begrenzt. Der Zugang zum gesamten Genom wird mit epigenetischen Mitteln reguliert. Wahrscheinlich wurde erst so Mehrzelligkeit durch Spezialisierung von Zellen möglich. Das setzt sowohl ein Zellgedächtnis als auch die begrenzte Dauer dieses Gedächtnisses voraus. Epigenetik hat also wahrscheinlich sowohl große Genome als auch große Organismen erst möglich gemacht, evolutionäre Errungenschaften, für die wir dankbar sein sollten. Sie ist aber kein direkter Evolutionsfaktor, denn weder kann sie Umwelterfahrungen dauerhaft in den Abstammungslinien von Lebewesen verankern – so stellte Lamarck sich Evolution vor – noch können epigenetische Modifizierungen [!] überhaupt unabhängig von der genetischen Information vererbt werden. Signale der DNA-Sequenz wie Transkriptionsfaktor-Bindesequenzen, kodierende Sequenzen oder Sequenzwiederholungen bestimmen, wo genau welche epigenetischen Markierungen aufgebaut und in Kooperation stabilisiert werden (Woo und Li 2012). Epigenetik ist also eng und unlösbar mit dem Genom verbunden.

9.5 Faltungshelfer und Prionen – Waddingtons Epigenetik

Nicht alles, was von Zelle zu Zelle vererbt wird, ist genetisch oder epigenetisch im Zellkern verankert. Der Hauptteil der Zelle besteht aus Zellplasma, welches Tausende verschiedene Proteine und andere funktionell wichtige Moleküle enthält. Sie haben eine sehr unterschiedliche Haltbarkeit, manche von ihnen sind so stabil, dass sie viele Tage und prinzipiell sogar mehrere Zellgenerationen überdauern können.

Diese Stabilität hängt wesentlich von der Struktur des Moleküls ab. Proteine werden in der Zelle als lange Ketten von Aminosäuren produziert. In dieser Form sind sie jedoch nicht haltbar. Schon während die Kette noch verlängert wird, beginnt ihre Faltung in ein mehr oder weniger kugelförmiges Gebilde. Dabei treten verschiedene Abschnitte des Proteins in Wechselwirkung und nehmen allmählich immer stabilere Positionen ein. Diese Proteinfaltung dauert in der Regel viel länger als das Aneinanderfügen der Aminosäuren selbst und kann oft nicht ohne Hilfe anderer, auf eine solche Unterstützung spezialisierter Proteine abgeschlossen werden. Diese unterstützenden Proteine werden Faltungshelfer genannt und auch als Hitzeschockproteine bezeichnet, da sie bei kritisch erhöhter Temperatur in sehr viel größerer Menge hergestellt werden als unter normalen Bedingungen. Denn bei höherer Temperatur fällt es Proteinen noch sehr viel schwerer, die korrekte Faltung zu vollziehen. Falsch gefaltete Proteine sind jedoch nicht in der Lage, ihre häufig lebensnotwendige Funktion für den Organismus auszuführen. Bei anhaltender Hitze oder bei einem Mangel an faltungsunterstützenden Hitzeschockproteinen kommt es daher in der Zelle zu vielfältigen Fehlfunktionen.

Solche Fehlfunktionen waren es, welche den britischen Biologen Conrad Hal Waddington (1905 – 1975) zu seinen Hypothesen über epigenetische Faktoren und ihre Bedeutung für die Evolution angeregt hatten. Heute weiß man, dass Waddingtons Experimente nichts mit epigenetischen Strukturen wie DNA-Methylierung, Histon-Modifizierung oder RNA-Interferenz zu tun hatten. Er setzte vielmehr seine Taufliegen einem deutlichen, aber kurzen Hitzeschock aus (z. B. 30 Minuten lang 37 °C) und fand außerdem spontane Mutationen, welche ähnlich wie diese Hitzeschocks wirkten. Sowohl solche genetischen Veränderungen als auch die zeitweiligen Temperatur- (also Umwelt-)Veränderungen bewirkten, dass betroffene Fliegen viel häufiger als unter normalen Verhältnissen unter Entwicklungsstörungen verschiedenster Art litten. Die entstandenen Missbildungen ähnelten denen solcher Fliegen, bei denen wichtige Transkriptionsfaktoren der Individualentwicklung durch Mutationen funktionell beeinträchtigt wurden. Während letztere Fliegen diese Entwicklungsstörungen jedoch stabil weitervererben, traten bei den Nachkommen seiner Fliegen diese charakteristischen Phänotypen nur relativ selten auf. Dafür waren unter Waddingtons Nachzüchtungen auch zahlreiche andere Missbildungen zu finden, die dem Aussehen der Träger jeweils sehr verschiedener Transkriptionsfaktor-Mutationen entsprachen. Waddington erkannte, dass in den einzelnen, missgebildeten Fliegen keine Neumutationen vorlagen, sondern lediglich verschiedene Phänotypen auf Grundlage eines einzigen Genotyps und bezeichnete diese Missbildungen als bloße Phänokopien ihrer tatsächlich mutierten „Vorbilder".

Rutherford und Lindquist führten diese Experimente weiter und legten überzeugend dar, das Mutationen eines bestimmten Hitzeschockprotein-Gens (*Hsp83*) unter plötzlich veränderten Umweltbedingungen wesentlich zur evolutionären Veränderung des Aussehens von Taufliegen beitragen könnten (Rutherford und Lindquist 1998). Das Hitzeschockprotein 83 trägt in der Fliege zur korrekten Faltung von entwicklungsregulierenden Transkriptionsfaktoren bei. Wenn zu wenig davon produziert wird, kommt es zu den unterschiedlichsten Missbildungen wie etwa zu Umformungen der Körpersegmente, Veränderungen von Anzahl und Form der Körperborsten, Beeinträchtigungen von Form und Funktion der Augen sowie zu Umformungen von Flügeln und Beinen. Die meisten dieser Veränderungen sind unter realistischen Umweltbedingungen nachteilig, doch das trifft nicht auf alle zu. Die Art der Missbildung hat nichts mit dem Zustand des *Hsp83*-Gens zu tun, sondern hängt von der konkreten Aminosäureabfolge in den für die Entwicklung der betroffenen Merkmale wichtigen Transkriptionsfaktor-Molekülen ab. Diese Aminosäureabfolge wird von der Nukleotidabfolge der Gene für die Transkriptionsfaktor-Proteine abgeleitet, ist also zwischen verschiedenen Taufliegen normalerweise ein wenig verschieden. Die resultierenden Transkriptionsfaktor-Varianten sind deshalb unterschiedlich empfindlich für Fehlfaltungen, und so brauchen sie das Hitzeschockprotein mehr oder weniger dringend. Mit anderen Worten, meist werden Transkriptionsfaktoren richtig gefaltet, aber der Anteil der Fehlfaltungen hängt von ihrer Aminosäure-Sequenz ab, vor allem, wenn eine helfende Schablone fehlen sollte. Manche Sequenz-Varianten produzieren also mehr Ausschuss als andere.

Je nach genetischem Hintergrund prägen *Hsp83*-mutierte Fliegen also nur bestimmte Missbildungen aus, die den zur Fehlfaltung neigenden Varianten der jeweils wichtigen Transkriptionsfaktoren entsprechen. Wenn man jetzt ausschließlich Fliegen mit einen bestimmten Phänotyp, etwa solche mit verkleinerten Augen, die Fortpflanzung gestattet, kann man nach einigen Generationen in der gesamten Nachkommenschaft verkleinerte Augen finden. Diese kleinen Augen bleiben häufig sogar dann, wenn man die *Hsp83*-Mutation aus der Nachkommenschaft wieder entfernt hat. Waddington sprach hier von genetischer Assimilation. Der zunächst nur unter bestimmten Randbedingungen (hier Hsp83-Mangel) und nur selten als Phänokopie gezeigte Phänotyp wird genetisch assimiliert, d. h. zum normalen Phänotyp des Genotyps unter normalen Bedingungen. Unter Hsp83-Mangel gezeigte Phänotypen können also erfolgreich positiv selektiert werden. Dabei wird nur die bereits vorhandene genetische Variation der vielen Transkriptionsfaktor-Gene gezielt neu zusammengestellt, es braucht also keine Neumutationen.

Das ist so, als würden wir in einen Topf mit Losen schauen. Wir können normalerweise nicht sehen, ob und wie viel jedes Los gewinnt. Würde das Papier der Lose durch besondere Umweltbedingungen oder durch besondere Eigenschaften des verwendeten Papiers jedoch durchsichtig, könnten wir die Lose phänotypisch unterscheiden und die höchsten Gewinne selektieren. Genetische Assimilation entsteht also aus verstärkten phänotypischen Unterschieden, welche die zugrundeliegenden genotypischen Unterschiede erst sichtbar machen und damit eine verstärkte Selektion auslösen.

Demnach wird unter normalen Verhältnissen nur ein Bruchteil der phänotypischen Möglichkeiten eines Genotyps verwirklicht. Die Störung der normalen Individualentwicklung durch eine Mutation im *Hsp83*-Gen, durch Hitzeschocks oder durch die Einwirkung spezieller Chemikalien kann eine umfangreiche Kollektion von Phänotypen auf der Grundlage verborgener genetischer Unterschiede erzeugen. Sowohl bestimmte Mutationen als auch bestimmte, extreme Änderungen der Umweltbedingungen können also die Pufferung des normalen Ablaufs der Entwicklung gegenüber verschiedenen Varianten des Genotyps durchbrechen und bisher nicht sichtbare phänotypische Varianten erzeugen, welche dann effektiv selektiert werden können. Man spricht hier davon, dass die Kanalisierung der Entwicklung überwunden wird. Das ist nicht nur bei der Taufliege möglich und wurde auch beim Ackersenf gezeigt (Queitsch et al. 2002). Äußerlich nicht sichtbare genetische Variation kann deshalb in Phasen erfolgreicher Kanalisierung von Entwicklungsabläufen angesammelt werden und wird erst phänotypisch bedeutsam und folgerichtig selektiert, wenn bestimmte Mutationen oder Umweltstressoren einwirken.

Eine andere Form dieser stressinduzierten Evolution wurde besonders an Pilzen erforscht. Sie ist zugleich eine epigenetisch anmutende Form der Vererbung und beruht auf Prionen. Ein Prion ist ein Protein, welches auf eine ansteckende Art und Weise anders als andere ähnliche Proteine gefaltet ist. Es ist in der Lage, an andere Proteine mit ähnlicher oder gleicher Aminosäurezusammensetzung anzudocken und sie in ein Ebenbild seiner eigenen Struktur umzubilden. Beim Menschen kennt man Prionen als Erreger seltener Hirnkrankheiten wie Kuru und Kreuzfeldt-Jakob. Die ansteckenden Prionen werden dabei mit der Nahrung aufgenommen. Durch ihre sehr robuste Struktur widerstehen sie der Verdauung und geraten in den Blutkreislauf und später ins Gehirn, wo sie mit der schließlich tödlichen Umformung der körpereigenen Proteine beginnen. Der schleichende, sich über Jahre hinziehende Verlauf dieser Krankheiten macht sie nicht harmloser. Ein wirksamer Schutz vor solchen Krankheiten könnte darin bestehen, keinerlei Protein aufzunehmen, welches körpereigenen Proteinen sehr ähnlich ist. Zum Beispiel könnte man darauf verzichten, Wirbeltierfleisch zu essen. Evolutionär gesehen wäre das für Rinder jedoch eine weit größere Katastrophe als der von Prionen verursachte Rinder-Wahnsinn, denn es ist zu bezweifeln, ob wir allein für Nebenprodukte wie etwa Leder dann noch so große Herden dieser Tiere halten würden.

Bei Pilzen wurden sogar 27 Proteine gefunden, welche sich in Prionen umwandeln können (Halfmann und Lindquist 2010). Mindestens neun von ihnen bilden sich unter natürlichen Verhältnissen in der Bäckerhefe aus. Pilz-Prionen sind, im Gegensatz zu den beim Menschen beschriebenen, häufig vorteilhaft für den betroffenen Organismus. Sup35, ein Terminationsfaktor der Translation, ist das bestuntersuchte prionenbildende Protein bei Pilzen. Seine prionenbildende Aktivität besteht schon Hunderte von Millionen Jahren, was sich in seiner Verbreitung unter vielen Pilzarten zeigt und auf eine wichtige Funktion dieser Prionenbildung für den pilzlichen Organismus hinweist. Das verwundert, ist doch die Prionenbildung mit dem Verlust seiner Funktion als Terminationsfaktor verbunden. Das bedeutet, dass Stoppsignale für die Translation einfach überlesen werden und weitere Aminosäuren an gerade in Bildung befindliche Proteine angefügt werden. Die betroffenen Proteine verschiedenster Funktionen verändern dann begreiflicherweise ihre Eigenschaften mehr oder weniger stark, je nach Länge und Zusammensetzung ihres zusätzlichen „Schwanzes". Die phänotypischen Effekte sind vielfältig, sie umfassen Veränderungen in der Haftung und damit Aggregation der Hefezellen miteinander, die Nutzung von Nährstoffen und die Resistenz gegenüber verschiedenen Toxinen.

Auch andere Pilz-Prionen haben solche Effekte. Die betroffenen Pilze probieren faktisch verschiedene Phänotypen ohne Änderung des Genotyps aus. Die Tendenz zur Ausprägung bestimmter Merkmale unter der Nachkommenschaft priontragender Pilze kann dann positiv selektiert werden. Bei Pilzen mit großer Individuenzahl wie bei Hefen spielen dabei auch Neumutationen eine Rolle. Sie können z. B. das zuvor überlesene Stoppsignal der Translation bei bestimmten Genen entfernen und damit das Sup35-Prion unnötig für die Expression bestimmter neuer Phänotypen machen.

Evolutionsfördernde Prionen wie bei Pilzen sind möglicherweise für die komplexe Architektur von Samenpflanzen oder größeren Tieren eine zu große Belastung für die Funktionalität des Organismus. Zu viele Individuen würden wegen Störungen der zellulären Funktionen durch diese Prionen ausfallen und so die Reproduktion ganzer Arten gefährden. Evolutionär bedeutsame Prionen wurden jedenfalls bei komplexen Mehrzellern bisher nicht gefunden. Nur bestimmte Hitzeschockproteine wie Hsp83 scheinen dort eine zugleich variationsverbergende und dadurch im Bedarfsfall Variation zur Verfügung stellende Rolle zu spielen. Man könnte also von speziellen Fällen stressindu- zierter Evolution sprechen, welche für das Gesamtbild der Evolution keine wesentliche Rolle spielen können. Dieses Bild kann jedoch täuschen.

Genetische Assimilation ist vermutlich nicht so selten, wie die bereits un- tersuchten Beispiele es annehmen lassen. Allgemein formuliert liegt bei einem solchen Vorgang zunächst ein Genotyp mit einem üblichen und mindestens einem alternativen Phänotyp vor (Abb. 9.3). Selektionsdruck zugunsten die- ses alternativen Phänotyps kann nicht nur diesen Genotyp in der Population halten, sondern bewirkt auch, dass dessen mutierte Varianten mit höherer Wahrscheinlichkeit in der Population auftreten, besonders, wenn sie nur in einem oder sehr wenigen Mutationsschritten vom Ausgangsgenotyp verschie- den sind. Eine oder sogar mehrere dieser Varianten prägen vermutlich den günstigen alternativen Phänotyp mit höherer Wahrscheinlichkeit aus als der Ausgangsgenotyp, sodass sie allmählich an Häufigkeit zunehmen. Im Ergebnis wird sich ein Genotyp durchsetzen, der den günstigen alternativen Phänotyp, eventuell sogar in einer optimierten Version, ständig ausprägt. Das konn- te nicht nur anhand der Kiemenflächen von Buntbarschen, der Färbungs- varianten von Wasserflöhen und der Kopfgrößen mancher Schlangenarten nachvollzogen werden, es ist auch an Evolutionsmodellen schlüssig zu zeigen (Espinosa-Soto et al. 2011).

Im Verhältnis zu Genotypen mit einheitlichem Phänotyp beschleunigen Genotypen mit mehreren möglichen (plastischen) Phänotypen demnach die Findung neuer Phänotypen durch Erleichterung der Selektion. Das entspricht einem Vorgang genetischer Assimilation, wie ihn sich Waddington vorstellte. Epigenetik im weiten, nicht chromosomal gebundenen Sinne kann demnach tatsächlich die Geschwindigkeit adaptiver Evolution erhöhen. Phänotypische Plastizität könnte bei vielen Selektionsprozessen ein Rolle spielen. Es gibt je- doch keine Hinweise, dass es sich hierbei um eine Vererbung gezielt erwor- bener Eigenschaften handelt, selbst dann nicht, wenn der günstigere Phä- notyp unter direktem Einfluss entsprechender Umweltbedingungen zustande gekommen sein sollte. Würde ein passender Phänotyp basierend auf einen

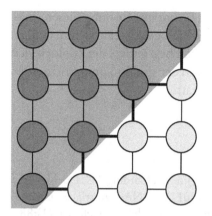 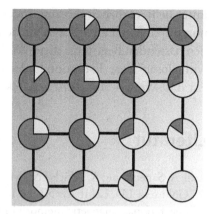

Abb. 9.3 Wechselwirkung von Selektion und Plastizität. Grafik © Veiko Krauß. Durch die Ausbildung mehrerer Phänotypen basierend auf einem einzigen Genotyp kann die Selektion in Richtung eines augenblicklich günstigen Phänotyps erleichtert werden (genetische Assimilation). Jeder Kreis in dieser Abbildung entspricht einem Genotyp. Jeder Genotyp ist – der Einfachheit halber – mit bis zu vier anderen Genotypen durch eine Linie (Mutationsschritt) verbunden. Alle Genotypen bilden im Modell entweder einen ungünstigeren Phänotyp (dunkelgrau) oder einen günstigeren Phänotyp (hellgrau) aus. Selektion besteht dort, wo das Grau des Hintergrundes zwischen verschiedenen Genotypen unterschiedlich ausgeprägt ist (dicke Mutationslinien). Links wird angenommen, dass jeder Genotyp nur einen Phänotyp erzeugen kann. Selektion kann dann nur zwischen solchen Genotypen stattfinden, welche unterschiedliche Phänotypen produzieren. Alle anderen Genotypen sind gleichwertig. Die meisten Mutationen sind deshalb selektiv neutral (dünne Verbindungslinien). Rechts wurden Genotypen mit anteiliger Ausbildung beider Phänotypen angenommen. Man spricht hier von phänotypischer Plastizität der Genotypen. Die Selektion wirkt hier zwischen der Mehrzahl der Genotypen entlang des Graugradienten in Richtung Weiß. Es gibt in diesen Modell keine neutralen Mutationen. Die Darstellung wurde durch eine Studie aus Andreas Wagners Labor inspiriert (Espinosa-Soto et al. 2011).

einheitlichen Genotyp zu hundert Prozent durch die entsprechenden Umweltbedingungen erzeugt, bestände kein Selektionsdruck zur Veränderung des Genotyps. Solange aber – und das ist die realistischere Situation – der passende Phänotyp eben nur anteilig unter entsprechenden Umweltbedingungen produziert werden kann, gibt es einen Selektionsdruck zugunsten eines Genotyps, welcher den denselben Phänotyp mit höherer Sicherheit bzw. mit größerer Häufigkeit produziert. Dazu bedarf es entsprechender Mutationen, und nur dann kommt es zu Evolution mit adaptiven Resultaten. Ohne genetische Veränderung ereignet sich auch unter diesen Bedingungen keine Evolution. Eine dauerhafte Vererbung nicht genetisch bedingter, erworbener Eigenschaften ist ein Mythos, weil unter dieser Bezeichnung nur die Verwirklichung solcher Merkmale beschrieben wurde, welche unter dem gegebenen Genotyp prinzipiell möglich sind. Die Weitergabe dieser Eigenschaften steht deshalb immer unter dem Vorbehalt des zugrundeliegenden Genotyps. Er muss diesen Phänotyp erlauben. Lamarck war ein bedeutender Biologe. Unter anderem fand er den passenden Begriff für diese Wissenschaft und begründete die Zoologie der wirbellosen Tiere. Evolution findet aber nicht in der von ihm prognostizierten Art und Weise – also nicht lamarckistisch – statt.

Literatur

Ashe A, Sapetschnig A, Weick EM, Mitchell J, Bagijn MP, Cording AC, Doebley AL, Goldstein LD, Lehrbach NJ, Le Pen J, et al (2012) piRNAs can trigger a multigenerational epigenetic memory in the germline of C. elegans. Cell, 150(1):88–99

Bauer J (2010) Das kooperative Gen. Heyne, München

Becker C, Hagmann J, Müller J, Koenig D, Stegle O, Borgwardt K, Weigel D (2011) Spontaneous epigenetic variation in the Arabidopsis thaliana methylome. Nature, 480(7376):245–249

Boeke JD (2003) The unusual phylogenetic distribution of retrotransposons: a hypothesis. Genome Res, 13(9):1975–1983

Buckley BA, Burkhart KB, Gu SG, Spracklin G, Kershner A, Fritz H, Kimble J, Fire A, Kennedy S (2012) A nuclear Argonaute promotes multigenerational epigenetic inheritance and germline immortality. Nature, 489(7416):447–451

Eichenlaub MP, Ettwiller L (2011) De novo genesis of enhancers in vertebrates. PLoS Biol, 9(11):e1001188

Epigenom-Exzellenznetzwerk (2012) Was ist Epigenetik? http://epigenome.eu/de/1, 1,0

Espinosa-Soto C, Martin OC, Wagner A (2011) Phenotypic plasticity can facilitate adaptive evolution in gene regulatory circuits. BMC Evol Biol, 11(1):5

Feng S, Jacobsen SE, Reik W (2010) Epigenetic reprogramming in plant and animal development. Science, 330(6004):622–627

Field LM, Blackman RL (2003) Insecticide resistance in the aphid Myzus persicae (Sulzer): chromosome location and epigenetic effects on esterase gene expression in clonal lineages. Biological Journal of the Linnean Society, 79:107–113

Filion GJ, van Bemmel JG, Braunschweig U, Talhout W, Kind J, Ward LD, Brugman W, de Castro IJ, Kerkhoven RM, Bussemaker HJ, van Steensel B (2010) Systematic protein location mapping reveals five principal chromatin types in Drosophila cells. Cell, 143(2):212–224

Fraga MF, Ballestar E, Paz MF, Ropero S, Setien F, Ballestar ML, Heine-Suñer D, Cigudosa JC, Urioste M, Benitez J, et al (2005) Epigenetic differences arise during the lifetime of monozygotic twins. Proc Natl Acad Sci USA, 102(30):10604–10609

Gilbert W (1992) A vision of the grail, Aus: Daniel Kevles and Leroy Hood (eds.), The code of codes, Harvard University Press, Cambridge. S. 83

Hagemann R (1964) Plasmatische Vererbung. Gustav Fischer, Jena

Halfmann R, Lindquist S (2010) Epigenetics in the extreme: prions and the inheritance of environmentally acquired traits. Science, 330(6004):629–632

Hodges C, Crabtree GR (2012) Dynamics of inherently bounded histone modification domains. Proc Natl Acad Sci USA, 109(33):13296–13301

Holeski LM, Jander G, Agrawal AA (2012) Transgenerational defense induction and epigenetic inheritance in plants. Trends Ecol. Evol. (Amst.), 27(11):618–626

Jablonka E, Lamb MJ (1995) Epigenetic inheritance and evolution. The Lamarckian dimension, Oxford University Press, Oxford

Jablonka E, Raz G (2009) Transgenerational epigenetic inheritance: prevalence, mechanisms, and implications for the study of heredity and evolution. Q Rev Biol, 84(2):131–176

Jenuwein T, Allis CD (2001) Translating the histone code. Science, 293:1074–1080

Kaati G, Bygren LO, Pembrey M, Sjöström M (2007) Transgenerational response to nutrition, early life circumstances and longevity. Eur J Hum Genet, 15(7):784–790

Lechner M, Marz M, Ihling C, Sinz A, Stadler PF, Krauss V (2013) The correlation of genome size and DNA methylation rate in metazoans. Theory Biosci, 132(1):47–60

Li J, Harris RA, Cheung SW, Coarfa C, Jeong M, Goodell MA, White LD, Patel A, Kang SH, Shaw C, et al (2012) Genomic hypomethylation in the human germline associates with selective structural mutability in the human genome. PLoS Genet, 8(5):e1002692

Matzke MA, Birchler JA (2005) RNAi-mediated pathways in the nucleus. Nat Rev Genet, 6(1):24–35

Ollikainen M, Smith KR, Joo EJH, Ng HK, Andronikos R, Novakovic B, Abdul Aziz NK, Carlin JB, Morley R, Saffery R, Craig JM (2010) DNA methylation analysis of multiple tissues from newborn twins reveals both genetic and intrauterine components to variation in the human neonatal epigenome. Hum Mol Genet, 19(21):4176–4188

Pembrey ME (2002) Time to take epigenetic inheritance seriously. Eur J Hum Genet, 10(11):669–671

Prohaska SJ, Stadler PF, Krakauer DC (2010) Innovation in gene regulation: the case of chromatin computation. J Theor Biol, 265(1):27–44

Queitsch C, Sangster TA, Lindquist S (2002) Hsp90 as a capacitor of phenotypic variation. Nature, 417(6889):618–624

Rollins RA, Haghighi F, Edwards JR, Das R, Zhang MQ, Ju J, Bestor TH (2006) Large-scale structure of genomic methylation patterns. Genome Res, 16(2):157–163

Roudier F, Ahmed I, Bérard C, Sarazin A, Mary-Huard T, Cortijo S, Bouyer D, Caillieux E, Duvernois-Berthet E, Al-Shikhley L, et al (2011) Integrative epigenomic mapping defines four main chromatin states in Arabidopsis. EMBO J, 30(10):1928–1938

Rutherford SL, Lindquist S (1998) Hsp90 as a capacitor for morphological evolution. Nature, 396(6709):336–342

Ryan F (2010) Virolution. Die Macht der Viren in der Evolution, Spektrum, Heidelberg

Spork P (2009) Der zweite Code. Epigenetik oder Wie wir unser Erbgut steuern können, Rowohlt, Reinbek bei Hamburg

Thalhammer A, Hansen AS, El-Sagheer AH, Brown T, Schofield CJ (2011) Hydroxylation of methylated CpG dinucleotides reverses stabilisation of DNA duplexes by cytosine 5-methylation. Chem Commun (Camb), 47(18):5325–5327

Vaughn MW, Tanurd Ić M, Lippman Z, Jiang H, Carrasquillo R, Rabinowicz P, Dedhia N, McCombie WR, Agier N, Bulski A, et al (2007) Epigenetic natural variation in Arabidopsis thaliana. PLoS Biol, 5(7):e174

Woo YH, Li WH (2012) Evolutionary conservation of histone modifications in mammals. Mol Biol Evol, 29(7):1757–1767

Xiao S, Xie D, Cao X, Yu P, Xing X, Chen CC, Musselman M, Xie M, West FD, Lewin HA, et al (2012) Comparative epigenomic annotation of regulatory DNA. Cell, 149(6):1381–1392

Zaidi SK, Young DW, Montecino M, van Wijnen AJ, Stein JL, Lian JB, Stein GS (2011) Bookmarking the genome: maintenance of epigenetic information. J Biol Chem, 286(21):18355–18361

10

Robustheit und Plastizität
Die Emanzipation des Phänotyps vom Genotyp

In den vorangegangenen Kapiteln wurde dargestellt, dass nur ein Teil des Genoms (des Genotyps) tatsächlich Bedeutung für die Entwicklung der Erscheinungsform (des Phänotyps) eines Organismus hat. Der menschliche Organismus leitet aus nur wenig mehr als einem Prozent der DNA-Sequenz funktionelle Proteine ab. Zwar wird – zumindest zu Beginn der Individualentwicklung – ein Großteil des Genoms mehr oder minder häufig in RNA umgeschrieben (transkribiert), doch ist für die überwältigende Mehrheit der entstehenden RNA bisher keine Funktion bekannt. Außerdem darf nicht vergessen werden, das nur ein Teil der „Bausteine" der entstehenden Proteine und RNA genau so aussehen müssen wie sie gegenwärtig vorliegen. Die Masse sowohl der Nukleotide der RNA-Moleküle als auch der Aminosäuren der Proteine sind lediglich wichtig für die Faltung dieser Moleküle in aktive Strukturen. Sie können sich daher mehr oder weniger stark verändern, ohne ihre Funktion zu verlieren. Nur deshalb ist es möglich, dass viele Typen von Proteinen oder RNA-Molekülen in praktisch jeder lebenden Zelle zu finden sind, obwohl sie sich zwischen all diesen organismischen Formen immer mehr oder weniger unterscheiden.

Mit der meist sehr umfangreichen genetischen Information wird bei der Herstellung des Erscheinungsbildes und der Funktionen eines lebenden Organismus also großzügig, wenn nicht geradezu verschwenderisch umgegangen. Insbesondere bei Samenpflanzen und Wirbeltieren wie den Menschen wird nur wenig vom überlieferten Genom wirklich benutzt. In diesem Kapitel soll dargestellt werden, dass sich der Phänotyp selbst darüber hinaus noch einige Freiheiten herausnehmen kann. Diese mit der Kompliziertheit des Organismus zunehmende, relative Unabhängigkeit des Phänotyps vom Genom hängt zum einen vom Einfluss der Umwelt ab, wird zum anderen aber auch durch die Vielzahl miteinander wechselwirkender Moleküle in der Zelle selbst produziert. Man nimmt zudem an, das diese relative Unabhängigkeit des Phänotyps vom Genotyp in der Evolution positiv selektiert wurde.

V. Krauß, *Gene, Zufall, Selektion*, DOI 10.1007/978-3-642-41755-9_10,
© Springer-Verlag Berlin Heidelberg 2014

Es sei nicht verschwiegen, dass ich beim Entwurf des Kapiteltitels der Faszination der Metapher einer „Emanzipation" erlag. Genauso wenig wie der Phänotyp jemals in einer einseitigen Abhängigkeit vom Genotyp stand, kann er jemals unabhängig von ihm werden. Es handelt sich daher natürlich nicht um eine echte Befreiung des Erscheinungsbildes vom Genom. In Wahrheit stehen beide in einer engen Wechselbeziehung: Ein Phänotyp benötigt zur Reproduktion – d. h. zum Wachstum, zur Aufrechterhaltung *und* zur Vermehrung des Organismus – notwendig einen Genotyp, während dieser ohne einen Organismus in Form einer oder mehrerer Zellen – also ohne einen Phänotyp – weder existieren noch sich reproduzieren kann. Dies gilt selbst für Viren, dessen Phänotypen abwechselnd in Virengenomen samt Proteinhüllen bzw. in infizierten Wirtszellen bestehen.

Die relative Unabhängigkeit des Phänotyps vom Genotyp äußert sich in zwei Phänomen. Zum einen ist der Phänotyp in der Lage, sich selbst zu stabilisieren. Das wird als Robustheit, Entwicklungsstabilität oder Kanalisierung bezeichnet. Zum anderen kann er in Abhängigkeit von der Umwelt variieren, er zeigt also Plastizität. Wie wir sehen werden, sind beide Phänomene nicht ohne Seitenblicke auf das Genom zu verstehen.

10.1 Kanalisierung

Wir haben schon im vorigen Kapitel über Kanalisierung gesprochen. Kanalisierung – der Begriff Robustheit wird gleichbedeutend verwendet – bezeichnet die relative Unempfindlichkeit der im Laufe der Entwicklung eingenommenen Phänotypen einer Population von Organismen gegenüber schwankenden Umwelteinflüssen bzw. gegenüber genetischen Veränderungen (Mutationen). Das Ausmaß der Symmetrie der linken zur rechten Körperhälfte bietet sich bei den meisten Tierarten einschließlich des Menschen an, um den Erfolg der Kanalisierung gegen innere und äußere Störgrößen in einen Organismus zu messen. Eine stark ausgeprägte Asymmetrie zwischen der linken und der rechten Gesichtshälfte wird bei Menschen nicht nur als unschön empfunden, sondern spricht auch für wesentliche Entwicklungsstörungen. Auffallend unausgewogene Gesichter sind selten. Bei genauer Betrachtung gibt es aber niemanden, dessen beide Gesichtshälften exakt symmetrisch zueinander sind. Das ist mit einem frontal aufgenommenen Foto und einem Bildbearbeitungsprogramm leicht überprüfbar (Abb. 10.1). Solche Unterschiede können zumindest bei Männern bzw. Männchen nicht genetisch verursacht worden sein und sind ein direkter Ausdruck eines schwankenden Phänotyps bei stabilem Genotyp.

Waddingtons Experimente mit Taufliegen (Abschnitt 9.5) bewiesen, dass die Kanalisierung des Phänotyps weit über die Stabilisierung der Entwick-

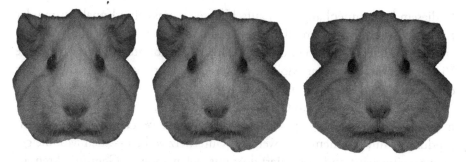

Abb. 10.1 Gesichtssymmetrie. Grafik © Veiko Krauß. Nur das mittlere Porträt ist echt. Die anderen zeigen durch Spiegelung ergänzte linke bzw. rechte Gesichtshälften. Man vergleiche vor allen die Form der Stirn. Andere Unterschiede könnten blosse Effekte der Behaarung oder der Ohrstellung sein.

lung innerhalb eines Individuums hinausgeht. Er erzeugte missgebildete Fliegen durch Hitzeschocks (Umweltveränderungen) wie auch durch Mutationen. Die aufgetretenen Missbildungen traten unter den positiv selektierten Nachkommen solcher Fliegen von Generation zu Generation immer häufiger auf (genetische Assimilierung). Das zeigte, dass die genetische Grundlage für die aufgetretenen Veränderungen bereits vor dem Stress in den Fliegen vorhanden war, aber noch nicht in Erscheinung trat. Die genetische Variabilität ist also weit größer, als der aktuelle Phänotyp es zeigt.

Die Kanalisierung der Entwicklungsmöglichkeiten von Genotypen muss nicht erst durch Selektion hervorgerufen werden, sondern ergibt sich aus der Komplexität molekularer Wechselwirkungen in den Zellen. Das ließ sich durch Computersimulationen zeigen (Siegal und Bergman 2002) und entspricht der Interaktion von Transkriptionsfaktoren im Laufe der Entwicklung eines Organismus. Solange nur eine Kette von einander auslösenden Wirkungen besteht („A startet B, B hemmt C und C steigert D"), ist das Ergebnis durch Unterbrechung der Kette leicht zu ändern. Kann z. B. durch A nicht B gestartet werden, fallen auch alle Folgeprozesse aus. Sind die Faktoren jedoch vernetzt („A fördert B *und* D, B hemmt C und fördert D, C *fördert* A, C *und* D fördern E"), gibt es Wege, wie E auch ohne Veränderung von B vermehrt werden kann. Regulative Prozesse im Organismus sind viel stärker vernetzt, als dieses Beispiel es beschreibt. Man spricht in diesem Fall von einer Redundanz. Vereinzelte Ausfälle von Faktoren können das Wirkgefüge meist nicht gefährden. Ein solches Netzwerk von Interaktionen von Genprodukten in der Zelle erfordert (1) eine Vielzahl von Faktoren und (2) mehrere bis viele Verknüpfungen zwischen diesen Faktoren. Dabei können diese Verknüpfungen fördernd, hemmend und auch wechselseitig wirksam sein. Schließlich können Genprodukte auch ihre eigene Produktion hemmen oder fördern.

In diesem Zusammenhang ist es aufschlussreich, dass eine Kanalisierung der Entwicklung bei Bakterien offenbar nicht so deutlich in Erscheinung tritt wie etwa bei Taufliegen (Elena und Lenski 2001). Das könnte durch die geringere Vielfalt wechselwirkender Moleküle in einer Bakterienzelle gegenüber jener eines vielzelligen Organismus bedingt sein.

Die Wechselwirkung von Genprodukten im Organismus ist allerdings weniger *ein* Netzwerk als *ein System gekoppelter Netzwerke*. Das heißt, jedes Genprodukt ist nur in einem oder wenigen Unternetzwerken – auch Module genannt – eingebaut und interagiert dort mit vielen anderen Genprodukten. Es ist jedoch aus der Mehrzahl der anderen Netzwerke ausgeschlossen und beeinflusst diese nur indirekt über wenige Kopplungsmoleküle. Wir haben es also bei der Zelle bzw. beim vielzelligen Organismus nicht mit einem verfitzten Knäuel unendlich vieler und damit verwickelter Interaktionen zu tun. Obwohl der Ausfall eines Genprodukts Hunderte bis Tausende Genprodukte in ihrer Menge beeinflusst, bleiben Zehntausende andere unbeeinflusst. Auch sind selbst bei einem Totalausfall eines Genproduktes typischerweise nur wenige Module des Netzwerkes in ihrer Funktionsfähigkeit beeinträchtigt. Bei der Bäckerhefe etwa führen nur 17 % der Totalausfälle von Genprodukten zur Lebensunfähigkeit der Zelle (Winzeler et al. 1999).

Wenn demnach ein Organismus aufgrund der Wechselwirkungen seiner funktionellen Moleküle eine beträchtliche Eigenstabilität erreichen kann, muss das im Umkehrschluss bedeuten, dass ein gewisser Grad von messbarer Variabilität sowohl des Genotyps als auch bei der Umsetzung des Genotyps zum Phänotyp toleriert werden kann. Nicht nur die Sequenz der DNA kann variieren, sondern auch die Struktur und Menge der Genprodukte, ohne das die Fitness des Phänotyps leiden *muss*.

Die Robustheit eines fitten Phänotyps gegen Mutationen entsteht aber nicht nur aus diesen stabilisierenden Wechselwirkungen der Genprodukte miteinander, sondern wurde zusätzlich durch Selektion verbessert. Das kann man daran erkennen, dass die Funktionalität von Proteinen der Bäckerhefe durch zufällige Mutationen deutlich weniger eingeschränkt werden kann als jene von Säugerproteinen (Bedford et al. 2008). Die vergleichsweise riesigen Populationen der Hefe haben dazu geführt, dass ihre Proteine eine gegen unvermeidliche, zufällige Veränderungen ihrer Aminosäuresequenz wesentlich stabilere Struktur besitzen als die von Säugetieren. Taufliegenproteine sind mittelmäßig stabil, was daran liegt, das es mehr Hefen, aber weniger Säuger als Taufliegen gibt. Je größer also die Populationen der Organismen, je stabiler sind ihre Genprodukte gegen die zerstörende Wirkung von Mutationen. Denn die Größe der Population bestimmt die Wirksamkeit der Selektion, wie wir bereits in Abschnitt 2.1 festgestellt haben. Auch Selektion erhöht also das Maß der Freiheit des Phänotyps vom Genotyp.

Manche Genprodukte sind dabei wichtiger als andere. Dies wird nicht nur an der manchmal tödlichen und manchmal kaum messbaren Wirkung eines Totalausfalls sichtbar, es zeigt sich auch beim Blick auf die Häufigkeit der Genprodukte. Die zahlreichen Typen von Proteinen und funktionellen RNA-Molekülen werden in der Zelle in sehr unterschiedlichen Mengen benötigt, viele von ihnen nur zu bestimmten Zeitpunkten oder nur in bestimmten Zellen. Auch ihre relativen Mengen können – zweckmäßigerweise abhängig von Zeit und Ort – stark schwanken. Die erste Ebene der dafür nötigen Regulation dieser Genprodukte ist die Transkription, d. h. die Bildung der Boten-RNA (mRNA) am Gen. Man möchte meinen, dass zwischen Individuen einer Art die Mengen der produzierten mRNA-Moleküle sehr ähnlich sein müssen, um Grundlage zur Ausbildung eines gleichartigen Organismus zu sein. Deshalb ist es sehr erstaunlich, dass unter gleichen Umweltbedingungen ungefähr ein Viertel aller Gene der Bäckerhefe in einem wilden Stamm und einem Laborstamm in deutlich unterschiedlicher Menge transkribiert werden (Macneil und Walhout 2011). Von diesen Genen unterscheiden sich 62 hinsichtlich der Menge gebildeter mRNA zwischen diesen beiden Hefe-Typen sogar um mehr als das Achtfache. Es zeigte sich aber auch, dass Wild- und Laborstamm von bestimmten anderen Genprodukten eine exakt gleiche Menge benötigen.

Die Massenproduktion eines Proteins in hinreichender Qualität ist im Übrigen oft wichtiger als seine exakte Zusammensetzung. Das stellte man ebenfalls beim Vergleich der Genprodukte verschiedener Hefen fest. Proteine, welche in größeren Mengen als andere benötigt werden, ändern ihre Aminosäurezusammensetzung deutlich langsamer als solche, die nur in geringeren Mengen nötig sind (Drummond et al. 2005). Der Grund hierfür liegt darin, dass nicht nur bei der Weitergabe der Erbinformation Fehler passieren. Auch die Übersetzung der mRNA-Sequenz in die Aminosäure-Sequenz eines Proteins ist fehleranfällig. Solche Fehler führen zu funktionslosen oder eventuell sogar schädlichen Proteinen, was den Organismus beeinträchtigt und im Falle hoher Stückzahlen besonders ins Gewicht fällt. Bestimmte Abfolgen von RNA- als auch von Proteinbausteinen führen zu falsch gefalteten Strukturen. Sowohl RNA- als auch Aminosäure-Sequenzen unterliegen deshalb einer Selektion gegen Fehlfaltung. Das Ausmaß der Funktionalität bei erfolgreicher Faltung wird also gegen die Zuverlässigkeit der Faltung aufgewogen, wobei die Zuverlässigkeit oft wichtiger ist. Bestimmte Sequenzen sind also „nicht erlaubt", weil sie sich nicht oft genug zu funktionellen Molekülen falten. Wegen solcherart „verbotener" Sequenzen sind sehr viele Mutationen nicht lebensfähig. Gewissermaßen von Verbotsschildern umstellt, verläuft die evolutionäre Veränderung viel gebrauchter Proteine deshalb langsamer ab als die der nur selten benötigten Proteine. Letztere können im Fall einer Fehlfunktion weniger Unheil anrichten und können sich deshalb freier formen. Auch hier verstärkt sich also die Wirkung der Auslese mit der Menge der zu selektierenden Varianten, ganz wie bei den Mengen – den Populationsgrößen – der Organismen selbst.

10.2 Plastizität

Kanalisierung beschreibt eine Tendenz der Vereinheitlichung verschiedener Individuen einer Art. Sie wirkt sowohl gegen genetische als auch gegen äußere Einflüsse. Phänotypen hängen dennoch umfassend von den Umweltbedingungen ab. Ein Beispiel dafür ist die Akzeleration beim Menschen. Sie ist in Europa seit etwa 150 Jahren zu beobachten und besteht in einer Zunahme der durchschnittlichen Körpergröße junger Erwachsener, verbunden mit einen früheren Beginn der sexuellen Reife. Da dieser Prozess in manchen Ländern in Zusammenhang mit einer allgemeinen Verschlechterung sozialer Bedingungen auch umgekehrt zu beobachten war, ist er mit hoher Sicherheit nicht auf die Veränderung des Genotyps, sondern auf Veränderungen der Umwelt zurückzuführen (Grupe et al. 2005). Als Ursache kommen vor allen Verbesserungen der Ernährung, der Hygiene sowie der medizinischen Behandlung in Frage.

Es handelt sich also um Plastizität des menschlichen Phänotyps unter dem Einfluss veränderter äußerer Bedingungen. Je günstiger die Umwelt, desto größer und stärker wird das Individuum und desto eher tritt Fortpflanzungsreife ein. Dennoch ist zweifelhaft, ob ein direktes Aufeinanderfolgen günstiger Jahre den Fortpflanzungserfolg der resultierenden großwüchsigen und frühreifen Nachkommenschaft in vorgeschichtlicher Zeit gegenüber ihren Mitmenschen immer gesteigert hat. Was passierte, wenn eine Hungersnot eintrat? Groß und kräftig gebaute Menschen benötigen auch mehr Nahrung. Die Akzeleration ist deshalb nicht zwangsläufig vorteilhaft, es könnte zuweilen auch eine Auslese gegen sie gegeben haben.

Eine umweltabhängig plastische Körpergröße kann jedoch günstig sein, vor allen dann, wenn die Körpergröße im Krisenfall auch wieder reduziert werden kann. Vom Menschen ist das nicht bekannt, aber von anderen Wirbeltieren schon. Die tauchenden und algenfressenden Meerechsen der Galapagosinseln sind wegen ihrer ungewöhnlichen Lebensweise und ihrer auffälligen Erscheinung bei Naturfilmern beliebt. Besonders bemerkenswert ist aber ihre Fähigkeit zum Überdauern ungünstiger Umweltbedingungen. Wenn es im Meer um ihre heimatlichen Inseln längere Zeit zu warm ist, wächst ihr Futter nur ungenügend oder gar nicht. Manche dieser Echsen können dann bis zu 20 % ihrer Körperlänge verlieren (Wikelski und Thom 2000). Sie fressen sich also gewissermaßen selbst auf und können so geduldig auf bessere Zeiten warten.

Die Möglichkeit einer wiederholten, individuellen Anpassung der Körpergröße an die Umweltbedingungen wie in diesen Fall kann als adaptive Plastizität aufgefasst werden. Die Grenze zwischen adaptiven und nichtadaptiven Größenschwankungen ist also fließend. Im Beispiel der Meeresechsen ist Nahrungsmangel sowohl die die Anpassung auslösende als auch die zu bewältigende Umweltbedingung. Es ist daher möglich, dass diese Eigenschaft der Echsen eine direkte Reaktion auf Futtermangel darstellt und nicht oder nur wenig durch Selektion hervorgerufen wurde. Streng genommen muss dieses Phänomen also nicht adaptiv sein. Natürliche Auslese ist nur dann sicher nachzuweisen, wenn der kritische Umweltparameter die Veränderung des Phänotyps nur signalisieren, aber nicht mehr unmittelbar auslösen kann.

Eine Studie an Pflanzen kann das illustrieren (Schmitt et al. 1995). Pflanzen reagieren auf Beschattung gewöhnlich mit verstärktem Streckungswachstum und holen sich so aktiv die Lichtmenge, welche sie zum Gedeihen brauchen. Biologen blockierten diese Reaktion mit gentechnischen Methoden und schufen so mehrere Pflanzenlinien – im konkreten Fall verschiedene Tabaksorten –, welche ohne die Lichtkonkurrenz anderer Pflanzen zwar gleich gut oder besser als die Ausgangssorte wuchsen, im Falle einer Beschattung durch andere Pflanzen aber kümmerten, während die Wildsorte viel besser mit den düsteren Bedingungen zurechtkam. Ein ergänzendes Experiment wurde an Kohl durchgeführt. Hier gab es eine Mutante, welche auch ohne Beschattung ein verstärktes Sproßwachstum zeigte, welches dem von in Schwachlicht gezogenen Pflanzen glich. Bei hoher Pflanzendichte konnte diese Mutante mit normalem Kohl erfolgreich konkurrieren. Wenn aber jede Pflanze einzeln stand, wuchsen die Mutanten viel schlechter als gewöhnliche Pflanzen. Diese Tabak- und Kohlexperimente bewiesen, das Umweltbedingungen – hier die Lichtintensität – nicht die unmittelbare Ursache für Plastizität – hier das Streckungswachstum – sein müssen. Die Lichtintensität dient in diesem Fall nur als auslösender Reiz für die plastische Veränderung des Phänotyps. Da Reiz und Plastizität hier nicht unmittelbar gekoppelt sind – weniger Licht sollte bei Pflanzen das Wachstum hemmen, nicht fördern wie hier bei den unveränderten Pflanzen beobachtet – ist das verstärkte Wachstum der Pflanzen eine speziell selektierte, also adaptive Reaktion zum Ausgleich des Lichtmangels. Es ist deshalb ein unstrittiger Beweis für adaptive Plastizität.

Phänotypische Plastizität kann weit über das bisher Gesagte hinausreichen. Eines der ganz großen Themen der Evolutionsbiologie sind die sozial lebenden Insekten. Zahlreiche wissenschaftliche Karrieren wurden schon auf dem Studium angenommener genetischer Grundlagen „tierischer Staatenbildungen" aufgebaut. Ob nur die Mutter oder ein großer sozialer Verband für die Nachkommenschaft da ist, muss scheinbar in irgendeiner Weise im Erbgut verankert sein. Mit anderen Worten, egal ob durch Gruppen- oder durch Verwandtenselektion, es kann angeblich nur ein Auslesemechanismus aus einzeln lebenden Tieren soziale Organismen machen. Trifft das zu?

Nein. Eine bestimmte Art wilder Bienen, die in Europa und Nordamerika weit verbreitete Furchenbiene *Halictus rubicundus*, kann sowohl als alleinversorgende Mutter als auch als sozialer Verband Nachkommen aufziehen. Zwischen Kleinfamilie und „Staat" entscheidet bei ihr allein das Klima. Erlaubt dieses die Entwicklung von zwei Generationen, wird die erste Generation, dann ausschließlich aus Töchtern bestehend, bei der Aufzucht von weiteren Töchtern und Söhnen helfen. Diese erste Generation versorgt also ihre Schwestern und später ihre Brüder, ohne eigenen Nachwuchs zu haben. Sie können als praktisch geschlechtslose Arbeiterinnen betrachtet werden. Spät im Jahr geschlüpfte Weibchen, ganz gleich ob aus sozialen Nestern oder aus solchen von alleinversorgenden Müttern, haben dagegen die Chance, das Nest zu verlassen, sich zu paaren und einen Platz zur Überwinterung und zur eigenen Nestgründung im folgenden Jahr zu suchen. Im Gegensatz zu den Weibchen überwintern die Männchen nicht und werden deshalb nur im Spätsommer und Herbst gefunden.

Ist der Sommer also kurz, entwickelt sich jedes Jahr nur eine Bienengeneration. Ein alleinstehendes Bienenweibchen kümmert sich um die Brut aus Töchtern und Söhnen. Erfolgreich befruchtete Töchter überwintern. Ist der Sommer aber lang, wird die erste Bienengeneration rein weiblich und besteht aus Arbeiterinnen, welche sich um ihre jüngeren Geschwister kümmern. Aus diesen jüngeren Geschwistern werden dann auch einzelne befruchtete Weibchen erwachsen, welche im folgenden Jahr als Königin ein eigenes Nest mit Arbeiterinnen gründen können.

In klimatischen Übergangsgebieten findet man beide Lebensweisen nebeneinander, was die Frage aufwarf, ob sich soziale oder einzeln lebende Furchenbienen dieser Art überhaupt genetisch unterscheiden. Britische Forscher suchten in einer ebenso einfach wie überzeugend durchgeführten Studie an ausgewählten Orten der britischen Inseln nach einer Antwort (Field et al. 2010). Sie verpflanzten überwinternde Bienen aus nördlichen Gebieten in den Süden und umgekehrt. Alle Bienen passten sich den klimatischen Bedingungen an und wurden im Süden sozial bzw. zogen im Norden allein ihre Nachkommenschaft auf. Das Verhalten ihrer Vorfahren spielte keine Rolle. Die Entscheidung zwischen sozialer und nicht sozialer Lebensweise ist demnach allein vom Zeitpunkt der ersten Eiablage abhängig. Früh im Jahr (kurze Tage) werden nur befruchtete Eier abgelegt, aus denen sich ausschließlich Weibchen entwickeln können. Solche frühen Töchter können sich nicht paaren, denn ihre Mutter verbraucht zunächst ihren Spermienvorrat vom Vorjahr zur Produktion von Töchtern, bevor sie unbefruchtete Eier legt, aus denen Männchen werden können. Spät schlüpfende Weibchen aus sozialen Nestern profitieren von der Brutpflege durch ihre Schwestern und sind so gut auf die Paarung mit den bald auftretenden Männchen und die Überwinterung vorbereitet.

Die Übergange zur sozialen Lebensweise und zurück zum einsiedlerischen Nestbau sind bei Furchenbienen also schnell vollzogen. Die Länge der Vegetationsperiode entscheidet, nicht rein theoretische Modelle der Verwandtenselektion (vgl. Abschnitt 4.4). Die Aufzucht der Nachkommenschaft in einem Nest macht Hautflügler wie Bienen, Wespen und Ameisen so geeignet für eine soziale Lebensweise. Daneben könnte auch eine genetische Eigenheit eine begünstigende Rolle spielen, nämlich die Festlegung des Geschlechts durch die Zahl der Chromosomensätze (Haplo-Diploidie). Weibchen haben zwei, sie sind also diploid wie fast alle anderen Tiere einschließlich des Menschen. Hautflügler-Männchen haben dagegen nur einen Chromosomensatz, sie sind also haploid, was bei Tieren ungewöhnlich ist. Männchen können daher nur durch Jungfernzeugung aus unbefruchteten Eiern entstehen. Weibchen produzieren demnach nur dann Söhne, wenn sie entweder noch nie oder längere Zeit nicht mehr begattet worden sind. Die Spermien einer Paarung können bei Insekten lange reichen, sodass zahlreiche Töchter vor dem ersten Sohn zur Welt kommen können. Unverpaarte Bienenweibchen pflegen ihre Geschwister, eine Tätigkeit, die ihnen auch obliegen würde, wenn sie eigene Nachkommen hätten. Ihr Verhalten als Arbeiterinnen ist also nicht grundsätzlich anders, als wenn sie eigene Kinder pflegen würden. Sozialität ist demnach ursprünglich nur eine Variante gewöhnlichen Verhaltens und als Weg zur Absicherung einer Nachkommenschaft durch eine bessere Versorgung *und* eine höhere Zahl der Nachkommen zweifellos eine adaptive Lösung. Es bleibt jedoch anzumerken, dass die Ursachen sozialer Lebensweise (Nestbau, Geschlechtsbestimmung, Klima) vom Auslöser dieses Verhaltens nicht sauber trennbar sind, denn das Signal (Zeitpunkt der Eiablage) hängt direkt vom Klima ab.

Die Plastizität des Phänotyps umfasst also auch uns sehr wesentlich erscheinende Merkmale von Lebewesen und kann adaptiv sein, auch wenn das oft schwer zu beweisen ist. Plastizität ist allerdings nicht bei allen Merkmalen möglich. Eine Eigenschaft wie die Ausprägung der menschlichen Blutgruppen A, B, AB oder Null hängt praktisch ausschließlich vom Genotyp ab. Sie kann durch die Umwelt nicht beeinflusst werden, weil sie unmittelbar durch die Aminosäuresequenz der Oberflächenproteine der roten Blutkörperchen bestimmt wird. Die überwältigende Mehrheit der Merkmale hängt jedoch von der Wechselwirkung verschiedener Genprodukte miteinander und mit der Umwelt ab. Hinzu kommt die zeitliche Komponente, da die meisten phänotypischen Merkmale erst allmählich während der Individualentwicklung des Organismus entstehen. Hier spielen die Umweltparameter während dieser gesamten Entwicklungszeit eine Rolle. Doch selbst wenn ein Merkmal nur von einen Gen abhängen sollte, kann die Umwelt prinzipiell Einfluss nehmen, z. B. über die Temperatur bei der Faltung eines neuen Proteins.

Plastizität eines Merkmals gegenüber Umwelteinwirkungen ist also die Regel, nicht die Ausnahme. Man spricht auch von einer *Reaktionsnorm* des Genoms. Sie umfasst alle Merkmalsausprägungen, die ein bestimmtes Genom (ein bestimmter Genotyp) realisieren kann. Dabei ist es von den konkreten Umweltbedingungen abhängig, (1) *ob* das Genom einen lebensfähigen Organismus gestalten kann, sowie (2) *in welcher* der im Rahmen der Reaktionsnorm möglichen Formen der Organismus sich ausprägt. Ein Merkmal wie die Blutgruppe, welches praktisch völlig umweltresistent ist, hat demnach eine konstante Reaktionsnorm, d. h. es reagiert auf alle lebenskompatiblen Umwelten gleich. Wie schon gesagt, ist das die Ausnahme. Die weitaus meisten Merkmale haben eine bestimmte Spannbreite an Reaktionen auf Umwelteinflüsse. Man sagt, sie unterliegen einer umweltabhängigen Modifikation und haben eine flexible Reaktionsnorm.

Fassen wir zusammen: Der Phänotyp bleibt während der gesamten Entwicklung des Organismus vom Genotyp abhängig. Diese Abhängigkeit relativiert sich jedoch auf zweifache Weise. Erstens können unterschiedliche Genotypen durchaus identische Phänotypen produzieren, weil die Komplexität der Wechselwirkungen vieler Genprodukte der Zelle oder den Zellen zu einem regulierbaren, zumindest zeitweiligen Gleichgewichtszustand verhilft, der von der konkreten Menge und Gestalt einzelner Genprodukte und von kleineren Schwankungen der Umweltbedingungen nicht merklich beeinträchtigt werden kann. Es liegt also eine Kanalisierung des Phänotyps vor. Zweitens werden identische Genotypen durch die überformende Einwirkung der Umwelt während der Individualentwicklung in aller Regel *keine* identischen Phänotypen hervorbringen. Man kann dabei an eineiige Zwillinge des Menschen denken. Sie unterscheiden sind genotypisch praktisch nicht, sind aber – zumindest für Verwandte und Freunde – sehr wohl phänotypisch unterscheidbar. Es liegt eine umweltabhängige Plastizität des Phänotyps vor. Da die Selektion unter den Phänotypen erfolgt, die Vererbung aber dem Genotyp obliegt, schwächen Kanalisierung und Plastizität auch die Wirkung der Selektion ab. Denn diese wirkt auf den Phänotyp, ihre Auswirkungen können aber nur durch den Genotyp in die nächste Generation übertragen werden. Eine reduzierte Abhängigkeit des Erscheinungsbildes vom Genom muss daher die Wirkung von Selektion beeinträchtigen. Kanalisierung (Robustheit) und Plastizität sind damit unmittelbare Faktoren der Evolution, deren Bedeutung in einer selektionszentrierten Sicht auf diesen Prozess häufig unterschätzt oder sogar geleugnet wird. Der abschwächenden Wirkung von Kanalisierung und Plastizität auf die Selektion steht die Verstärkung ihres Einflusses durch Selektion gegenüber. Die Selektion schwächt über die Stärkung beider Phänomene ihren Einfluss also selbst.

Literatur

Bedford T, Wapinski I, Hartl DL (2008) Overdispersion of the molecular clock varies between yeast, Drosophila and mammals. Genetics, 179(2):977–984

Drummond DA, Bloom JD, Adami C, Wilke CO, Arnold FH (2005) Why highly expressed proteins evolve slowly. Proc Natl Acad Sci USA, 102(40):14338–14343

Elena SF, Lenski RE (2001) Epistasis between new mutations and genetic background and a test of genetic canalization. Evolution, 55(9):1746–1752

Field J, Paxton RJ, Soro A, Bridge C (2010) Cryptic plasticity underlies a major evolutionary transition. Curr Biol, 20(22):2028–2031

Grupe G, Christiansen K, Schröder I, Wittwer-Backofen U (2005) Anthropologie. Ein einführendes Lehrbuch, Springer, Berlin Heidelberg

Macneil LT, Walhout AJM (2011) Gene regulatory networks and the role of robustness and stochasticity in the control of gene expression. Genome Res, 21(5):645–657

Schmitt J, McCormac AC, Smith H (1995) A test of the adaptive plasticity hypothesis using transgenic and mutant plants disabled in phytochrome-mediated elongation responses to neighbors. Am Nat, 146:937–953

Siegal ML, Bergman A (2002) Waddington's canalization revisited: developmental stability and evolution. Proc Natl Acad Sci USA, 99(16):10528–10532

Wikelski M, Thom C (2000) Marine iguanas shrink to survive El Niño. Nature, 403(6765):37–38

Winzeler EA, Shoemaker DD, Astromoff A, Liang H, Anderson K, Andre B, Bangham R, Benito R, Boeke JD, Bussey H, et al (1999) Functional characterization of the S. cerevisiae genome by gene deletion and parallel analysis. Science, 285:901–906

11

Der Mensch – Ende oder Neuanfang der Evolution?

Die Naturwissenschaftler sollten weniger versprechen;
dann wären sie auch eher imstande, ihre Versprechen zu
halten.

(Collins und Pinch 1999, S. 175)

Wenn schon die allgemeine Evolutionsbiologie viele Laien interessiert, so wird die Evolution des Menschen selbst in Hochglanz-Zeitschriften regelmäßig behandelt. Dabei zerfällt das Thema im Wesentlichen in zwei Gebiete, über die Ausführliches zu lesen ist. Zum einen findet man Darstellungen zur speziellen Evolution der menschlichen Art, illustriert anhand der fossilen Hinterlassenschaften; und zum anderen mehr oder weniger originelle Ableitungen positiver und negativer menschlicher Eigenschaften aus seinem evolutionären Erbe. Vergangenheit, Gegenwart und Zukunft der genetischen Verfassung des Menschen werden dagegen seltener betrachtet, und wenn, dann wird gern spekuliert. Zum Beispiel soll laut Steve Jones, einem bekannten britischer Genetiker und Buchautor, die Evolution des Menschen als Konsequenz seiner kulturellen Entwicklung aufgehört haben.

Die fossilen Belege der Evolution des Menschen oder seiner nächsten Verwandten sind nicht unser Gegenstand. Dagegen interessiert uns die Entwicklung der genetischen Konstitution des Menschen umso mehr. Wer bisher aufmerksam gelesen hat, weiss, dass die biologische Evolution des Menschen nicht aufgehört haben kann. Denn sie wäre erst zu Ende, wenn es einmal keine Menschen mehr geben sollte. Doch welche Eigenschaften des heutigen Menschen lassen sich biologisch erklären? Und hat heute eine kulturelle Evolution den Staffelstab übernommen, findet also die Evolution des Menschen nun in einer neuen Form statt?

V. Krauß, *Gene, Zufall, Selektion*, DOI 10.1007/978-3-642-41755-9_11,
© Springer-Verlag Berlin Heidelberg 2014

11.1   Besonderheiten der Evolution des Menschen

Genetische Veränderungen der menschlichen Art vollziehen sich grundsätzlich in der gleichen Weise wie bei anderen Organismenarten. Mutationsraten sind auch für die Evolution des Menschen von größter Wichtigkeit. Leider kennen wir bisher nur von relativ wenigen, gut untersuchten Organismen exakte Raten. Solche Messungen beruhen auf der umfassenden Sequenzierung der natürlichen genetischen Vielfalt innerhalb der Arten sowie auf direkten Messungen der Anzahl auftretender Genomveränderungen während der Züchtung von Zellen oder von vollständigen Organismen. Der Vergleich des Menschen mit der Taufliege *Drosophila melanogaster*, dem Fadenwurm *Caenorhabditis elegans*, den Ackersenf *Arabidopsis thaliana*, der Bäcker- und Bierhefe *Saccharomyces cerevisiae* und dem Darmbakterium *Escherichia coli* offenbart etwas auf dem ersten Blick Erstaunliches: Die Wahrscheinlichkeit, dass sich ein bestimmtes Nukleotid während einer Teilung der Keimzellen – also der Eizellen, der Spermazellen und ihrer Vorläufer – des Menschen verändert, ist mit $6 * 10^{-11}$ zwei- bis elfmal niedriger als in allen anderen genannten Arten (Lynch 2010). Dies ist mit hoher Sicherheit jedoch keine Besonderheit des Menschen selbst, es hängt vielmehr von der relativ hohen Zahl nötiger Teilungen der Keimzellen zwischen zwei Generationen ab. Beim Menschen müssen sich diese Zellen durchschnittlich 216-mal teilen, bevor es eine neue Generation geben kann. Das ist etwa 5- bis 216-mal mehr als in den anderen genannten Lebewesen (Lynch 2010). Bäckerhefe und Darmbakterium sind Einzeller und erzeugen daher mit jeder Teilung eine neue Generation, während Ackersenf immerhin 40 Zellteilungen zur Erzeugung einer Tochterpflanze benötigt. Obwohl mir keine Zahlen vorliegen, ist zu vermuten, dass uns Bäume hinsichtlich der Zahl der Zellteilungen innerhalb einer Generation zumindest durchschnittlich übertreffen.

Die Konsequenz einer solch hohen Zellteilungsrate innerhalb eines Organismus ist eine erhöhte Mutationsrate zwischen den Generationen. Je öfter das Genom kopiert werden muss, umso mehr Fehler werden dabei entstehen. Hier hält der Mensch mit etwa $12, 8 * 10^{-9}$ Austauschen je Nukleotid die Spitze unter den genannten Lebewesen, wobei die anderen Mehrzeller etwa die Hälfte bis ein Drittel dieses Wertes erreichen, während die Einzeller nur auf etwa ein Fünfzigstel kommen (Lynch 2010). Die absolute Zahl der Mutationen je Generation wächst zudem mit der Genomgröße. Jeder neugeborene Mensch trägt deshalb durchschnittlich 88 neue Basenaustausche sowie mehrere neue Insertionen und Deletionen von DNA-Abschnitten. Im Kontrast dazu weist nur etwa jedes tausendste Darmbakterium überhaupt eine Neumutation auf. Hier wird deutlich, warum die Mehrzeller (mit Ausnahme des Fadenwurms) eine niedrigere Mutationsrate per Keimzellteilung aufweisen als die Einzeller:

Es findet bei ihnen eine verstärkte Selektion zur Vermeidung von Mutationen statt, welche allerdings an Grenzen stößt (vergleiche Kapitel 2.2). Diese Grenzen werden z. B. darin deutlich, dass menschliche Körperzellen ihre DNA etwas weniger exakt als Einzeller kopieren – hier findet also keine zusätzliche Unterdrückung der Mutationen wie in den Keimzellen statt (Lynch 2010).

Wir können daraus schließen, dass der Erhalt des erprobten genetischen Erbes sehr wichtig ist. Es gelingt dennoch nicht, in der Abfolge der Generationen des Menschen eine allmähliche Ansammlung leicht nachteiliger Mutationen zu vermeiden (Bromberg et al. 2013), denn das Genom hat sich wie bei vielen anderen Eukaryoten bereits weit über das scheinbar notwendige Maß aufgebläht (vergleiche Abschnitt 7.1). Die Ursache dafür ist eine verringerte Populationsgröße, welche die Selektion gegen nachteilige Veränderungen des Genoms erschwert. Je größer ein Organismus, umso weniger Exemplare können in Ökosysteme integriert werden und umso weniger effizient kann die Selektion wirken. Diesen Effekt nennt man die genetische Drift. Sie führt zur allmählichen Ansammlung von genetischen Veränderungen, selbst wenn diese einen nachteiligen Phänotyp bewirken sollten (vergleiche Abschnitt 2.1).

Beim Menschen ist diese Gefahr der Ansammlung nachteiliger Veränderungen höher als bei anderen Säugetieren. Ausgehend von einer über längere Zeit kleinen Population ist die Anzahl der Menschen erst in den letzten hunderttausend Jahren auf über eine Million angewachsen (Thomlinson 1975). Erst in historischer Zeit nahm die Zahl der Menschen deutlicher zu. Die genetischen Unterschiede innerhalb der menschlichen Art sind deshalb noch immer wesentlich geringer als die innerhalb der heute wesentlich selteneren Arten Schimpanse, Bonobo und Gorilla (Gagneux et al. 1999). Mit dem aktuellen Anstieg der Erdbevölkerung ist – bei besseren sozialen Bedingungen im stärkeren Umfang – eine Verringerung des Selektionsdrucks verbunden. Insbesondere die Kindersterblichkeit ist heute weit niedriger als in früheren Jahrhunderten. Die Folge sollte sein, das die Art Mensch gegenwärtig trotz Populationsvergrößerung zusätzliche genetische Lasten in Gestalt von leicht nachteiligen Mutationen erwirbt, die dauerhaft unsere Gesundheit gefährden könnten (Lynch 2010). Jedoch ist dies bisher nicht eindeutig zu belegen.

Die Geschichte der Evolution zeigt zudem, das ein verringerter Selektionsdruck neue Chancen bieten kann. Wahrscheinlich ermöglichte erst die Vergrößerung des Genoms, unter Teilnahme neuer Formen regulierender RNA-Moleküle, die Entstehung mehrzelliger Pflanzen, Pilze und Tiere (Lozada-Chávez et al. 2011). Es wurde zudem schon darauf hingewiesen (Abschnitt 4.2), dass sich funktionelle Moleküle verändern, indem sie einerseits zu vernachlässigende oder leicht nachteilige Veränderungen anhäufen, zum anderen aber auch an anderer Stelle Mutationen erfahren, welche diese angesammelten Lasten kompensieren. Es gibt Hinweise, dass gerade die letzten

Zehntausend Jahre heftigen, kulturell vermittelten Populationswachstums des Menschen vermehrt zu vorteilhaften, also positiv selektierten Genomveränderungen geführt haben, ohne dass wir derzeit sagen können, worin diese konkret bestehen (Hawks et al. 2007). Wir sollten also keine Angst vor Mutationen haben, welche durch soziale Fürsorge und medizinischen Fortschritt zahlreicher in die nächste Generation übernommen werden können. Wirklich fatale genetische Veränderungen tragen auch heute nichts zur genetischen Last folgender Generationen bei, denn das Schwergewicht der Selektion liegt bei allen Tierarten und dem Menschen in der Phase der frühen Individualentwicklung, angefangen bei der Entwicklung der Geschlechtszellen (Nielsen et al. 2007). Hier ist der Umfang technologisch möglicher *und* gewollter Eingriffe, welche die natürliche Auslese verringern, noch immer gering.

Wir haben gerade eine mögliche Gefahr umrissen, welche durch die Entwicklung der menschlichen Gesellschaft für die genetische Verfassung des Menschen entsteht. Mehr Wissen über den Zusammenhang zwischen der Evolution des Genpools und den Veränderungen von Lebenserwartung, Krankheiten und Alterungsgeschwindigkeit des Menschen ist nötig, um zu belastbaren Prognosen zu kommen. Anders orientierte Forschungen zur menschlichen Genetik haben bisher weit mehr Aufmerksamkeit gefunden. So wurde bereits in Abschnitt 4.2 am Beispiel der Laktose-Toleranz des modernen Menschen eine positiv bewertete genetische Veränderung vorgestellt, welche eine Konsequenz der sozialen Entwicklung darstellt. Laktose-Toleranz wurde schon umfassend untersucht, doch ihre Entstehung ist immer noch nicht befriedigend verstanden. Während sinnvolle medizinische Anwendungen dieses Wissens möglich sind, wird eindeutig mehr Rauschen im Blätterwald durch Erkenntnisse ausgelöst, welche keine unmittelbaren Anwendungen versprechen, aber mit der Entstehung der besonderen Stellung der menschlichen Art unter den Lebewesen der Erde in Zusammenhang stehen oder stehen sollen. Wir hören immer wieder von bestimmten „genetischen Innovationen", welche den Aufstieg der Menschheit aus dem Tierreich verursachten oder wenigstens begünstigt haben. Trifft es zu, dass einzelne Veränderungen der genetischen Verfassung unserer Art unverhältnismäßig viel zur Entstehung unserer Dominanz über andere Lebewesen beigetragen haben?

Sind Sie denn überhaupt mit den Unterstellungen meiner Frage einverstanden? Es gibt vermutlich nicht wenige Zeitgenossen, welche einen *Aufstieg der Menschheit aus dem Tierreich* überhaupt leugnen. Was sollte denn an den heutigen existentiellen Problemen, wie sozialer Ungleichheit, Umweltverschmutzung, unablässige kriegerische Auseinandersetzungen, dem Raubbau natürlicher Ressourcen oder menschengemachten Klimaveränderungen erstrebenswert oder auch nur fortschrittlich sein? Nun, wir haben nicht nur diese Probleme geschaffen, wir sind auch die Einzigen, welche über deren Lösung nachdenken können. Zudem maximieren wir unsere Populationsgröße und unseren durchschnittlichen Lebensstandard derart, dass immer größere Anteile der Primärproduktion der Erde in unseren Erhalt fließen. Wir leiten den weltweiten Stoff- und Energiefluss mehr und mehr zu uns um. Nicht zuletzt haben wir nun *eine* weltweite menschliche Gemeinschaft errichtet, d. h. einen Sozialisierungsgrad erreicht, der einzigartig unter den Organismen ist. Es ist nicht ernsthaft zu leugnen, dass dies Fortschritte sind, die der menschlichen Gesellschaft Macht nicht nur über andere Tiere, sondern über den Rest der Biosphäre gegeben haben. Wie wir diese Fortschritte bewerten, ist eine ganz andere Frage.

Gibt es nun irgendeine Erfindung der Evolution, welche wir dafür in besonderer Weise verantwortlich machen können? An dieser Frage arbeiten Molekulargenetiker schon seit geraumer Zeit. Als 2005 das Genom unseres nächsten Verwandten, des Schimpansen, vorlag, führte man einen umfassenden Vergleich mit dem menschlichen Genom durch. Besonderes Interesse fanden DNA-Abschnitte, welche im Erbgut von Landwirbeltieren weitgehend konserviert wurden und nur beim Menschen stark verändert vorliegen. Hier erwartete man, wesentliche genetische Unterschiede zwischen Mensch und Tier zu finden. Konkret wurden in einer repräsentativen Studie (Pollard et al. 2006) 49 solcher *human accelerated regions* (das bedeutet etwa „Regionen beschleunigter Evolution des Menschen", abgekürzt *HAR*) gefunden. HAR Nummer 1 (*HAR1*), ein DNA-Abschnitt von 118 Basenpaaren Länge, zeigte den auffälligsten Effekt: 18 Basenpaare waren hier seit unserer Trennung vom Schimpansen gegen andere ausgetauscht worden, während der gleiche Abschnitt nur zwei unterschiedliche Basenpaare im Vergleich zwischen Schimpansen und Huhn aufwies. *HAR1* ist Teil der beiden RNA-Gene *HAR1A* und *HAR1B*, welche allerdings zwischen allen untersuchten Wirbeltierarten außerhalb der konservierten 118-Basenpaar-Region große Sequenzunterschiede zeigen (Pollard et al. 2006). Die RNA HAR1A wird besonders in der Großhirnrinde produziert und bildet in der menschlichen Form eine sehr stabile Sekundärstruktur. Aus beiden Gründen – der schnell veränderten Sequenz und der sehr stabilen Struktur des produzierten, vermutlich funktionellen RNA-Moleküls – vermutete man, dass dieses Gen für die Entwicklung eines menschlichen Großhirns wichtig sei (Pollard et al. 2006).

Das größte Problem aller Spekulationen zur Funktion von Genprodukten beim Menschen ist jedoch, dass es nicht wie bei der Maus möglich ist, das Gen (1) probehalber zu entfernen und (2) es dann in einer gezielt veränderten Form wieder in den Organismus zurückzuführen, um die Funktion tatsächlich nachzuweisen. Ein alternativer, indirekter Beweis einer Gen-Funktion kann nur über die Anzucht menschlicher Zellen und deren Manipulation oder über die Korrelation natürlich auftretender Genvarianten mit bestimmten Erbkrankheiten erfolgen. Beides fand bei *HAR1* bisher nicht statt. Es ist zudem nicht bekannt, ob HAR1A- oder HAR1B-RNA außer im Gehirn und in den Geschlechtsorganen noch in anderen Organen produziert wird. Die Vermutung einer potenziell sehr interessanten Funktion bei der Entwicklung des menschlichen Gehirns steht also auf sehr schwachen Füßen.

Ähnlich wie *HAR1* erfuhr die 846 Basenpaare lange Sequenz *HAR2* (*HACNS1, human-accelerated conserved nonkoding sequence-1*) 16 menschspezifische Nukleotid-Austausche, obwohl sie in allen anderen Landwirbeltieren stark konserviert war. Experimente in Mäuse-Embryonen zeigten daraufhin, dass nur die menschliche, nicht aber die *HACNS1*-Sequenz aus der Maus das Protein Centg2 auch an den Enden der Gliedmaßen – also in den Pfoten, Füßen oder Händen – produzierte (Prabhakar et al. 2008). Die Entfernung genau jenes DNA-Abschnitts von 81 Basenpaaren, der beim Menschen am stärksten verändert war, bewirkte in der Maus allerdings das Gleiche wie die Verwendung der menschlichen Sequenz selbst (Sumiyama und Saitou 2011). Der menschliche DNA-Abschnitt hatte also nur eine unterdrückende Funktion verloren, welche bei der Maus (und wahrscheinlich bei allen anderen Landwirbeltieren) noch vorhanden war. Auch hier bleibt zweifelhaft, ob das nur beim Menschen auch an den Enden der Gliedmaßen produzierte Protein Centg2 tatsächlich zur Formung der spezifisch menschlichen Hand beiträgt. Direkte Hinweise darauf gibt es nicht.

Wissenschaftler des Max-Planck-Instituts für evolutionäre Anthropologie Leipzig widmeten sich besonders dem Transkriptionsfaktor Foxp2, dessen Evolution im Menschen ebenfalls beschleunigt wurde. Dieses Protein enthält zwei für den Menschen spezifische Aminosäureaustausche und ist auf eine noch nicht genau bekannte Art und Weise sowohl für die Modulation als auch für die Grammatik der Sprache unentbehrlich (Scharff und Petri 2011). Von Singvögeln wie auch vom Menschen ist bekannt, dass bestimmte Mutationen dieses Gens zu fehlerhaften Lautäußerungen führen. Mehr noch, eine Übertragung des menschlichen *FOXP2*-Gens in Mäuse veränderte deren Stimmäußerungen (Enard et al. 2009). Das *FOXP2*-Gen erfuhr also Mutationen, welche tatsächlich für die Evolution der Sprache notwendig waren und die nur während der Evolution des Menschen auftraten. Dank der Sequenzierung des Neandertalergenoms durch das Leipziger Institut wissen wir außerdem, dass auch Neandertaler bereits die jetzige menschliche Variante dieses stimmgewaltigen Gens trugen (Krause et al. 2007). Damit kann diese Genvariante mit einem Alter von mindestens 300000 Jahren nicht die Ursache für die heutige Qualität menschlicher Sprachen sein, sondern nur einer der Voraussetzungen für ihre Entstehung.

Auch für die Evolution der besonderen Größe des menschlichen Gehirns wurden bereits Varianten verschiedener Gene verantwortlich gemacht. Diesbezüglich bestanden die beiden Gene *ASPM* und *CDK5RAP2* den Test mehrerer Studien. Mutationen dieser Gene wurden wiederholt bei Patienten mit sehr kleinen Hirnschädeln gefunden. In der Maus wurde beobachtet, dass die Proteine Aspm und Cdk5rap2 für die korrekte Teilung der Vorläufer von Nervenzellen nötig sind und dass bei ihrem Ausfall das Hirnwachstum beeinträchtigt ist. Allerdings scheinen in der Maus alle schnellen Zellteilungsprozesse durch ein fehlendes *ASPM*-Gen behindert zu werden. Außerdem erzeugten menschliche Genkopien in Mäusen keine größeren Köpfe (Pulvers et al. 2010). Obwohl die Geschwindigkeit der Evolution dieser Proteine tatsächlich genau dann zunahm, wenn sich die Hirngröße von Affen während der Evolution verändert haben musste, ist der Grund für diesen statistischen Zusammenhang noch nicht klar (Montgomery et al. 2011). Es könnte auch sein, dass beide Proteine sich verändern *mussten*, weil sich das menschliche Gehirn aus anderen Gründen vergrößerte. Die beschleunigte Evolution von *ASPM* und *CDK5RAP2* auch in der menschlichen Linie wäre dann nicht Ursache, sondern Folge der Gehirnvergrößerung (Montgomery et al. 2011). Eine Beziehung der Evolution beider Gene zur Entwicklung der menschlichen Erkenntnisfähigkeit besteht trotz mancher Behauptungen jedenfalls nicht (Nielsen 2009).

Die bisherige Analyse von Kandidatengenen für entscheidende Veränderungen auf dem Weg vom Tier zum Menschen hat damit zwar z. T. sehr interessante, insgesamt aber unbefriedigende Erkenntnisse erbracht. Ich habe keineswegs abwegige Kandidatengene ausgewählt. Ein aktuelles Biologie-Lehrbuch für die Sekundarstufe II stellt dieselben Gene als Faktoren vor, welche „die Gehirngröße steuern" (*ASPM*), die „Artikulation erleichtern" (*FOXP2*), „für die Entwicklung der Großhirnrinde verantwortlich sind" (*HAR1*) bzw. „die Geschicklichkeit der Hände fördern" (*HAR2*) (Becker et al. 2010). Drei dieser vier Aussagen sind offensichtlich aus der Luft gegriffen worden, was gerade bei einem Schulbuch mehr als ein Flüchtigkeitsfehler ist. Vielmehr dokumentieren diese ungedeckten Behauptungen ein Bestreben, einzelne genetische Veränderungen für die Evolution des Menschen verantwortlich zu machen. Nach bisheriger Kenntnis gibt es jedoch keine „Schlüsselgene", welche allein einen wesentlichen Einfluss auf die Entstehung des Menschen ausgeübt haben. Eine beschleunigte Evolution in einzelnen Abschnitten des Genoms gibt es auch bei allen anderen Arten von Organismen. Oft sind sie auf vergangene oder noch anhaltende Auseinandersetzungen mit Krankheitserregern zurückzuführen, welche stets einen starken Einfluss auf die Veränderung der Genome ihrer Wirte – natürlich in Richtung einer verbesserten Widerstandskraft – haben. Jedoch ist es erst im Zusammenspiel verschiedener veränderter Genprodukte für eine Art möglich, durch eine wesentliche Änderung ihres Phänotyps neue ökologische Nischen zu erschließen.

Dabei kommt es zu einer engen Wechselwirkung zwischen der Evolution der Population eines Organismus und der Veränderung seiner Umwelt. Nicht nur die Umwelt formt den Organismus, auch der Organismus sucht und verändert seine Umwelt. Der Mensch ist zwar in Ost- und Südafrika entstanden, breitete sich aber in mehreren Wellen und letztlich weltweit aus. Er wurde dabei nicht getrieben, sondern war aufgrund seines nun veränderten Phänotyps *und* seiner kulturell vermittelten sozialen Interaktionen in der Lage, eine breitere Palette von Umwelten zu nutzen. Die Grundlage dieser neuen Fähigkeit war ein Ensemble sehr verschiedener Eigenschaften, welche in diesem Fall Präadaptationen genannt werden und welche auch verwandte Arten aufweisen. Sie wurden aber nur in der menschlichen Linie koordiniert verbessert.

Dazu zählen die soziale Lebensweise, der zumindest zeitweise aufrechte Gang, der opponierbare Daumen, der Gebrauch von Geräten, ein tierischer, wenngleich noch kleiner Anteil an der Nahrung, eine überdurchschnittliche Entwicklung des Gehirns, ein relativ komplexes System innerartlicher Verständigung mittels Gestik, Mimik und Lautgebung sowie ein breites räumliches Sehfeld. Als der Vorfahre des Menschen so ausgestattet war, veränderte sich seine Umwelt wesentlich. Mit Beginn des Pleistozäns lichtete sich durch abnehmende Temperaturen und Niederschläge der Urwald. Es verbreiteten sich stattdessen verschiedene Typen von Savannen. Die Überlebensbedingungen für Horden aufrecht gehender Affenmenschen verbesserten sich dadurch wesentlich (Kahlke 1999). Weitere, jetzt menschenspezifische Anpassungen entstanden alle aus dem aufrechten Gang und sprechen daher für ein Wechselspiel, sprich eine Interaktion zwischen Veränderungen der Umweltbedingungen und solchen unseres Urahns. Selektierend wirkte also nicht die Umwelt schlechthin, sondern die durch den veränderten Organismus veränderten Umweltbedingungen.

Ich sage damit niemandem etwas Neues. Entscheidend war, dass die Erfindung des aufrechten Ganges, der verlängerten Individualentwicklung, der menschlichen Hand, der Werkzeugherstellung, der ersten menschlichen Arbeitsteilung und die Gehirnvergrößerung alle Hand in Hand vor sich gingen: Keine dieser Veränderungen wäre ohne die andere und vor allem ohne die soziale Lebensweise der menschlichen Vorfahren denkbar. Nicht nur die Evolution des Menschen, auch die beginnende kulturelle Entwicklung der Menschheit ist ein hochgradig interaktiver Prozess unter sehr konkreten ökologischen Bedingungen, die sich völlig von denen sozialer Insekten unterscheiden. Viele soziobiologischen Darstellungen verzerren diesen Sachverhalt. Zudem werden hier einzelne Eigenschaften einzelner Individuen in den Mittelpunkt gestellt, frei nach Margret Thatchers berühmtem Ausspruch „Es gibt keine Gesellschaft!" (*There is no such thing as a society!*). Trotz der Begriffsbildung „Soziobiologie" geht es in diesem umstrittenen Zweig der Biologie eher um die Verschleierung und nicht um die Aufklärung von Prozessen der Evolution und der Sozialisierung von Tieren und Menschen. Dies wird erreicht, indem Zusammenschlüsse unterschiedlichster Lebewesen zum gegenseitigen Vorteil, seien es Einzeller oder Menschen, durch dieselben Begriffe umschrieben werden, völlig losgelöst von den konkreten ökologischen Bedingungen. Gerne werden auch abstrakte Modelle aufbauend auf Individuen mit stets ausgeprägten, eigensüchtigen Interessen entworfen. Ignoriert wird dabei, inwieweit Individuen verschiedener Organismen überhaupt in der Lage sind, Interessen zugunsten der eigenen Fortpflanzung oder der Arterhaltung zu entwickeln. Solche Deutungen müssen in die Irre führen, ganz gleich, ob sie Reproduktions-Egoismus (Voland 2007) oder gegenseitige Rücksichtnahme (Hrdy 2010) beim Menschen oder bei Tieren betonen.

Besonders bizarr wirken soziobiologische Thesen, wenn sie als Folie zur Erklärung der Evolution relativ simpler Lebewesen dienen. Dazu ein kurzer Exkurs in die Biologie der Einzeller. Schleimpilze der Art *Dictyostelium discoideum* sind meist einzeln lebende Zellen ohne feste äußere Form (Amöben), welche sich von erdbewohnenden Bakterien ernähren. Zur Weiterverbreitung bei Futtermangel versammeln sich diese Schleimpilz-Zellen auf chemische Signale hin und bilden einen langstieligen, mit bloßem Auge sichtbaren Fruchtkörper (den Schleimpilz), welcher schließlich gegenüber Hitze und Austrocknung widerstandsfähige Sporen abgibt. Durch Wind oder Lebewesen verbreitet, können die Sporen an feuchten Orten Amöben entlassen, welche dann essbare Bakterien suchen. Eine amerikanische Forschergruppe fand heraus, dass es zwei deutlich unterschiedliche Typen von Sporen gibt, solche, die essbare Bakterien enthalten, und solche ohne Bakterien (Brock et al. 2011). Die Amöben aus diesen Sporen unterscheiden sich offensichtlich auch genetisch; solche aus bakterienlosen Sporen fraßen deutlich schneller und vermehrten sich schneller als ihre Artgenossen aus bakterienhaltigen Sporen. Allerdings galt das nur für bereitgestellte, künstliche Nährböden mit reichlichem Belag aus essbaren Bakterien. In gewöhnlichen Böden – also in ihrer natürlichen Umwelt – vermehrten sich dagegen die Amöben aus bakterienhaltigen Sporen schneller als jene aus bakterienlosen Sporen. Das Mitführen von Bakterien ist also unter normalen Bedingungen dem rückstandslosen Fressen überlegen. Die Autoren der Untersuchung standen nun vor der Aufgabe, beiden Typen von *Dictyostelium* Namen zu geben. Üblicherweise werden da neutrale Kombinationen aus Buchstaben oder Zahlen oder schlichte Beschreibungen des Phänotyps gewählt. Nicht so in diesem Fall. Die Amöben mit bakterienhaltigen Sporen wurden als „Bauern" (*farmer*) und die mit bakterienlosen Sporen als „Nicht-Bauern"(*non-farmer*) bezeichnet. Mehr noch, die Überschrift der Veröffentlichung im allgemein bekannten Wissenschafts-Journal Nature lautete *Primitive agriculture in a social amoeba* („Primitive Landwirtschaft bei einer sozialen Amöbe").

Wenige falsch angewandte, aber vertraute Begriffe reichen aus, um Phänomene gründlich fehlzudeuten. Landwirtschaft durch einzellige Bauern? Bauern bearbeiten den Boden mithilfe von Geräten, suchen sich Samen oder Setzlinge gezielt aus, pflegen die Kultur, ernten sie schließlich und lagern die Ernte. Vor allem planen sie diesen gesamten Ablauf im Voraus. Das gilt für alle Formen menschlichen Anbaus, aber nicht für die Pilzkulturen von Blattschneiderameisen oder gar für Symbiosepartner von Amöben. Denn *Dictyostelium*-Amöben und ihr Futter sind Symbiosepartner genau in jenem Moment, in dem die bakterielle Beute durch ihre Anheftung an die Sporen ihres Räubers selbst weiterverbreitet wird. Diese Symbiose scheint für beide Seiten nicht notwendig, denn soweit das bisher bekannt ist, können sowohl die Amöben als auch ihr Futter ohne die Partnerschaft existieren. Das gilt nicht für Objekte der Landwirtschaft, denn sowohl Nutzpflanzen als auch Nutztiere werden nach kurzer Zeit der Selektion durch den Menschen von diesem vollständig abhängig. Umgekehrt gilt das nicht, denn Menschen haben sich nur im beschränkten Maß biologisch dem Konsum eines bestimmten landwirtschaftlichen Produktes – der Milch – angepasst (siehe Abschnitt 4.2). Dieses Beispiel für den Missbrauch von Begriffen aus der menschlichen Kultur für die Beschreibung biologischer Sachverhalte mag extrem sein. Es ist jedoch typisch für das soziobiologische Prinzip, evolutionäre Prozesse und Phänomene der menschlichen Gesellschaft als prinzipiell gleichartig zu betrachten. Soziobiologische Thesen sind daher weder zum Verständnis der Evolution noch der Gesellschaft geeignet.

Der entscheidende Unterschied der genannten Symbiosen zur Landwirtschaft liegt in der bewussten Planung. Nicht evolutionäre Anpassung, sondern anwendbare Kenntnisse natürlicher Prozesse ermöglicht Bauern das Überleben. Durch Bildung und Austausch von Bewusstseinsinhalten konnten sich menschliche Gemeinschaften mittels der Herstellung für sie geeigneter Umwelten zu dem entwickeln, was sie heute sind. Neu gegenüber evolutionären Prozessen ist bei Betrachtung der menschlichen Geschichte nicht die Schaffung von öfters auch problematischen, neuen Umwelteigenschaften, neu ist die bewusste Vorgehensweise. Die Weitergabe direkt überprüfbarer Kenntnisse über die Realität durch Sprache und Schrift und die allmähliche, im Vergleich zum Zeitrahmen der Evolution jedoch geradezu explosiv ablaufende Entstehung einer einzigen, weltweiten Menschheit; dass sind kulturelle Ereignisse, welche allein wegen ihrer Geschwindigkeit in keiner wesentlichen Weise durch genetische Veränderungen verursacht werden konnten. Die biologische Art Mensch mit ihrem Genom ist zwar Voraussetzung, aber nicht länger Triebkraft dieses Prozesses. Das gilt, obwohl die Veränderung der genetischen Verfassung der menschlichen Population weiterhin, vielleicht sogar beschleunigt, stattfindet. Die gesellschaftliche Entwicklung der Menschheit baut auf ihrer biologischen Evolution auf, weist jedoch über sie hinaus, ohne sie zu beenden. Dieser Vorgang ist analog der Tatsache, dass in den lebenden Organismen jeder Art ständig viele verschiedene chemische Reaktionen stattfinden. Die biologische Evolution dieser Arten wird jedoch nicht durch diese Reaktionen bestimmt, sondern durch die Fähigkeit der Populationen, mehr oder minder erfolgreich mit ihren Umwelten zu interagieren. Je größer die überdauernde Population, desto erfolgreicher die Art. Unser kultureller Fortschritt scheint bisher ähnliche Konsequenzen zu haben. Die Frage ist, ob wir das als Erfolg betrachten sollten.

11.2 Kultur und Evolution

Im letzten Abschnitt wurde festgestellt, dass die menschliche Population als nunmehr weltumspannende menschliche Gesellschaft einen gewaltigen kulturellen Fortschritt erlebt hat. In diesem Abschnitt möchte ich diskutieren, inwieweit dieser kulturelle Fortschritt als eine Form der Evolution zu sehen ist. Laut der deutschen Wikipedia (12.9.2012) wird der Begriff „Evolution" ausschließlich im Sinne der Evolution von Lebewesen gedeutet – also nicht als chemische oder kulturelle Evolution – und beschreibt „die Veränderung der vererbbaren Merkmale einer Population von Lebewesen von Generation zu Generation". Ich denke, das dies eine sehr knappe und deshalb brauchbare Definition der Evolution ist. Wikipedia verweist jedoch zugleich darauf, dass der Begriff auch in anderen Bedeutungen verwendet wird. So wird hier unter „soziokultureller Evolution" die Entstehung und Entwicklung [der] menschlichen Kultur und Gesellschaft" verstanden. Genauer ist „soziokulturelle Evolution" laut Wikipedia (12.9.2012) „ein Oberbegriff für Theorien der kulturellen und sozialen Evolution, die beschreiben, wie sich Kulturen und Gesellschaften im Laufe der Menschheitsgeschichte entwickelt haben".

Ist „soziokulturelle Evolution" eine Form der Evolution? Wenn das der Fall wäre, müsste die allgemeine Definition der Evolution (siehe oben) auch die soziokulturelle Evolution einschließen. Es gibt tatsächlich Überschneidungen. So sind menschliche Populationen natürlich Populationen von Lebewesen. Menschliche Gesellschaften verändern sich jedoch viel schneller, als das Populationen von Lebewesen auf genetische Weise tun. Dieser Unterschied zwischen Populationen von Lebewesen und menschlichen Gesellschaften liegt in der Triebkraft der Veränderungen begründet. Einerseits sind es erbliche Merkmale, also im engeren Sinn nur das Genom, denn alle anderen Merkmale entstehen erst in Interaktion mit der Umwelt; andererseits aber gesellschaftlich bestimmte Bewusstseinsinhalte, auf welchen die Veränderungen fußen. Es gibt also keine erblich verankerten Elemente der soziokulturellen Evolution. Die Individuen selbst verändern umfassend auf eigene Initiative und – zumindest aus ihrer Sicht – zu ihrem persönlichen Vorteil ihre Bewusstseinsinhalte. Dagegen sind Veränderungen erblicher Merkmale im einzelnen Lebewesen sehr viel seltener, sind in ihrer Richtung durch das Individuum nicht beeinflussbar und haben, wenn überhaupt, in der Regel negative Konsequenzen für ihren Träger. Soziokulturelle Evolution hat also mit der Evolution von Lebewesen nur wenig gemein und ist kein Sonderfall dieser Evolution, sondern ein grundsätzlich anders ablaufender Prozess. Menschheitsgeschichte ist keine Naturgeschichte.

Es gab und gibt jedoch immer wieder Versuche, biologische und gesellschaftliche Veränderungen mehr oder weniger gleichzusetzen. Ein Beispiel dafür ist die Erfindung des Begriffs Mem durch unseren alten Bekannten Richard Dawkins als „Einheit der kulturellen Vererbung" (Dawkins 1996, S. 296). Da es schwierig bis unmöglich ist, in Dawkins Texten brauchbare Definitionen zu finden, konsultieren wir erneut das beliebte Online-Lexikon, um eine gängige Deutung des Begriffs zu bekommen:

> Ein Mem bezeichnet einen einzelnen Bewusstseinsinhalt (z. B. einen Gedanken), der durch Kommunikation weitergegeben und damit vervielfältigt wird (kulturelle Evolution). Das ist analog zur Funktion des Gens, das körperliche Eigenschaften von Individuen durch Fortpflanzung bzw. Vererbung weitergibt (Biologische Evolution). In beiden Fällen sind bei der Weitergabe Veränderungen (Mutationen) möglich und der Einfluss der Umwelt (Selektion) bewirkt eine Verstärkung oder Unterdrückung der weiteren Verbreitung.
> (Wikipedia, Stichwort Mem, 12.9.2012)

In dieser Definition stecken sowohl falsche Vorstellungen von Bewusstseinsinhalten als auch von Biologie. Zunächst einmal ist zu fragen, was ein einzelner Bewusstseinsinhalt, ein Gedanke, überhaupt sein soll. Es handelt sich scheinbar um eine Art Grundeinheit. Ich konnte keinen Hinweis finden, wie man sich einen solchen einzelnen Gedanken vorstellen soll. Dabei sind Grundeinheiten auf verschiedenen wissenschaftlichen Gebieten gut bekannt und definiert. Die Grundeinheit eines chemischen Elements z. B. ist das Atom, es lässt sich auf verschiedenste Weise empirisch nachweisen. Ergebnis einer Atomspaltung ist das Verschwinden des entsprechenden Elements, es handelt sich also tatsächlich um die kleinstmögliche Menge dieses Stoffes. Die funktionelle Grundeinheit eines Lebewesens ist die Zelle. Ein Lebewesen kann auch aus mehreren Zellen bestehen, aber selbst dann kann man Lebensprozesse an Kulturen einzelner Zellen solcher Organismen studieren. Einzelne

Zellbestandteile dagegen können zwar noch funktionieren, aber keinen in sich geschlossenen Stoffwechsel mehr aufrechterhalten. Die funktionelle Grundeinheit von Genomen ist ein Gen, es lässt sich innerhalb eines konkreten Genoms in der Regel gut eingrenzen.

Aber was ist ein einzelner Gedanke? Zeichen wie etwa einzelne Zahlen oder Buchstaben? Begriffe wie „Eisen"? Ein Satz wie „Eisen ist hart."? Oder eher eine nichtbegriffliche Fassung dieser Aussage? Sicher ist jedenfalls, das nichtsymbolisch gespeicherte Erfahrungen ursprüngliche Bewusstseinsinhalte unserer Ahnen gewesen sein müssen, *bevor* Begriffe und noch später Zeichen zum effektiven Austausch von Gedanken geschaffen wurden. Die bloße Mitteilung (Kommunikation) vervielfältigt einen Gedanken – wie auch immer er aussehen mag – daher keineswegs automatisch. Jeder Empfänger einer Nachricht überprüft ihren Sinngehalt – zumindest indem er die Zuverlässigkeit des Mitteilenden beurteilt – *bevor* sie, meist gekürzt oder modifiziert, gespeichert wird. Ein Gedanke vermehrt sich also nicht durch die Vermehrung seiner Träger (wie etwa ein Gen) und eben auch nicht durch einfache Weitergabe, sondern wird, solange er existiert, verändert, im Austausch zwischen Bewusstseinsträgern auf gegenseitiges Verständnis abgestimmt und auf seinen Wert für die Interpretation und Manipulation der materiellen Welt getestet. Wertlose oder für seinen Träger sogar nachteilige Gedanken bleiben höchstens so lange im Bewusstsein, wie ihre Träger sie nützlich oder wenigstens bemerkenswert finden. Menschen und ihre Triebe kontrollieren ihre Gedanken, nicht umgekehrt.

Biologisch falsch ist an dieser Definition – wie wir bereits wissen –, dass Gene körperliche Eigenschaften von Menschen weitergeben würden. Jede Eigenschaft einzelner Menschen verändert sich während der Individualentwicklung unter Einfluss zahlreicher Gene und der Umwelt. Dabei beeinflussen sich Mensch, Umwelt und Genaktivität wechselseitig. Gene können also keine körperlichen Eigenschaften von Menschen weitergeben, sondern sind nur eine der notwendigen Voraussetzungen für die Ausbildung körperlicher Merkmale. Sie nehmen lediglich an ihrer Ausformung teil, sie bestimmen sie nicht. Selbstverständlich unterliegen sie Mutationen und natürlicher Selektion.

Das trifft aber nicht auf Gedanken zu. Es gibt hier weder eine Entsprechung zur Mutation noch zur Selektion. Gedanken werden nicht zufällig, sondern gezielt modifiziert. Die Entstehung und Veränderung von Ideen ist ein absichtlicher, an der Erfahrung der materiellen Welt geschulter Prozess. Die Zielstrebigkeit solcher Prozesse erlaubt die Mitwirkung von Zufall und Auslese nur am Rande. Sie spielen keine zentrale Rolle wie in der biologischen Evolution. Natürlich wird der Umsatz von Ideen auch von Vergesslichkeit beeinflusst, aber auch unser Vergessen ist nicht zufällig, denn wir verdrängen in erster Linie die Erinnerungen, welche uns nicht des Erinnerns wert erscheinen.

Gedanken mutieren also nicht, Denker verändern sie. Und da sie aktiv und gezielt verändert werden – ganz im Gegensatz zum Genom –, ist eine Selektion zwischen Trägern verschiedener Gedanken nicht der typische Weg, wie Ideen sich durchsetzen oder verschwinden. Gute Ideen verbreiten sich schnell im gesellschaftlichen Bewusstsein, und zwar nicht durch erhöhte Fruchtbarkeit ihrer Träger oder durch das Aussterben der Träger weniger guter Ideen, sondern durch ihre Weitergabe. Ideen oder Gedanken entstehen also im Gegensatz zu Genen nicht durch Mutation und verbreiten sich auch nicht durch positive Selektion. Es gibt demnach keinen kulturellen Genotyp. Ein „kultureller Phänotyp" wird abgeschaut, imitiert oder bewusst weitergegeben, seine Weitergabe hängt von seiner individuell empfundenen Nützlichkeit ab.

Diese revolutionär neue und viel schnellere Art, sich kulturell *anstatt* evolutionär weiterzuentwickeln, war urmenschlichen Sozialverbänden nur aufgrund vorheriger evolutionärer Errungenschaften möglich geworden. Evolution bildete nur die Basis der Kultur, nicht die Kultur selbst. Kulturelle Entwicklung ist also keine Form der Evolution, es sei denn, Evolution käme ohne Vererbung, Selektion *und* Mutationen aus. Damit würde jedoch der Begriff Evolution jeden speziellen Sinn verlieren, er wäre dann nichts als ein anderes Wort für „Entwicklung" oder „Veränderung". Man könnte dann also auch von Entwicklungs- oder Veränderungstheorien als gültigen Synonymen für die Evolutionstheorie sprechen. Und das tat bisher niemand.

11.3   Weder noch – ein Fazit

Fassen wir zusammen: Weder hat die Evolution jemals in der menschlichen Geschichte aufgehört, noch können Menschen sie beenden, solange sie Lebewesen sind. Die Entwicklung der menschlichen Gesellschaft bestimmt sie aber seit vielen Jahrtausenden nicht mehr. Im Gegenteil, die Art der Evolution des Menschen wird heute in mehrfacher Hinsicht durch seine kulturelle Entwicklung bestimmt.

Erstens wird durch die gegenüber den Urmenschen stark veränderte Lebensweise die Richtung der Auslese verändert. Als Beispiel kann die Fähigkeit zur Laktose-Verwertung durch Erwachsene gelten. Hier wird zudem deutlich, dass die Evolution nur verzögert auf kulturell veränderte Gewohnheiten reagieren kann, sodass sich die entsprechende genetische Veränderung bis heute nicht allgemein durchsetzen konnte.

Zweitens kann die Medizin immer besser alle Arten menschlicher Krankheiten bekämpfen. Klassische Erb- und Infektionskrankheiten sollten deshalb immer unwichtiger für den lebenslangen Fortpflanzungserfolg werden. Starke Faktoren der Selektion wie z. B. ansteckende Krankheiten könnten so zurückgedrängt werden, wodurch die Rolle zufälliger Einflüsse, also der genetischen Drift, zunehmen würde. Im Laufe kommender Generationen könnte daher eine sehr langsame Erosion der Funktionalität unseres Genoms eintreten. Das zählt aber eher zu den lediglich möglichen, nicht zu den wirklichen Problemen. Denn noch heute haben nur Teile der Menschheit Zugang zu medizinischer Hilfe nach dem Stand der Technik. Hier zeigt sich, dass soziale Ungleichheit einen massiven Einfluss auf die evolutionäre Zukunft der Art Mensch hat. Infektionskrankheiten werden nur dann erfolgreich ausgemerzt werden können, wenn jeder Mensch die Chance einer wirksamen Vorbeugung und Behandlung erhält.

Drittens hat die gewaltige Zunahme der Menschen in historischer Zeit dazu geführt, dass wir es heute mit einer Spezies zu tun haben, welche hinsichtlich ihrer Populationsgröße weniger einem durchschnittlichen Säuger als einem gewöhnlichen Insekt gleicht. Selektionsfaktoren – auch solche kultureller Herkunft – könnten daher sogar effektiver als zuvor Einfluss auf die Zusammensetzung menschlicher Populationen nehmen, vorausgesetzt, sie wirken einheitlich auf alle menschlichen Individuen ein. Insgesamt schwächt sich also die natürliche Auslese nicht ab, sie verändert nur ihre Richtung, welche zunehmend kulturell bestimmt wird.

Viertens macht sich eine gewaltige Population vergleichsweise riesiger Organismen, welche einen großen Teil des weltweiten Stoffwechsels auf sich konzentriert, auch zu einer verlockenden Zielscheibe für Parasiten aller Art. Das Auftauchen neuer Infektionskrankheiten wie AIDS, SARS und Ebola ist daher zu erwarten. Ihre Gefährlichkeit wird durch den schnellen, weltweiten Verkehr immens gesteigert.

Die kulturelle Entwicklung des Menschen selbst allerdings ist keine „kulturelle Evolution". Im Gegensatz zur gesellschaftlichen Entwicklung braucht die biologische Evolution des Menschen keine sozialen Verbände. Die Evolution brachte die Sozialisation des Menschen hervor, ihre Weiterentwicklung über die Herstellung einfacher Werkzeuge hinaus war und ist dagegen kulturell bedingt. Die Evolution des Menschen kann weder rückgängig gemacht noch angehalten werden, während ein Verlust unserer modernen Vergesellschaftung uns jederzeit wieder in urgesellschaftliche Verhältnisse zurückwerfen könnte. Denn eine menschliche, befruchtete Eizelle hat zwar ein vollständiges Genom, braucht aber die Hilfe zahlreicher anderer Menschen, um sich persönlich als ein vollwertiges Mitglied unserer Gesellschaft entfalten zu können. Menschen repräsentieren weder das Ende noch einen Neuanfang der Evolution, sie sind die Personifizierung einer zur Kultur gewandelten Natur.

Literatur

Becker J, Gröne C, Jütte M, Kloppenburg J, Wiechern V (2010) Evolution. Biosphäre, Cornelsen, Berlin

Brock DA, Douglas TE, Queller DC, Strassmann JE (2011) Primitive agriculture in a social amoeba. Nature, 469(7330):393–396

Bromberg Y, Kahn PC, Rost B (2013) Neutral and weakly nonneutral sequence variants may define individuality. Proc Natl Acad Sci USA, 110(35):14255–14260

Collins H, Pinch T (1999) Der Golem der Forschung. Wie unsere Wissenschaft die Natur erfindet, Berlin-Verlag, Berlin

Dawkins R (1996) Das egoistische Gen. Rowohlt, Reinbek bei Hamburg

Enard W, Gehre S, Hammerschmidt K, Hölter SM, Blass T, Somel M, Brückner MK, Schreiweis C, Winter C, Sohr R, et al (2009) A humanized version of Foxp2 affects cortico-basal ganglia circuits in mice. Cell, 137:961–971

Gagneux P, Wills C, Gerloff U, Tautz D, Morin PA, Boesch C, Fruth B, Hohmann G, Ryder OA, Woodruff DS (1999) Mitochondrial sequences show diverse evolutionary histories of African hominoids. Proc Natl Acad Sci USA, 96(9):5077–5082

Hawks J, Wang ET, Cochran GM, Harpending HC, Moyzis RK (2007) Recent acceleration of human adaptive evolution. Proc Natl Acad Sci USA, 104(52):20753–20758

Hrdy SB (2010) Mütter und Andere: Wie die Evolution uns zu sozialen Wesen gemacht hat. Bloomsbury, Berlin

Kahlke RD (1999) The history of the origin, evolution and dispersal of the late Pleistocene Mammuthus-Coelodonta faunal complex in Eurasia (large mammals). Fenske Companies, Rapid City

Krause J, Lalueza-Fox C, Orlando L, Enard W, Green RE, Burbano HA, Hublin JJ, Hänni C, Fortea J, de la Rasilla M, et al (2007) The derived FOXP2 variant of modern humans was shared with Neandertals. Curr Biol, 17:1908–1912

Lozada-Chávez I, Stadler PF, Prohaska SJ (2011) "Hypothesis for the modern RNA world": a pervasive non-coding RNA-based genetic regulation is a prerequisite for the emergence of multicellular complexity. Orig Life Evol Biosph, 41(6):587–607

Lynch M (2010) Rate, molecular spectrum, and consequences of human mutation. Proc Natl Acad Sci USA, 107(3):961–968

Montgomery SH, Capellini I, Venditti C, Barton RA, Mundy NI (2011) Adaptive evolution of four microcephaly genes and the evolution of brain size in anthropoid primates. Mol Biol Evol, 28(1):625–638

Nielsen R (2009) Adaptionism – 30 years after Gould and Lewontin. Evolution, 63(10):2487–2490

Nielsen R, Hellmann I, Hubisz MJ, Bustamante C, Clark AG (2007) Recent and ongoing selection in the human genome. Nat Rev Genet, 8(11):857–868

Pollard KS, Salama SR, Lambert N, Lambot MA, Coppens S, Pedersen JS, Katzman S, King B, Onodera C, Siepel A, et al (2006) An RNA gene expressed during cortical development evolved rapidly in humans. Nature, 443(7108):167–172

Prabhakar S, Visel A, Akiyama JA, Shoukry M, Lewis KD, Holt A, Plajzer-Frick I, Morrison H, Fitzpatrick DR, Afzal V, et al (2008) Human-specific gain of function in a developmental enhancer. Science, 321:1346–1350

Pulvers JN, Bryk J, Fish JL, Wilsch-Bräuninger M, Arai Y, Schreier D, Naumann R, Helppi J, Habermann B, Vogt J, et al (2010) Mutations in mouse Aspm (abnormal spindle-like microcephaly associated) cause not only microcephaly but also major defects in the germline. Proc Natl Acad Sci USA, 107(38):16595–16600

Scharff C, Petri J (2011) Evo-devo, deep homology and FoxP2: implications for the evolution of speech and language. Philos Trans R Soc Lond, B, Biol Sci, 366(1574):2124–2140

Sumiyama K, Saitou N (2011) Loss-of-function mutation in a repressor module of human-specifically activated enhancer HACNS1. Mol Biol Evol, 28(11):3005–3007

Thomlinson R (1975) Demographic problems: Controversy over population control. Dickenson Publishing, Ecino

Voland E (2007) Die Natur des Menschen: Grundkurs Soziobiologie. C.H. Beck, München

12

Epilog

Eine der sicherlich ältesten und zugleich angenehmsten strittigen Fragen aus der Geistesgeschichte ist jene nach der Herkunft der Schönheit des Menschen. Poetisch wurde diese Frage schon oft behandelt. Aphrodite, die Göttin der Liebe und Schönheit, wurde bekanntlich aus dem Schaum des Meeres an Zyperns Küste geboren. Die Herkunft der Schönheit tatsächlich herausfinden zu wollen, ist wissenschaftlich jedoch aussichtslos. Schönheit liegt im Auge des Betrachters, sonst würde die Wahl des Sexualpartners bei keiner Art funktionieren.

Nicht alle Autoren sind in dieser Frage so zurückhaltend. Dieses Buch entstand auch dank der Anregungen jener vorwitzigen Interpreten der Evolution, welche auf beinahe alle Fragen des Lebens die Antwort „natürliche Selektion" bereit haben:

> Wären Männer wirklich wahllos gewesen, dann wären die Frauen nicht schön, dann hätten sie keine Busen, keine langen Kopfhaare, keine Taille, keine runden Hüften, keine ebenmäßigen Gesichter oder sinnlichen Lippen. Diese Merkmale sind nicht willkürlich, sondern sie entstanden als verlässliche Hinweise auf Gesundheit, Fruchtbarkeit, Leistungsfähigkeit und Jugend.
> (Junker und Paul 2010, S. 73)

Frauen scheinen demnach geradezu wandelnde Signalanlagen zu sein. Im eben zitierten Buch der Molekularbiologin Sabine Paul und des Wissenschaftshistorikers Thomas Junker habe ich nichts zu der nahe liegenden Frage gefunden, ob auch Männer schön sein dürfen. Gibt es keine Männer mit gut geformter Brust, langen Kopfhaaren, schmaler Hüfte, knackigem Hintern, ebenmäßigem Gesicht und sinnlichen Lippen? Gesundheit, Leistungsfähigkeit und Jugend des Gegenübers erkennt Mann und Frau wohl am leichtesten am Aussehen und Verhalten der ganzen Person, die genannten Körperteile sind da weniger aussagekräftig als Hände und Hals. Und wie genau Fruchtbarkeit verlässlich am Äußeren einer Frau ablesbar sein soll, wird leider nicht erklärt.

Für jedes dieser Elemente der weiblichen Schönheit gibt es zudem plausible Argumente dafür, dass sie nicht oder zumindest nicht hauptsächlich auf

V. Krauß, *Gene, Zufall, Selektion*, DOI 10.1007/978-3-642-41755-9_12,
© Springer-Verlag Berlin Heidelberg 2014

die Erhöhung der sexuellen Attraktivität zurückzuführen sind. Das glauben Sie nicht? Nehmen wir den Busen, sicher ein Vorzeigeobjekt sexueller Selektion. Tatsächlich scheinen nur Frauen und keine Weibchen anderer Säugerarten die Umgebung ihrer Brustwarzen so stark hervorzuheben. Das ist jedoch mit hoher Wahrscheinlichkeit eine direkte Folge des aufrechten Gangs. Durchs Stillen vergrößerte, frei hängende Brustwarzen rieben beim aufrechten Laufen an der Haut, was zuvor bei der Fortbewegung auf allen Vieren nicht vorkam. Verletzungen der Brustwarzen jedoch können sich fatal für Mütter und Kinder auswirken. Zusätzliches Bindegewebe war geeignet, solch schmerzhafte Probleme zu vermeiden und lenkte *zugleich* den Blick der Männer auf den nun auffällig wippenden, gar nicht so kleinen Unterschied, welcher ihnen zuvor – in der Horizontale laufend – meist verborgen geblieben war.

Merken Sie etwas? Nicht nur, dass diese Denkübung einen allzu offensichtlichen Bezug zur Rolle der Frau als *das schöne Geschlecht* vermeidet. Tatsächlich wirken hier zwei zeitlich gestaffelte Prozesse völlig unterschiedlich verursachter Auslese (Schutz vor Verletzungen *und* sexuelle Selektion) zusammen, um den typisch weiblichen Busen auszubilden. Selbst Bücher, die sich ausschließlich den Thema des Busens widmen (Williams 2013), schlagen zwar verschiedene alternative – darunter auch nicht sexuell begründete – Evolutionsmodelle vor. Die deutlich simplere und deshalb überzeugendere Erklärung eines neuen Merkmals als notwendige Konsequenz eines anderen aber ist auch in dieser sehr ausführlichen und amüsanten Diskussion des Themas nicht enthalten. Ersparen Sie es mir aber bitte, weitere mindestens ebenso plausible Szenarien zur evolutionären Entstehung anderer Attraktivitätsmerkmale zu präsentieren. Das wären dann nur andere Varianten jener Spekulationen, zu deren Widerlegung dieses Buch geschrieben wurde, und die kaum in der Evolutionsbiologie, dafür aber umso mehr in typisch menschlichen Vorurteilen verankert sind.

So ist das ultradarwinistische Prinzip des absoluten Vorrangs des Evolutionsfaktors Selektion gegenüber der Mutation, der genetischen Drift und der Rekombination (Kapitel 2) nicht aus wissenschaftlichen Erkenntnissen abzuleiten, sondern eher auf den Glauben zurückzuführen, dass Erfolg stets auf Leistung beruht und Leistung letzten Endes immer belohnt wird. Es ist hier hoffentlich deutlich geworden, dass dies zumindest in der Evolution nicht zutrifft.

Der Erfolg des Gedankens, dass Evolution in einem Wettstreit unter Genen besteht, welche die Organismen lediglich als Mittel zum Zweck nutzen (Kapitel 3 und 4), liegt wohl zum Teil in der Annahme begründet, dass die Biologie, da sie ja scheinbar keine Gesetze, sondern lediglich Regeln mit Ausnahmen kennt, keine exakte Naturwissenschaft ist und dass Evolution demnach besser verständlich sei, wenn man sie auf die Chemie der DNA zurückführt. Ich habe hier versucht zu zeigen, dass zumindest heutige Gene nur durch ihre Aktivität in einer Zelle real existieren können und dass biologische Vorgänge deshalb nicht auf die Chemie von Zellbestandteilen reduzierbar sind.

Thema des siebten Kapitels dieses Buches war der Nachweis, dass alle Veränderungen der DNA tatsächlich unabhängig von ihren späteren phänotypischen Folgen für die betroffenen Organismen erfolgen. Für eine gezielte Änderung des Phänotyps durch die Zelle oder den Organismus fehlen jegliche Argumente. Das dennoch Autoren wie James A. Shapiro oder Joachim Bauer eine sogenannte „natürliche Gentechnologie" oder „genomische Kreativität" als Triebkraft der Evolution annehmen, könnte durch Widersprüche in der öffentlichen Darstellung biologischer Erkenntnisse verursacht worden sein. So tendieren Molekularbiologen gern dazu, den Mechanismen der genetischen Regulation Perfektion zu unterstellen. Ultradarwinisten unterstützen diese Tendenz, indem sie der Selektion die Optimierung beliebiger phänotypischer Eigenschaften zutrauen. Wenn jedoch Zellen so exakt gesteuert werden wie behauptet, warum sollten dann ausgerechnet die Prozesse der Veränderung des „Steuerungszentrums", nämlich des Genoms, chaotisch ablaufen? Es scheint nur folgerichtig, auch hier (fälschlicherweise) einen sorgfältig regulierten Prozess anzunehmen.

Ähnlich verwurzelt könnten die Vermutungen zur Rolle der springenden Gene als notwendige Quelle einer vor allem vorteilhaft wirkenden genetischen Variation sein. Dass es für die betroffenen Organismen *auch* positive Folgen der Aktivität von Transposons im Genom gibt, wird im achten Kapitel nicht bestritten, gleichzeitig wird aber betont, das springende Gene, gleich welcher Art, in erster Linie Parasiten des Genoms sind. Dies anzuerkennen fällt jedoch sowohl Laien als auch Biologen nicht leicht, da die knappe Hälfte des menschlichen Genoms aus solchen parasitischen Sequenzen besteht.

Etwas anders stellt sich die Problematik im Fall der Epigenetik dar (Kapitel 9). Es wurde vermutet, dass (1) Epigenetik zusätzliche, für die Evolution dringend benötigte, von der DNA-Sequenz unabhängige Variation bereitstellt, welche dann der (2) Anpassung des Phänotyps an die jeweilige Umwelt dient. Unter den Anhängern einer bisher unerkannten Bedeutung der Epigenetik für die Evolution finden sich interessanterweise sich sonst gern einander widersprechende Protagonisten. Es gibt hier einerseits genetische Deterministen, welche die beträchtlichen phänotypischen Unterschiede bemerkt haben, die trotz identischer DNA zwischen genetischen Klonen bestehen können. Man findet aber auch Anhänger einer Determination des Phänotyps durch das Milieu. Letztere sehen epigenetische Marker gern als den verlängerten Arm der Umwelt. Tatsächlich aber sind epigenetische Modifikationen des Genoms zwar notwendig für die Unterdrückung der springenden Gene und zur Absicherung von Genregulations- und Zelldifferenzierungsprozessen. Eine Funktion der Epigenetik bei der permanenten, d. h. evolutionär wirksamen Anpassung an Umweltveränderungen jedoch wurde bisher – entgegen vehement vertretender Annahmen – nicht nachgewiesen.

Besonders umstritten war jedoch stets die Ausweitung des Evolutionsbegriffs auf den Menschen und seine Kultur (Kapitel 11). Der Gedanke einer Evolution auch des Menschen setzt sich gegenwärtig immer umfassender durch. Gern lässt man jedoch bei Argumenten zugunsten einer natürlichen Entstehung nicht nur des Menschen, sondern auch seiner Kultur den Zeitfaktor außer Acht. Kulturelle Veränderungen der Umwelt jedes Einzelnen waren während der menschlichen Geschichte so umfassend und schnell, dass selektive Vorgänge diesen Prozessen unmöglich folgen konnten. Am besten erkennt man dies an den Ausnahmen. Ich habe erläutert, wie langwierig und unvollkommen die Anpassung der Menschheit an den Verzehr von Laktose erfolgt ist, d. h. an eine Veränderung der Ernährungsweise, welche bereits vor Tausenden von Jahren erfolgte. So wesentlich Evolution uns also geformt hat, so wenig kann ihre Erforschung uns sagen, wie wir uns gesellschaftlich jetzt und in Zukunft verhalten werden. Evolutionsbiologische Deutungen kultureller Phänomene sind deshalb regelmäßig konservativ motiviert, ganz im Gegensatz zu am biologischen Objekt gewonnenen Erkenntnissen. Wenn hier etwas behauptet wird, was wir nicht ohnehin schon wissen, sind solche Deutungen derart unbestimmt formuliert und häufig durch zahlreiche Ausnahmen eingeschränkt, dass sie uns nichts von Bedeutung mitteilen können. Ein Beispiel dafür ist die soziobiologische Botschaft, dass Menschen „ein offensichtlich intrinsisches Interesse an Religion haben" (Voland 2013, S. 229). Eine solche Aussage hat absolut keinen praktischen Wert und kann weder belegt noch widerlegt werden, da das Interesse ja „offensichtlich intrinsisch" sein soll, was entweder heißt, dass mein Interesse, religiös zu sein, nur Soziobiologen wahrnehmen können, weil es mir offensichtlich unbewusst ist, oder mir eine Lüge unterstellt, wenn ich ein solches Interesse leugne. Warum nicht stattdessen behaupten, dass alle Menschen innerlich schön sind? Das hat ebenso wenig Bedeutung und kann auch nicht bewiesen oder widerlegt werden, aber findet sicher mehr Zustimmung.

Wie gesagt, ich kann die Frage nach der Herkunft der Schönheit nicht beantworten. Aber wenn (eine innere oder äußere) Schönheit der Mitmenschen tatsächlich eine evolutionäre Funktion haben sollte, dann besteht sie sicher darin, uns die Notwendigkeit des Glücks der anderen für unser eigenes Wohlergehen vor Augen zu halten. Biologisches Wissen kann uns nicht vorschreiben, wie wir zusammenleben sollten. Wir wissen, dass der Sinn der Sexualität nicht in der Fortpflanzung besteht. Spätestens jetzt wissen wir sogar, worin die biologische Funktion des Sex besteht. Er besteht in der Mischung von Genomen. Ohne die für uns noch unvermeidliche Neukombination der eigenen Erbinformation mit der anderer würden wir weder ständig anfallende, belastende Mutationen loswerden noch hin und wieder eine genetische Anpassung an unser sich rasend schnell änderndes Leben erwerben können. Wir brauchen dafür nicht nur einen Partner, wir brauchen viele, wir brauchen unsere Art. Der Wert unserer eigenen genetischen Ausstattung ist von der der anderen abhängig. Sie brauchen uns und wir sie.

Angesichts unseres Aufeinander-Angewiesenseins sollte man sehr zurückhaltend beim Akzeptieren von angeblich genetischen Unterschieden sein. Selten wurde das deutlicher gemacht als durch das folgende Zitat eines erklärten genetischen Deterministen:

> Wenn die Gesellschaft systematisch Kinder ohne Penisse zum Stricken und zum Spielen mit Puppen konditioniert und Kinder mit Penissen zum Spielen mit Waffen und Plastiksoldaten, sind alle sich daraus ergebenden geschlechtsspezifischen Unterschiede bei den Vorlieben streng genommen genetisch determinierte Unterschiede: Sie sind gesellschaftlich bestimmt durch die Tatsache des Besitzes oder Nichtbesitzes eines Penis – und damit (sofern nicht chirurgisch oder mit Hormonen eingegriffen wird) durch Geschlechtschromosomen.
> (Dawkins 2010, S. 14)

Nach Dawkins können demnach gesellschaftliche Traditionen genetisch determiniert sein. Lassen wir es zu, dass auf diese Weise gesellschaftliche Klassifizierungen in genetische „Tatsachen" umdefiniert werden? Und wollen wir folglich jedes Problem mit einem Hammer angehen, weil wir es stets für einen Nagel halten? Ich denke nicht.

Wir sollten unser Genom weder über- noch unterschätzen. Es ist das funktionelle Gedächtnis unseres Körpers und damit auch *eine* der Grundlagen unseres Geistes. Wenn es in Lebewesen überhaupt eine konservative Struktur gibt, dann ist sie das Genom. Sein Widerstand gegen Veränderung ist noch immer die notwendige Basis für die zähe Beständigkeit des Seins. Es ist kein Wunderwerk, sondern ein Flickwerk. Doch auf der Grundlage dieses Provisoriums kann beim Menschen auch Genialität entstehen.

Literatur

Dawkins R (2010) Der erweiterte Phänotyp. Der lange Arm der Gene, Spektrum, Heidelberg

Junker T, Paul S (2010) Der Darwin-Code. Die Evolution erklärt unser Leben, C.H. Beck, München

Voland E (2013) Soziobiologie: Die Evolution von Kooperation und Konkurrenz. Springer Spektrum, Berlin Heidelberg

Williams F (2013) Der Busen. Meisterwerk der Evolution. Diedrichsen, München

Glossar

Allel Ein Allel (eine Variante eines →Gens) entspricht einer bestimmten DNA-Sequenz eines Gens. Ein neues Allel entsteht durch →Mutation aus einem anderen Allel desselben Gens.

Art: biologisches Artkonzept Eine Art wird durch eine Population aus einander ähnlichen →Organismen gebildet, welche sich miteinander genetisch austauschen können. Alle Artgenossen passenden Geschlechts können sich zu diesem Zweck miteinander fortpflanzen. Genaustausch (sexuelle Fortpflanzung) zwischen verschiedenen Arten wird durch Kreuzungsschranken ver- oder zumindest behindert.

Chloroplast Funktionelle Struktur (Organelle) pflanzlicher Zellen. Hier läuft die Fotosynthese ab, d. h. die Nutzung von Sonnenenergie zum Aufbau organischer Verbindungen. Chloroplasten enthalten eigene →Genome.

Chromatin Das Material, aus dem die →Chromosomen bestehen. Chromosomen sind aus einer DNA-Doppelhelix sowie bestimmten Proteinen und RNA-Molekülen aufgebaut. Bestandteile des Chromatins sind selten oder nie ohne →DNA in der Zelle zu beobachten.

Chromosom Ringförmig geschlossener oder mit →Telomeren ausgestatteter →DNA-Doppelstrang in einer Zelle. Das Chromosom ist fähig zur →Replikation und umfasst auch stabil gebundene →Proteine und →RNA-Moleküle.

DNA Desoxyribonukleinsäure (DNS, englisch DNA) ist ein aus Phosphorsäure, dem Zucker Desoxyribose und den Basen Adenin, Cytosin, Guanin und Thymin aufgebautes, langkettiges Molekül. Es entsteht auf natürliche Weise nur in lebenden Zellen und tritt dort als DNA-Doppelstrang (DNA-Doppelhelix) auf. Das →Genom aller Organismen, der Mitochondrien, der Chloroplasten und mancher DNA-Viren besteht aus dieser Form der DNA. Andere DNA-Viren enthalten nur einen DNA-Einzelstrang.

DNA-Methylierung Ein Wasserstoffatom der DNA-Nukleobasen Adenin, Cytosin oder Guanin kann durch eine Methylgruppe (ein Kohlenstoffatom verbunden mit drei Wasserstoffatomen) ersetzt werden. Die einzige Form der DNA-Methylierung, welche in →Eukaryoten regelmäßig vorkommt, findet am fünften Kohlenstoffatom des Cytosin-Rings statt. Die dabei ent-

V. Krauß, *Gene, Zufall, Selektion*, DOI 10.1007/978-3-642-41755-9,
© Springer-Verlag Berlin Heidelberg 2014

stehende, modifizierte Base wird 5-Methylcytosin genannt und paart wie Cytosin mit Guanin im Gegenstrang.

Epigenetik Epigenetik ist ein Zweig der Molekularbiologie, der sich mit dem →Chromatin und seinen Veränderungen während des Zellzyklus und der Zelldifferenzierung sowie mit den Auswirkungen dieser Prozesse auf den →Phänotyp befasst.

Eukaryot Lebewesen mit echtem Zellkern, welcher aus →Chromatin, Kernplasma und Kernmembran besteht. Im Unterschied zu den Bakterien und Archaeen mit frei im Zellplasma schwimmendem Erbmaterial können Eukaryoten auch mehrzellig sein (Pflanzen, Pilze und Tiere).

Evolution Evolution ist die Änderung des →Genoms von Lebewesen, Viren oder Organellen von Generation zu Generation.

Expression Wörtlich „Ausdruck". Ein exprimierter →Phänotyp ist ein sichtbarer Phänotyp. Ein Gen wird exprimiert, indem es →transkribiert (alle Gene) und, wenn möglich (nur proteinkodierende Gene, keine RNA-Gene), →translatiert wird.

Fitness Die Fitness (relative oder reproduktive Fitness) eines Organismus wird errechnet als Verhältnis der Anzahl seiner Nachkommen zur durchschnittlichen Anzahl der Nachkommen aller Individuen seiner →Art. Die durchschnittliche Fitness (Anzahl der Nachkommen) wird üblicherweise gleich 1 gesetzt, sodass z. B. eine Fitness größer 1 eine höhere Nachkommenzahl als durchschnittlich bedeutet.

Gen Ein Gen ist eine genomische →Sequenz, welche vom Transkriptions- bzw. Translationsapparat einer Zelle zur Herstellung eines oder mehrerer funktioneller Moleküle (Proteine oder →RNA-Moleküle) genutzt wird. Wenn zur Herstellung verschiedener funktioneller Moleküle einander überlappende DNA-Sequenzen benötigt werden, dann umfasst ein Gen alle diese Sequenzen und kann auf diese Weise als Matrize für mehr als ein funktionelles Molekül dienen.

genetische Assimilation Ein zunächst nur selten gezeigter →Phänotyp wird unter positiver →Selektion zum dominierenden Erscheinungsbild. Grund hierfür sind ein oder mehrere →Mutationen, welche einen oder mehrere neue →Genotypen erzeugen, die diesen Phänotyp häufiger ausprägen als die bisherigen Genotypen.

genetischer Code Der genetische Code beschreibt die Umsetzung aller 64 möglichen Dreierkombinationen (Codons) der vier →Nukleotide ($4^3 = 64$) in 20 (in manchen Arten bis zu 22) verschiedene Aminosäuren bzw. in ein Stoppsignal bei der →Translation. Da es mehr Codekombinationen (64) als Bedeutungen (23) gibt, haben die meisten Bedeutungen mehrere, alternative Codons. Das wird die Degeneration des genetischen Codes genannt. Oft ist das dritte Nukleotid eines Codons daher für die Art der kodierten Aminosäure bedeutungslos.

genetische Drift Zufällige Änderung der Häufigkeit einer Genvariante (eines →Allels) im Laufe der Evolution. Ihr Anteil an den evolutionären Veränderungen einer Art ist umso größer, je kleiner die Population dieser Art ist.

genetische Last Summe der Wirkungen derjenigen →Mutationen, welche trotz nachteiliger →Phänotypen an der Entstehung des betrachteten →Genoms beteiligt waren. Da Umweltveränderungen wie auch neue →Mutationen die Eignung des Genoms neu bewerten können, ist das Ausmaß dieser Last schwer zu messen. Kompensatorische Mutationen können sie verringern.

Genom Das Genom eines Organismus besteht aus seiner gesamten Erbinformation. Bei Bakterien sind das meist mehrere DNA-Moleküle sehr unterschiedlicher Größe, die frei im Zellplasma schwimmen. Bei →Eukaryoten gehören das Kerngenom (die Chromosomen im Kern) und die relativ kleinen, sich unabhängig von Kerngenom replizierenden DNA-Moleküle der →Mitochondrien und der nur bei Pflanzen vorhandenen →Chloroplasten zum Genom.

Genomgröße Wird in Nukleotiden (einfacher Nukleinsäurestrang) oder Basenpaaren (Doppelstrang) der DNA oder RNA angegeben. 1000 Basenpaare sind ein Kilo-Basenpaar (kb), 1000000 Basenpaare ein Mega-Basenpaar (Mb), und 1000000000 Basenpaare ein Giga-Basenpaar (Gb).

Genotyp Der Genotyp ist die Gesamtheit der Erbinformation eines Individuums. Man spricht vom Genotyp und nicht vom →Genom, wenn (1) die Erbinformation eines bestimmten Individuums gemeint ist bzw. wenn (2) die Erbinformation als Summe bestimmter →Allele und nicht als eine Anzahl von Chromosomen (DNA-Molekülen) aufgefasst wird. Grundsätzlich bedeuten Genom, Genotyp und Erbinformation jedoch das Gleiche.

Genzentrismus Ansicht, dass →Gene die wichtigsten Einheiten der →Selektion sind sowie dass →Organismen nur ein Mittel der Gene sind, ihre maximale Vermehrung durchzusetzen.

Haplo-Diploidie Als Haplo-Diploidie bezeichnet man eine Form tierischer Geschlechtsbestimmung, bei der ein Geschlecht nur einen Chromosomensatz trägt (haploid) und das andere Geschlecht – wie bei Tieren allgemein üblich – den doppelten Chromosomensatz (diploid). Typischerweise ist das männliche Geschlecht haploid. Männchen entstehen dann meist aus unbefruchteten Eiern. Man findet die Haplo-Diploidie vor allen bei vielen Insekten, bei Milben und manchen Fadenwürmerarten.

Histon Histone sind evolutionär nur wenig veränderliche →Proteine, welche zusammen mit einen Abschnitt der →DNA →Nukleosomen aufbauen. Sie machen die DNA damit haltbarer und weniger zugänglich. Die Bindung zwischen der DNA (als Säure in wässriger Lösung negativ geladen) und den Histonen (wegen des Reichtums an basischen Aminosäuren in wässriger Lösung positiv geladen) ist stärker als zwischen jedem anderen Protein und der DNA.

Histon-Code Die Histon-Code-Hypothese besagt, dass Kombinationen verschiedener →Histon-Modifikationen durch ein oder mehrere spezifisch bindende →Proteine als Signal für bestimmte biologische Prozesse interpretiert werden können. Das ist richtig, der Begriff „Code" führt jedoch in die Irre, da (1) die einzelnen Histon-Modifikationen keineswegs frei, sondern nur in bestimmten bevorzugten Zusammenstellungen miteinander kombiniert werden können, und da (2) die Histon-Modifikationen kooperativ, also abhängig von ihrer Menge, wirken.

Histon-Modifikation Unter einer Histon-Modifikation versteht man die chemische Modifikation bestimmter Aminosäuren der Histon-Polypeptidkette. Dies geschieht durch Anheftung funktioneller Gruppen wie z. B. Essigsäurereste (Acetylierung), Methylreste (Methylierung) und Phosphorsäurereste (Phosphorylierung). Eine solche Anheftung verändert die Bindungseigenschaften des betroffenen →Histones.

HGT, horizontaler Gentransfer Unter einem horizontalen Gentransfer (auch als lateraler Gentransfer bezeichnet) versteht man die Übertragung eines oder mehrerer danach wieder funktionierender →Gene von einer Organismenart zu einer anderen ohne Mitwirkung sexueller →Rekombination. Hürden für den erfolgreichen Transfer sind (1) der erfolgreiche Import und Einbau fremder →DNA, (2) eine erfolgreiche →Transkription der Gene in der neuen Zelle und (3) die Wirkung des neuen Genproduktes auf den →Organismus.

Interesse In der →Soziobiologie häufig ausdrücklich oder stillschweigend vorausgesetzte Eigenschaft von →Organismen oder sogar →Genen. Eine Ausbildung von Interessen ist jedoch nur bei Vorhandensein von Bewusstsein möglich.

Kanalisierung Kanalisierung (Robustheit) bezeichnet die relative Unempfindlichkeit der im Laufe der Entwicklung eingenommenen →Phänotypen einer Population von →Organismen gegenüber schwankenden Umwelteinflüssen und gegenüber genetischen Veränderungen (→Mutationen).

Kompensation Kompensierende →Mutationen können (1) die Menge überschüssiger →DNA verringern, (2) die allmählich an vielen Stellen angesammelten, nachteiligen Sequenzveränderungen wieder rückgängig machen oder (3) diese nachteiligen Veränderungen durch Mutationen an anderer Stelle in ihrer Wirkung abschwächen, beseitigen oder sogar umkehren. Eine Ansammlung →genetischer Lasten, vor allem durch die ungenügende Wirksamkeit der →Selektion in kleinen Populationen, erhöht die Wahrscheinlichkeit kompensierender Mutationen.

Kreationismus Kreationismus heißt die Lehre, nach der die Welt einschließlich aller Lebewesen durch eine individuelle, schöpferische Kraft (Gott) geschaffen worden ist. Sie beruht auf mehr oder weniger wörtlichen Interpretationen heiliger Schriften der Offenbarungsreligionen.

Laktase-Gen →Gen für die Herstellung des Enzymes Laktase, welches Milchzucker (Laktose) in Glukose und Galaktose zerlegt und damit für Säugetiere verdaulich macht. Dieses Gen ist normalerweise nur in Säuglingen aktiv, bleibt jedoch bei der Mehrzahl der Menschen lebenslang tätig. Es ist das derzeit beste Beispiel für einen kulturell vermittelten Selektionsprozess beim Menschen.

Meiose Meiose (Reduktionsteilung) ist eine besondere Art der Zellteilung, welche bei →Eukaryoten der →sexuellen Fortpflanzung vorausgeht. Ausgangspunkt ist eine Zelle mit je einem Satz mütterlicher und väterlicher Chromosomen. Die homologen (gleichartigen) Chromosomen beider Eltern werden dabei gepaart, brechen jeweils an mindestens einer, zueinander homologen Stelle und tauschen gegenseitig diese Bruchstücke aus (Crossing-over). Die entstehenden zwei homologen, nunmehr gemischten Chromosomensätze werden zufällig auf zwei Tochterzellen verteilt. Es entstehen Ei- bzw. Spermazellen mit jeweils einfachem Chromosomensatz, welche sich bei der Befruchtung wieder zu einem doppelten Chromosomensatz ergänzen. Die biologische Funktion dieses Prozesses besteht in der Mischung (→Rekombination) des Kerngenoms.

Mitochondrium Funktionelle Struktur (Organelle) eukaryotischer Zellen. Hier läuft die Atmung ab, d. h. der Aufbau zellweit transportabler Energieträger durch kontrollierte Oxidation organischer Stoffe. Mitochondrien enthalten eigene →Genome.

Mutation Eine Mutation (Veränderung) ist jede Veränderung des →Genoms. In dieser weiten Definition von Mutationen sind Austausche der vier →Nukleotide gegeneinander, Deletionen (Verluste) sowie Insertionen zusätzlicher Nukleotide als Punkt-Mutationen eingeschlossen. Ganze Chromosomen können durch Deletionen, Duplikationen, Insertionen und den Austausch von DNA-Abschnitten mit anderen Chromosomen verändert werden (Chromosomen-Mutationen). Auch Veränderungen der Chromosomenzahl sind Mutationen. So können einzelne Chromosomen wegfallen, dazukommen oder auch ganze Chromosomensätze verlorengehen oder hinzukommen (Genom-Mutationen). In diesem weiten Sinne sind auch mit →Rekombination notwendigerweise Mutationen verbunden, da hier ein neues, möglicherweise einzigartiges Genom entsteht.

Nepotismus Bevorzugung von Verwandten gegenüber anderen Individuen. Nepotismus setzt als kultureller Begriff sowohl die Erkennung von Verwandtschaftsgraden als auch ein →Interesse an der Bevorzugung von näher Verwandten voraus.

Nukleosom Das →Chromatin des Kerngenoms der →Eukaryoten besteht aus Nukleosomen, die wie Perlen an der Schnur des DNA-Strangs angeordnet sind. Ein Nukleosom besteht aus acht →Histon-Molekülen und 147 Basenpaaren DNA. Da die →DNA als Säure negativ und die Histone positiv geladen sind, wickelt sich die DNA sehr stabil um den Histon-Molekülverbund. Die Zugänglichkeit der DNA für andere →Proteine wird so wesentlich eingeschränkt.

Nukleotid Ein Nukleotid einer Nukleinsäure (→RNA oder →DNA) ist ein einzelner Baustein dieser kettenförmigen Moleküle. Er besteht aus je einem Teil-Molekül Phosphorsäure, Ribose (ein Zucker, bei DNA Desoxyribose) und einer der vier Basen Adenin, Cytosin, Guanin und Uracil (bei DNA statt Uracil Thymin). In doppelsträngigen Abschnitten der Nukleinsäuren (z. B. in Chromosomen) paart die Base jedes Nukleotids mit einer Base des Gegenstranges und bildet so ein Basenpaar. Cytosin kann nur mit Guanin paaren, während Adenin kann nur mit Uracil (RNA) oder Thymin (DNA) paaren kann. Durch die natürliche Krümmung des so gebildeten Doppelstranges entsteht die bekannte DNA-Doppelhelix.

Ockham's razor (deutsch: Ockhams Rasiermesser) ist ein zentrales wissenschaftliches Prinzip und besagt, dass sämtliche nicht unbedingt für die Erklärung eines Sachverhalts nötigen Variablen und Beziehungen außer Acht gelassen werden sollten. Mitunter ist eine Überarbeitung bisherigen Wissens nötig, damit eine möglichst einfache (sparsame) Erklärung für alle Beobachtungen unter Berücksichtigung möglichst weniger Faktoren erreicht wird. Das Prinzip wurde nach dem englischen Mönch William Ockham (1285 – 1347) benannt, der es als Erster anwandte.

Organismus Ein Organismus ist eine funktionelle Einheit aus ein oder mehreren, lebenden Zellen.

Phänotyp Erscheinungsbild eines →Organismus. Gesamtheit der Merkmale eines Organismus.

Plastizität Variabilität des →Phänotyps in Abhängigkeit von den erfahrenen Umweltbedingungen.

Populationsgröße Gesamtzahl der Individuen einer →Art.

Prion Ein Prion ist ein →Protein, welches auf eine ansteckende Art und Weise anders als andere ähnliche Proteine gefaltet ist. Es ist in der Lage, an andere Proteine mit gleicher oder ähnlicher Aminosäurezusammensetzung zu binden und sie in ein Ebenbild seiner eigenen Struktur umzuwandeln.

Promotor →Sequenz der Bindestelle der RNA-Polymerase und der →Transkriptionsfaktoren an der →DNA. Da Zeitpunkt und Häufigkeit des Startes der →Transkription die wichtigsten Formen der Regulation der Genaktivität sind, ist die Wirkungsweise des Promotors von entscheidender Bedeutung für die Herstellung von Genprodukten.

Protein Proteine sind Eiweiße. Sie entstehen durch den Vorgang der →Translation über die Aneinanderreihung von 20 verschiedenen Arten von Aminosäuren. Die Reihenfolge dieser Aneinanderreihung wird von der Reihenfolge der Nukleotide einer Boten-RNA (mRNA) bestimmt. Diese Boten-RNA wurde zuvor von dem für dieses Protein kodierenden →Gen des →Genoms abgeschrieben (transkribiert). Proteine beginnen sich noch während ihrer Translation aus der Kettenform zu einer rundlichen Struktur zu falten. Erst in dieser Form sind sie funktionell.

Punktualismus Die Theorie des Punktualismus entwickelten die Paläontologen Eldridge und Gould in den siebziger Jahren des letzten Jahrhunderts. Sie besagt, dass die →Phänotypen von →Organismen sich während der Evolution nicht kontinuierlich, sondern sprunghaft verändern. Zu dieser Annahme kamen die Autoren durch das Studium der zeitlichen Abfolge der Fossilien. Millionen Jahre lange Phasen relativer Unveränderlichkeit wechseln sich hier sehr oft mit schnellen, wesentlichen Veränderungen innerhalb weniger Tausend Jahre ab. Evolution läuft also nicht gleichmäßig (graduell, diese ursprüngliche Vermutung wird Gradualismus genannt), sondern ungleichmäßig ab. Das gilt vor allem für Phänotypen, weniger für →Genotypen, deren wesentlich gleichmäßigere Veränderungen nur durch den Vergleich heutiger →Genome zu erkennen sind.

Rekombination Vermischung von Teilen der →Genotypen mehrerer Individuen zu neuen Genotypen. Kann als besondere Form der →Mutation aufgefasst werden und dient der Beseitigung nachteiliger Mutationen sowie der Durchsetzung vorteilhafter Mutationen durch Trennung und Neukombination verschiedener →Allele eines Genoms.

Replikation Eine Replikation ist die Herstellung eines neuen →DNA-Strangs unter Nutzung eines vorhandenen als Matrize sowie verschiedener funktionell spezialisierter →Proteine als Katalysatoren. DNA ist nicht fähig, sich selbst zu replizieren. Jeder Zellteilung muss genau eine Replikation des →Genoms vorausgehen.

Retrotransposon →Transposon, dessen Vermehrung über die →Transkription einer RNA-Kopie erfolgt.

Retrovirus →Retrotransposon, welches zusätzlich über eine Proteinhülle verfügt, dadurch auch außerhalb einer Zelle stabil bleibt und eine neue Zelle infizieren kann. Das retrovirale Genom besteht aus →RNA, kann aber mithilfe einer →Reversen Transkriptase als →DNA in das →Genom der Wirtszelle integriert werden.

Reverse Transkriptase Enzym, welches einen DNA-Strang entsprechend einer RNA-Matrize zusammensetzen kann. Diese Reaktion ist eine umgekehrte (reverse) →Transkription.

RNA Ribonukleinsäure (RNS, englisch RNA) ist ein aus Phosphorsäure, dem Zucker Ribose und den Basen Adenin, Cytosin, Guanin und Uracil aufgebautes, langkettiges Molekül. Es entsteht auf natürliche Weise nur in lebenden Zellen, vor allen beim Vorgang der →Transkription. Das →Genom der RNA-Viren (dazu zählen →Retroviren) besteht aus RNA. RNA-Moleküle können sowohl Erbinformationen übertragen (Boten-RNA) als auch selbst funktionelle Moleküle der Zelle sein.

RNA-Interferenz, RNAi Ein Teil der →RNA wird nach der →Transkription nicht zur →Translation von Proteinen eingesetzt. Solche RNA-Moleküle haben viele Namen, z. B. ncRNA (*non-coding RNA*), siRNA (*silencing RNA*) und miRNA (*microRNA*). Diese Moleküle werden meist in kleine Stücke zerlegt und bindet dann an komplementäre Abschnitte anderer RNA oder der DNA. Ihre Bindung hat die Stilllegung der Zielmoleküle zur Folge.

Robustheit →Kanalisierung

Selektion Beschreibt die Beobachtung, dass →Transposons, →Organismen und →Arten oft keine Nachkommen haben, d. h. ausgelesen (selektiert) werden. Erst wenn eine große Zahl von Selektionsereignissen solcher Objekte der Selektion untersucht wird, kann sich zeigen, ob bestimmte Eigenschaften der untersuchten Objekte (z. B. Organismen) negativ oder positiv selektiert werden, was sich durch eine relative Ab- oder Zunahme der Träger solcher Eigenschaften zeigt. Selbst dann ist jedoch eine solche selektierte Eigenschaft nicht absolut positiv oder negativ zu bewerten, da ihr Wert von anderen Eigenschaften des Organismus und von einer räumlich und zeitlich variablen Umwelt abhängt. Deshalb ist Selektion gegen eindeutig nachteilige Merkmale wie etwa Unfruchtbarkeit und frühe Letalität sowie zugunsten genetisch einfach zu korrigierender Merkmale wie der Intensität einer Färbung in der Evolution allgegenwärtig und plausibel; andererseits sind jedoch die genetischen Grundlagen vor allem der Entstehung neuartiger Eigenschaften (Innovationen), für die weit mehr →Mutationen nötig sind, noch ungenügend erforscht.

Sequenz Reihenfolge der →Nukleotide eines DNA- oder RNA-Stranges. Sie wird üblicherweise unter Nutzung von Ein-Buchstaben-Abkürzungen der Nukleotide Adenin (A), Cytosin (C), Guanin (G), Thymin (T) und Uracil (U) angegeben.

Sexuelle Fortpflanzung Vorgang, welcher die Erzeugung von Nachkommen mit genetischer →Rekombination verbindet. Die sexuelle Fortpflanzung besteht aus zwei oft zeitlich weit getrennten Vorgängen, (1) aus einer speziellen Form der Zellteilung namens →Meiose zur zufälligen Auswahl eines einfachen Satzes von Chromosomen aus einem doppelten Satz sowie (2) aus der Fusion zweier durch Meiose entstandener Zellen in der Befruchtung. Eine Verschmelzung zweier Meioseprodukte desselben Individuums, d. h. eine Selbstbefruchtung, unterläuft die Funktion einer Rekombination, sodass im Laufe der Evolution verschiedene Mechanismen zur Vermeidung solcher Kurzschlüsse entstanden. Die verbreitetste Form effektiver Vermeidung von Selbstbefruchtung besteht in getrennt-geschlechtlichen Individuen.

Soziobiologie Umstrittener Zweig der Biologie, welcher die biologischen Grundlagen des Sozialverhaltens von →Organismen untersucht. Problematische Grundannahmen der Soziobiologie sind u. a. die Unterstellung einer Vermehrungstendenz von →Genen bzw. von →Organismen anstelle einer bloßen Fähigkeit zur Vermehrung bei Organismen und Transposons (nicht bei Genen) sowie der rein biologische Ansatz zum Verständnis des menschlichen Sozialverhaltens.

springendes Gen →Transposon

Symbiose In Mitteleuropa: Zusammenleben von →Organismen unterschiedlicher →Arten zum gegenseitigen Vorteil. In englischsprachiger Literatur: Alle Formen des Zusammenlebens von Organismen unterschiedlicher Arten.

Teleologie Lehre, wonach die Natur nach einem vernünftigen Prinzip aufgebaut ist. In der Biologie die Vorstellung, dass Bau und Funktion von →Organismen zweck- bzw. zielgerichtet ist.

Telomer Chromosomenenden: Abschließende Struktur eukaryotischer Chromosomen.

Telomerase →Reverse Transkriptase, welche mithilfe einer speziellen RNA-Matrize die durch Zellteilungen verkürzten →Telomere wieder verlängert.

Transkription Abschrift eines →Gens zur Herstellung eines funktionellen Moleküls. Entweder entsteht dabei direkt ein funktionelles →RNA-Molekül oder eine Boten-RNA (mRNA), welche als Matrize zur →Translation eines Proteins dient.

Transkriptionsfaktor →Protein, welches an bestimmte →Sequenzen der →DNA oder ersatzweise an andere, DNA-bindende Transkriptionsfaktoren bindet und dadurch die →Transkription von →Genen in der Nähe seiner Bindestelle beeinflusst, d. h. anschaltet, verstärkt, abschwächt oder auch beendet. Es gibt zahlreiche verschiedene Transkriptionsfaktoren in einer Zelle. Meist wirken mehrere verschiedene zusammen, um die Transkription eines bestimmten Gens zu regulieren.

Translation Vorgang, bei dem die Reihenfolge der →Nukleotide einer Boten-RNA in eine Aminosäurenfolge eines →Proteins übersetzt wird.

Transposon Beweglicher DNA-Abschnitt, der ein oder mehrere →Gene enthalten kann. Transposons sind Parasiten eines Wirtsgenoms, das sie nicht verlassen können. Sie können sich nur innerhalb dieses Genoms über neue DNA- oder RNA-Kopien (→Retrotransposon) vermehren. Ihre Kopien bauen sich dazu an einer neuen Stelle im Genom ein und verändern (mutieren) damit das Wirtsgenom. Auch wenn Transposons sich selbst nicht mehr kopieren oder an neuer Stelle einbauen können, verbleiben ihre inaktiven Reste noch bis zur völligen Zerstörung durch örtliche →Mutationen im Wirtsgenom.

Ultradarwinismus Ansicht, dass →Evolution ausschließlich oder doch nahezu ausschließlich durch natürliche →Selektion angetrieben wird. Vertreter dieser Ansicht sind zugleich häufig der Meinung, dass (1) →Gene die wichtigsten Einheiten der Selektion sind und (2) →Mutationen an sich noch keine Evolution verursachen, solange sie nicht positiv selektiert werden.

Verwandtenselektion Hypothese, welche voraussetzt, das →Organismen einschätzen können, welchen Anteil ihrer →Allele sie mit welchen anderen Organismen gemeinsam haben. Individuen würden demzufolge andere Individuen, die aufgrund gemeinsamen Allelbesitzes mit ihnen verwandt sind, gegenüber weniger verwandten Individuen unterstützen. Dazu muss außerdem vorausgesetzt werden, dass Organismen ihre Allele möglichst stark vermehren *wollen*.

Zellgedächtnis Unter einem Zellgedächnis (englisch: *cellular memory*) versteht man die gewebe- und entwicklungszeitspezifische Modifizierung der Erbinformation durch epigenetische Faktoren (→DNA-Methylierung, →Histon-Modifizierung, →RNA-Interferenz). Ein solches Zellgedächnis einer menschlichen Hautzelle fügt also der genetischen Information „Mensch" noch die →epigenetische Information „Haut" hinzu. Das Zellgedächnis wird bei normaler Zellteilung weitestgehend übernommen (z. B. Bildung neuer Hautzellen), wird aber bei der Bildung von Ei- und Spermazellen weitestgehend gelöscht. Beide Prozesse sind allerdings noch ungenügend erforscht.

Zufall Beschreibt das Zusammentreffen zweier Ereignisse, die in keinem kausalen Zusammenhang zueinander stehen. →Mutationen sind zufällig in dem Sinn, dass das Zustandekommen einer Mutation nicht von ihrer Wirkung auf das Überleben des betroffenen →Organismus sowie seiner möglichen Nachkommen abhängt.

Sachverzeichnis